退耕还林还草与乡村振兴

李世东 主编

中国林业出版社

图书在版编目(CIP)数据

退耕还林还草与乡村振兴/李世东主编 .—北京：中国林业出版社，2021.3
ISBN 978-7-5219-1139-8

Ⅰ.①退… Ⅱ.①李… Ⅲ.①退耕还林-研究-中国 ②农村-社会主义建设-研究-中国 Ⅳ.①F326.2②F320.3

中国版本图书馆CIP数据核字(2021)第080582号

责任编辑：刘香瑞　于界芬

出版发行　中国林业出版社(100009　北京市西城区刘海胡同7号)
　　　　　E-mail：36132881@qq.com　电话：(010)83143545
　　　　　http：//www.forestry.gov.cn/lycb.html
印　　刷　北京中科印刷有限公司
版　　次　2021年3月第1版
印　　次　2021年3月第1次印刷
开　　本　787mm×1092mm　1/16
印　　张　19
字　　数　404千字
定　　价　100.00元

未经许可，不得以任何方式复制或抄袭本书之部分或全部内容。

版权所有　侵权必究

《退耕还林还草与乡村振兴》编辑委员会

主　　编：李世东
副 主 编：吴礼军
编　　委：李青松　张秀斌　敖安强　刘再清　朱永杰　毛炎新
　　　　　陈应发
编撰人员：孔忠东　王维亚　汪飞跃　吴转颖　李保玉　段　昆
　　　　　张金波　孙庆来　白凌霄　范应龙　郭英荣　李向东
　　　　　韩晓红　雷永松　刘正平　刘年元　许奇聪　杨光平
　　　　　潘　樊　周　军　郑晓波　杨建兴　寇明逸　王治啸
　　　　　樊彦新　李秋娟　刘艳平
统　　稿：陈应发　孔忠东　孙庆来

前 言

退耕还林还草是党中央、国务院着眼中华民族长远发展和国家生态安全作出的重大决策，是"绿水青山就是金山银山"理念的生动实践。1999年开始实施退耕还林，2014年启动实施新一轮退耕还林还草，截至2020年，中央财政已累计投入5353亿元，在25个省（自治区、直辖市）和新疆生产建设兵团的2435个县实施退耕还林还草5.22亿亩，其中退耕地还林还草2.13亿亩、荒山荒地造林2.63亿亩、封山育林0.46亿亩，占同期全国重点工程造林总面积的40%，4100万农户、1.58亿农民直接受益，工程建设取得了巨大成效。20年来的实践证明，退耕还林还草工程决策英明、政策深得人心、管理规范、进展顺利、成效显著、经验宝贵、影响深远。

党的十九大提出实施乡村振兴战略，是以习近平同志为核心的党中央着眼党和国家事业全局，深刻把握现代化建设规律和城乡关系变化特征，顺应亿万农民对美好生活的向往，对"三农"工作作出的重大决策部署，是决胜全面建成小康社会、全面建设社会主义现代化国家的重大历史任务，是新时代做好"三农"工作的总抓手。

党和国家高度重视退耕还林还草对乡村振兴的作用。中共中央、国务院先后出台了《关于实施乡村振兴战略的意见》《乡村振兴战略规划（2018—2022年）》，两个文件都将退耕还林还草作为乡村振兴的重要措施之一。2018年1月2日，中央一号文件《关于实施乡村振兴战略的意见》，提出"扩大退耕还林还草、退牧还草，建立成果巩固长效机制"。2018年9月27日，中共中央、国务院印发了《乡村振兴战略规划（2018—2022年）》，要求："扩大退耕还林还草，

前言

巩固退耕还林还草成果""合理利用退耕地、南方草山草坡和冬闲田拓展饲草发展空间。"

20年的退耕还林还草实践已经表明,退耕还林还草对实施乡村振兴战略的五大内容贡献巨大,退耕还林还草是实现乡村生态宜居的关键举措之一,是实现乡村产业兴旺的重要手段,是实现乡村生活富裕的得力抓手,是实现乡风文明的重要基础,是实现治理有效的最佳榜样。

鉴于党中央、国务院高度重视退耕还林还草对乡村振兴的作用,以及退耕还林还草对乡村振兴作出的巨大贡献,国家林业和草原局退耕还林(草)管理中心与北京林业大学、局经济发展研究中心合作开展退耕还林还草与乡村振兴研究,内容包括理论篇和实践篇。理论篇包括新时代与退耕还林还草相关的五大国家战略:乡村振兴、生态文明、美丽中国、脱贫攻坚、"三农"发展战略。实践篇包括江西、河南、湖北、广西、四川、贵州、云南、陕西、宁夏、青海等10个省份30个典型案例。

全书结构合理,条理清晰,内容通俗易懂,典型案例还配以退耕还林还草与乡村振兴第一手图片资料,真实生动,简单实用,以达到指导实践、科学种植、高效管理、扩大效益的目的。该书可供从事退耕还林还草工作的各级管理人员、技术人员、广大退耕农民群众学习参考,也可供大专院校、科研机构、技术推广单位以及战略研究、乡村发展、"三农"问题等专家借鉴。本书在典型案例调研过程中得到了有关省份退耕还林还草工程管理部门的大力支持与协助,在此一并表示感谢。由于本书编写时间仓促,编者水平有限,难免有错漏不足之处,恳请各界人士、各位读者批评指正。

本书编委会
2020年12月

目 录

前 言

理论篇

第一章 新时代的国家战略及退耕还林还草 ······ 3
 一、新时代的国家战略 ······ 3
 二、新时代的退耕还林还草战略 ······ 6
 三、退耕还林还草相关的国家发展战略 ······ 10

第二章 退耕还林还草与乡村振兴战略 ······ 15
 一、新时代实施乡村振兴战略的重大意义 ······ 15
 二、美丽乡村的实践探索 ······ 18
 三、乡村振兴建设的五大内容 ······ 21
 四、退耕还林还草对乡村振兴的五大贡献 ······ 23

第三章 退耕还林还草与国家相关战略 ······ 28
 一、退耕还林还草与生态文明战略 ······ 28
 二、退耕还林还草与美丽中国战略 ······ 47
 三、退耕还林还草与脱贫攻坚战略 ······ 57
 四、退耕还林还草与"三农"发展战略 ······ 71

实践篇

第四章 江西案例 ······ 87
 案例1 渝水琴山村退耕还油茶振兴乡村 ······ 87

目 录

  案例2 峡江上盖村退耕还杨梅富村富民 ……………………… 92
  案例3 安远镇岗乡退耕还林果业富民 ……………………… 96

第五章 河南案例 …………………………………………………… 101
  案例1 光山槐店乡退耕还油茶产业初见规模 ……………… 101
  案例2 淅川唐王桥村退耕还金银花模式 ……………………… 105
  案例3 林州盘龙山村退耕还花椒富民 ………………………… 108

第六章 湖北案例 …………………………………………………… 112
  案例1 恩施龙凤镇退耕还茶助推乡村振兴 …………………… 112
  案例2 宣恩埃山村退耕还白柚富民治贫 ……………………… 117
  案例3 长阳榔坪镇退耕还木瓜花开幸福来 …………………… 121

第七章 广西案例 …………………………………………………… 127
  案例1 东兰隘洞镇退耕还板栗三乌鸡强强联姻 ……………… 127
  案例2 平果龙板村退耕还任豆绿化石山 ……………………… 133
  案例3 右江百兰村退耕还林芒果飘香 ………………………… 137

第八章 四川案例 …………………………………………………… 141
  案例1 纳溪梅岭村退耕还林助推早茶产业 …………………… 141
  案例2 纳溪回虎村退耕还竹节节高 …………………………… 146
  案例3 叙州区隆兴乡退耕还油樟助推乡村振兴 ……………… 149
  案例4 筠连春风村退耕还林富村富民 ………………………… 155

第九章 贵州案例 …………………………………………………… 160
  案例1 湄潭大庙场村退耕还茶成效好 ………………………… 160
  案例2 赤水华平村退耕还竹脱贫成效好 ……………………… 166

第十章 云南案例 …………………………………………………… 171
  案例1 隆阳下麦庄村退耕还核桃奔小康 ……………………… 171
  案例2 红河齐心寨村退耕还沃柑奔小康 ……………………… 176
  案例3 腾冲新岐社区退耕还林还草壮大集体经济 …………… 181

第十一章 陕西案例 ………………………………………………… 186
  案例1 旬阳段家河镇退耕还林特色产业富镇富民 …………… 186
  案例2 大荔小坡村退耕还冬枣奔小康 ………………………… 192
  案例3 汉滨区谢坪村退耕还茶生态富民 ……………………… 197

第十二章 宁夏案例 ………………………………………………… 202
  案例1 灵武东塔镇退耕还长枣富民 …………………………… 202
  案例2 银川南梁农场退耕还枸杞富民 ………………………… 207

案例3　海原田拐村退耕还杏带动乡村旅游 …………………………… 212
　　案例4　彭阳新洼村退耕还林还草综合发展 …………………………… 217
第十三章　青海案例 ………………………………………………………………… 223
　　案例1　湟源前沟村退耕还树莓振兴乡村 ……………………………… 223
　　案例2　乐都李家壕村退耕还林发展大果樱桃 ………………………… 227
参考文献 ……………………………………………………………………………… 231
附录1　中共中央　国务院关于实施乡村振兴战略的意见 ……………………… 233
附录2　乡村振兴战略规划(2018—2022年) …………………………………… 249

理论篇

第一章
新时代的国家战略及退耕还林还草

退耕还林还草是中国乃至世界最大的生态工程，1999年开始实施退耕还林还草，2014年启动实施新一轮退耕还林还草。截至2020年，累计实施退耕还林还草5.22亿亩，中央财政已累计投入5353亿元。党的十九大对加快生态文明体制改革、建设美丽中国、振兴乡村、脱贫攻坚、"三农"发展等进行了战略部署，并把"扩大退耕还林还草"作为其战略措施之一。可以说，新时代，新起点，新要求。新时代赋予了退耕还林还草更高的目标，退耕还林还草必将为生态文明、美丽中国、乡村振兴、精准扶贫、"三农"发展等做出更大的贡献。

一、新时代的国家战略

党的十八大以来，以习近平同志为核心的党中央，从坚持和发展中国特色社会主义全局出发，为实现"两个一百年"奋斗目标，确立了新形势下党和国家各项工作的战略目标和战略举措，提出了"两步走"战略、"四个全面"战略布局、"五位一体"总体布局、坚定实施"七大战略"、坚决打好"三大攻坚战"、努力建设美丽中国，为实现中华民族伟大复兴的中国梦提供了理论指导和实践指南（中共中央宣传部，2019）。

（一）"两步走"战略

党的十九大报告提出了"两步走"战略安排，到建党一百年时建成经济更加发展、民主更加健全、科教更加进步、文化更加繁荣、社会更加和谐、人民生活更加殷实的小康社会，然后再奋斗三十年，到新中国成立一百年时，基本实现现代化，把我国建成社会主义现代化国家。党的十九大擘画了分两步走全面建成社会主义现代化强国的宏伟蓝图,这是中国共产党的庄严承诺。

从十九大到二十大,是"两个一百年"奋斗目标的历史交汇期。既要全面建成小康社会、实现第一个百年奋斗目标,又要乘势而上开启全面建设社会主义现代化国家新征程,向第二个百年奋斗目标进军。

到2050年,是第二个百年目标,综合分析国际国内形势和我国发展条件,从2020年到本世纪中叶可以分两个阶段来安排。第一个阶段,到2035年,人类历史上将迎来工业革命以来,一个10亿人口以上超大规模国家基本实现现代化的伟大奇迹;第二阶段,到2050年,一个富强民主文明和谐美丽的社会主义现代化强国将屹立于世界东方。

(二)"四个全面"战略布局

"四个全面"战略布局,即全面建成小康社会、全面深化改革、全面依法治国、全面从严治党。"四个全面"战略布局是以习近平同志为核心的党中央治国理政战略思想的重要内容,闪耀着马克思主义与中国实际相结合的思想光辉,饱含着马克思主义的立场、观点、方法。

"四个全面"战略布局的提出,更完整地展现出新一届中央领导集体治国理政总体框架,使当前和今后一个时期,党和国家各项工作关键环节、重点领域、主攻方向更加清晰,内在逻辑更加严密,这对推动改革开放和社会主义现代化建设迈上新台阶提供了强力保障。

党的十八大以来,以习近平同志为核心的党中央,紧紧围绕坚持和发展中国特色社会主义这个主题,带领全党全国各族人民励精图治、攻坚克难,改革发展各项事业取得重大成就、开创崭新局面,得到广大干部群众衷心拥护和国际社会高度评价。

2014年11月,习近平到福建考察调研时提出了"协调推进全面建成小康社会、全面深化改革、全面推进依法治国进程"的"三个全面"。

2014年12月,习近平在江苏调研时则将"三个全面"上升到了"四个全面",要"协调推进全面建成小康社会、全面深化改革、全面推进依法治国、全面从严治党,推动改革开放和社会主义现代化建设迈上新台阶",新增了"全面从严治党"。

2017年,党的十九大报告中三次使用"四个全面",一是全面总结部分说:"五年来,我们统筹推进'五位一体'总体布局、协调推进'四个全面'战略布局";二是基本方略部分说:"明确中国特色社会主义事业总体布局是'五位一体'、战略布局是'四个全面'";三是贯彻落实部分强调:"协调推进'四个全面'战略布局"。由此可见,"四个全面"既是新时代中国特色社会主义建设取得巨大成就的经验,也是工作的指导方略,还是贯彻落实的战略措施。

(三)"五位一体"总体布局

"五位一体"总体布局,是十八大报告的新提法之一,是中国共产党对"实现什么样的发展、怎样发展"这一重大战略问题的科学回答,为用中国特色社会主义理论体系武装头脑、指导实践、推动工作,提供了强大思想武器。

党的十八大首次提出"全面落实经济建设、政治建设、文化建设、社会建设、生态文明建设五位一体总体布局",并强调,"建设中国特色社会主义,总依据是社会主义初级阶段,总布局是五位一体,总任务是实现社会主义现代化和中华民族伟大复兴"。

党的十九大报告三次强调"五位一体"总体布局。一是全面总结部分说:"五年来,我们统筹推进'五位一体'总体布局";二是基本方略部分指出:"明确中国特色社会主义事业总体布局是'五位一体'";三是贯彻落实部分强调:"统筹推进'五位一体'总体布局"。由此可见,"五位一体"既是新时代中国特色社会主义建设取得巨大成就的经验总结,也是下一步工作的指导思想和方略,还是贯彻落实的战略措施和途径。

进入新时代,要继续夺取中国特色社会主义伟大胜利,就必须按照党的十九大精神要求,统筹推进"五位一体"总体布局。站在新的历史方位,党的十九大对我国社会主义现代化建设作出新的战略部署,并明确以"五位一体"的总体布局推进中国特色社会主义事业,从经济、政治、文化、社会、生态文明五个方面,制定了新时代统筹推进"五位一体"总体布局的战略目标,是新时代推进中国特色社会主义事业的路线图,是更好推动人的全面发展、社会全面进步的任务书。

(四)坚定实施"七大战略"

"七大战略"是指科教兴国战略、人才强国战略、创新驱动战略、乡村振兴战略、区域协调发展战略、可持续发展战略、军民融合发展战略。

习近平总书记在十九大报告中强调,要按照十六大、十七大、十八大提出的全面建成小康社会各项要求,紧扣我国社会主要矛盾变化,统筹推进经济建设、政治建设、文化建设、社会建设、生态文明建设,坚定实施科教兴国战略、人才强国战略、创新驱动战略、乡村振兴战略、区域协调发展战略、可持续发展战略、军民融合发展战略。

(五)坚决打好"三大攻坚战"

"三大攻坚战"是指防范化解重大风险、精准脱贫、污染防治,是习近平总书记在十九大报告中首次提出的新表述。

2017年10月18日,习近平总书记在十九大报告中提出:要坚决打好防范化解重大风险、精准脱贫、污染防治的攻坚战,使全面建成小康社会得到人民认可、经得起历史检验。2018年3月5日,提请十三届全国人大一次会议审议的政府工作报告将三大攻坚战

"作战图"和盘托出：推动重大风险防范化解取得明显进展、加大精准脱贫力度、推进污染防治取得更大成效。

2018年4月2日，习近平总书记主持召开中央财经委员会第一次会议，专门研究打好三大攻坚战的思路和举措。习近平总书记在会上强调指出，防范化解金融风险，事关国家安全、发展全局、人民财产安全，是实现高质量发展必须跨越的重大关口。精准脱贫攻坚战已取得阶段性进展，只能打赢打好。环境问题是全社会关注的焦点，也是全面建成小康社会能否得到人民认可的一个关键，要坚决打好打胜这场攻坚战。这充分体现了以习近平同志为核心的党中央对打好三大攻坚战的高度重视和坚定决心。

(六) 努力建设美丽中国

"美丽中国"是党的十八大提出的，强调把生态文明建设放在突出地位，融入经济建设、政治建设、文化建设、社会建设各方面和全过程。

2012年11月15日，新当选的中国中央总书记习近平在十八届中央政治局常委记者见面会上的讲话中指出："我们的人民热爱生活，期盼有更好的教育、更稳定的工作、更满意的收入、更可靠的社会保障、更高水平的医疗卫生服务、更舒适的居住条件、更优美的环境，期盼着孩子们能成长得更好、工作得更好、生活得更好。人民对美好生活的向往，就是我们的奋斗目标。"

2015年10月召开的十八届五中全会上，"美丽中国"被纳入"十三五"规划，首次被纳入五年计划。

2017年10月18日，习近平同志在十九大报告中三次强调美丽中国战略：一是在基本方略中指出："建设美丽中国，为人民创造良好生产生活环境，为全球生态安全作出贡献"；二是在全面建成小康社会第一阶段目标中要求："生态环境根本好转，美丽中国目标基本实现"；三是国家建设部分标题即为"加快生态文明体制改革，建设美丽中国"。

二、新时代的退耕还林还草战略

20世纪末，党中央、国务院站在民族生存和发展的战略高度，着眼于经济社会可持续发展的大局，做出了实施退耕还林工程的重大战略举措。20年来的实践证明，退耕还林工程决策英明、政策深得人心、管理规范、进展顺利、成效显著、经验宝贵、影响深远。1999年，四川、陕西、甘肃三省率先开展了退耕还林试点，由此揭开了我国退耕还林的序幕。

(一)英明果敢的战略决策

中国是世界文明的发源地之一,有着五千年的文明史,与古埃及、古巴比伦、古印度并称为"四大文明古国",曾经创造了光辉灿烂的物质文明,为世界科学文化发展做出了重大贡献。由于自然资源过度利用、生态恶化等原因,一些文明古国衰落了,中国文明虽然顽强地延续下来了,但资源环境问题也非常突出。由于各种自然原因,加上战乱破坏,中西部地区自然环境不断恶化,许多地方"小山耕到顶,大山耕到腰","大字报田""石质化地"比比皆是,环境资源陷入了"越穷越垦,越垦越穷"的恶性循环之中(李世东,2004)。

党中央、国务院对1998年特大洪灾后的重建工作高度关注,高瞻远瞩,及时制定了"退耕还林(草),封山绿化,以粮代赈,个体承包"的重建方针,做出了退耕还林还草、改善生态环境的重大战略决策。这是党中央、国务院站在国家和民族长远发展的高度,着眼于经济和社会可持续发展全局,审时度势,面向新世纪做出的重大战略决策,不仅具有十分重要的现实意义,而且具有深远的历史意义。退耕还林工程从根本上改变了中国农民祖祖辈辈垦荒种粮的传统耕作习惯,实现了由垦荒种粮的农业文明向退耕还林的生态文明的历史性转变,这是中国生态建设史上的历史性突破,也是中国文明发展史上的重要里程碑(孔忠东等,2007)。

(二)规模巨大的生态建设

1999年,基于对长江、松花江流域特大洪涝灾害的深刻反思,党中央、国务院将"封山植树、退耕还林"放在灾后重建综合措施的首位,启动实施了退耕还林还草工程。截至2020年,累计实施退耕还林还草5.22亿亩,其中退耕地还林还草2.13亿亩、荒山荒地造林2.63亿亩、封山育林0.46亿亩,占同期全国重点工程造林总面积的40%,中央累计投入5353亿元,相当于三峡工程动态总投资的两倍多。退耕还林还草工程已成为我国乃至世界上资金投入最多、建设规模最大、政策性最强、群众参与程度最高的重大生态工程,取得了巨大的综合效益。

退耕还林还草工程范围广泛。工程建设涉及北京、天津、河北、山西、内蒙古、辽宁、吉林、黑龙江、安徽、江西、河南、湖北、湖南、广西、海南、重庆、四川、贵州、云南、西藏、陕西、甘肃、青海、宁夏、新疆等25个省(自治区、直辖市)和新疆生产建设兵团的2435个县(包括县级单位),4100万农户参与实施退耕还林还草,1.58亿农民直接受益,经济收入明显增加。退耕还林成为我国涉及面最广、农民受益最大的生态建设工程。

陕西省吴起县昔日的黄土高坡披彩挂绿(宗明远摄)

(三) 世界最大的生态工程

退耕还林还草工程不仅是我国最大的生态建设工程,也是迄今为止全球最大的生态建设工程,其规模、范围和投资等都远大于美国"罗斯福工程"、苏联"斯大林改造大自然计划"、日本"治山计划"、加拿大"绿色计划"等,堪称世界生态工程建设之首(李世东,2007)。

美国"罗斯福工程"规划用8年时间(1935—1942年)造林30万公顷,提请国会拨款7500万美元。工程于1935年春正式启动,到1942年栽植季结束时,8年共种植乔灌木2.17亿株。

"斯大林改造大自然计划"是苏联计划用17年时间(1949—1965年),营造各种防护林570万公顷。工程于1949年开始实施,1954年后逐渐终止,6年营建防护林287万公顷。

日本从1960年起,制定了为期5年的"治山计划",并连续制定和实施了8期计划,总投资达128987亿日元,造林面积650万公顷。

加拿大"绿色计划"于1990年12月由联邦政府发布实施,计划为期6年,总预算30亿加元。规划内容广泛,分8大领域,共有100多个项目,植树造林是其内容之一,主要以保护区、公园建设为主,造林面积不足10万公顷。

(四) 成效显著的生态工程

退耕还林还草是迄今为止我国政策性最强、投资最大、涉及面最广、群众参与程度最高的一项生态建设工程。退耕还林还草工程的一退一还,工程区生态修复明显加快,短时期内林草植被大幅度增加,森林覆盖率平均提高4个多百分点,一些地区提高十几个甚至几十个百分点,风沙危害和水土流失得到有效遏制,生态面貌大为改观,生态状况显著改善,党中央、国务院当年绘就的再造秀美山川的宏伟蓝图正在变为现实。20年来,工程建设取得的巨大生态效益,为建设生态文明和美丽中国创造了良好的生态条件。据2016年监测结果,退耕还林还草每年在保水固土、防风固沙、固碳释氧等方面产生的生态效益总价值达1.38万亿元,相当于中央总投入的2倍多。退耕还林还草每年涵养的水源相当于三峡水库的最大蓄水量,减少的土壤氮、磷、钾和有机质流失量相当于我国年化肥施用量的四成多(国家林业局,2018)。

退耕还林还草工程的实施,不仅改善了工程区的生态环境,也推动了农民增收、农业增效和农村发展,加快了农村产业结构调整,为促进我国"三农"问题的解决和社会主义新农村建设做出了重大的贡献。基层干部群众深有感慨地说:"退耕还林工程是农民受益的扶贫工程,是符合民情民意的德政工程,是牵动人心的社会工程,是影响深远的生态工程。"

(五)脱贫攻坚的小康工程

退耕还林还草作为一项惠民工程,在深度贫困地区深入实施退耕还林,能让更多的贫困人口通过参与退耕还林还草获得项目补贴收入,还能发展林果业增收。可以说,退耕还林还草助力脱贫的作用十分显著。截至2020年底,全国4100万农户参与实施退耕还林还草,1.58亿农民直接受益,退耕农户户均累计获得国家补助资金9000多元,经济收入明显增加。

退耕还林工程区大多是贫困地区和少数民族地区,工程的扶贫作用日益显现,成为实现国家脱贫攻坚战略目标的有效抓手。2016—2019年,全国共安排集中连片特殊困难地区和国家扶贫开发工作重点县退耕还林还草任务3923万亩,占4年总任务的75.6%。据退耕还林样本县监测,新一轮退耕还林还草对建档立卡贫困户的覆盖率达18.7%,其中西部地区有些县接近50%。同时,退耕后农民增收渠道不断拓宽,后续产业增加了经营性收入,林地流转增加了财产性收入,外出务工增加了工资性收入,家庭收入更加稳定多样。据国家统计局监测,2007—2016年,退耕农户人均可支配收入年均增长14.7%,比全国农村居民人均可支配收入增长水平高1.8个百分点。

湖北恩施退耕还茶成效显著

(六) 影响深远的德政工程

很多基层干部和专家学者认为,退耕还林还草不仅仅是中国生态建设史上的历史性突破,也是中国文明发展史上的重要里程碑,改变了农民祖祖辈辈垦荒种粮的生产生活习惯,转变了小农思想观念,给我国农村带来了一场广泛而又深刻的变革,对我国经济社会的影响十分深远(沈国舫等,2017)。

一是增强了全民生态意识。实施退耕还林还草工程,充分体现了党和政府改善生态面貌的决心和魄力,符合工程区广大干部群众的愿望,激发了广大干部群众投身退耕还林还草工程建设的积极性,而且亲身感受到了生态改善给生产生活带来的好处,极大地提高了全民生态意识,加快了现代林业建设步伐和生态文明建设进程。

二是促进了农民思想观念的转变。建设社会主义新农村,改变农村面貌,只靠国家投入和外来扶持不能解决贫困地区的根本问题,最根本、最重要的问题在于能否把传统耕作的农民培养成为市场经济下的新型农民。退耕以前,山区、沙区老百姓祖祖辈辈以瘠薄的耕地为生,广种薄收,靠天吃饭,对生存环境十分无奈。退耕还林还草不仅改善了工程区的生存条件,增强了基层干部和广大农民的生态意识,而且促进了农民思想观念的转变,生产方式由粗放经营向精耕细作转变,对生活的追求不再仅仅是为了解决温饱,大量农民走出山区、沙区,学到了技术,开阔了眼界,解放了思想,改变了以往那种故土难离、靠天吃饭的传统观念,成了懂市场经济的新型农民,朝致富路上迈出了关键一步。

三是密切了干群关系。退耕还林还草政策公开透明,补助标准家喻户晓,群众积极参与,纷纷要求多退、早退。工程区各级领导以及林业部门干部职工把退耕还林还草工程作为一项重要工作来抓,深入工程第一线开展指导、监督、检查等工作,及时、保质保量地兑现粮款补助,提高了党和政府在人民群众中的威信,密切了党群关系、干群关系、民族关系,群众高兴地称"土改时期干部的作风又回来了"。

四是提升了中国政府的形象。退耕还林还草工程建设规模、范围和投资等,堪称世界生态建设工程之最,已成为中国政府高度重视生态建设、认真履行国际公约的标志性工程,充分展示了中国政府对全球生态安全高度负责的精神,得到了美国、欧盟、日本、澳大利亚等30多个国家和国际组织的高度评价。

三、退耕还林还草相关的国家发展战略

党的十九大是在全面建成小康社会决胜阶段、中国特色社会主义进入新时代的关键时期召开的一次十分重要的大会。党的十九大对加快生态文明体制改革、建设美丽中国、振兴乡村、脱贫攻坚、"三农"发展等进行了战略部署。十九大报告特别提出"扩大退耕还林

还草规模"的战略要求,这充分体现了党和国家对退耕还林还草工作高度重视。可以说,新时代,新起点,新要求,退耕还林还草的目标、地位也有了新变化。如果说过去退耕还林还草目标是生态建设和生态文明建设,是从保护和改善生态环境出发,将易造成水土流失的坡耕地有计划、有步骤地退耕还林还草。新时代还赋予了退耕还林还草更高的目标,那就是十九大提出的生态文明、美丽中国、乡村振兴、精准扶贫、"三农"发展等目标。

(一)生态文明战略

习近平总书记指出,生态兴则文明兴,生态衰则文明衰。生态文明建设不仅是关系党的使命宗旨的重大政治问题,也事关中华民族永续发展和"两个一百年"奋斗目标的实现,保护生态环境就是保护生产力,改善生态环境就是发展生产力。

党的十七大报告中首次提出了生态文明建设的概念。党的十八大进一步扩大了生态文明思想,将建设中国特色社会主义事业总体布局由经济建设、政治建设、文化建设、社会建设"四位一体"拓展为包括生态文明建设的"五位一体";提出要从源头扭转生态环境恶化趋势,为人民创造良好生产生活环境,努力建设美丽中国,实现中华民族永续发展。

党的十八大以来,我国生态文明建设推进速度明显加快,总体上呈现稳中向好的良好态势。2015年4月,中共中央、国务院发布了《关于加快推进生态文明建设的意见》,全文共9个部分35条,意见指出,加快推进生态文明建设是加快转变经济发展方式、提高发展质量和效益的内在要求,是坚持以人为本、促进社会和谐的必然选择,是全面建成小康社会、实现中华民族伟大复兴中国梦的时代抉择,是积极应对气候变化、维护全球生态安全的重大举措。

党的十九大进一步将生态文明提高到制度建设的高度,强调"加快生态文明体制改革",提出"统筹推进经济建设、政治建设、文化建设、社会建设、生态文明建设"的"五大建设"。

可见,生态文明受到党和政府的高度重视,特别是《关于加快推进生态文明建设的意见》的发布,以及十九大关于"加快生态文明体制改革"的要求,生态文明逐步从理论走向实践,从行动走向制度,从战术迈入战略,从点面建设进入到体系配套改革,生态文明是新时代中国特色社会主义的重大发展战略。

在2018年全国生态环境保护大会上,习近平总书记指出,新时代推进生态文明建设要坚持六大原则:一是坚持人与自然和谐共生,二是坚持绿水青山就是金山银山,三是坚持良好生态环境是最普惠的民生福祉,四是坚持山水林田湖草是生命共同体,五是坚持用最严格制度最严密法治保护生态环境,六是坚持共谋全球生态文明建设。习近平总书记还提出要加快构建生态文明体系,确保到2035年,生态环境质量实现根本好转,美丽中国目标基本实现。

(二)美丽中国战略

作为中国梦的一个重要组成部分,"美丽中国"的生态文明建设目标在党的十八大第一次被写进了政治报告。十九大报告中指出,加快生态文明体制改革,建设美丽中国。

党的十八届五中全会上,美丽中国被纳入"十三五"规划。2015年10月26日,党的十八届五中全会在北京召开,会议的主要议程是研究关于制定国民经济和社会发展第十三个五年规划的建议。"十三五"规划建议提出十个任务目标,包括保持经济增长、转变经济发展方式、调整优化产业结构、推动创新驱动发展、加快农业现代化步伐、改革体制机制、推动协调发展、加强生态文明建设、保障和改善民生、推进扶贫开发。其中,加强生态文明建设(美丽中国)是首度写入五年规划。

一般认为,美丽中国是生态文明建设的形象目标,生态文明是国家战略,美丽中国当然也是国家战略。众所周知,美丽中国与生态环境、生态文明总是形影相随,生态文明是理论基础,美丽中国是直观感受,生态文明是本尊,美丽中国是影像,可以说美丽中国是生态文明建设的外在目标,更准确地说是形象目标,生态文明建设是实现美丽中国的必然路径,美丽中国是生态文明建设的必然结果。努力建设美丽中国,是推进生态文明建设的实质和本质特征,也是对中国现代化建设提出的要求。

其实,更准确地说,美丽中国不仅是国家战略,而且是国家目标,比战略的地位更高。十九大报告更进一步明确了实现"两个一百年"阶段目标中对美丽中国的要求:到2020年,坚决打好污染防治攻坚战;到2035年,生态环境根本好转,美丽中国目标基本实现;到本世纪中叶,建成富强民主文明和谐美丽的社会主义现代化强国。

十九大报告对美丽中国建设作出了四个方面的部署,一是推进绿色发展,二是着力解决突出环境问题,三是加大生态系统保护力度,四是改革生态环境监管体制。

(三)乡村振兴战略

乡村振兴战略是党的十九大报告中提出的"七大战略"之一。党的十九大提出实施乡村振兴战略,是以习近平同志为核心的党中央着眼党和国家事业全局,深刻把握现代化建设规律和城乡关系变化特征,顺应亿万农民对美好生活的向往,对"三农"工作做出的重大决策部署,是决胜全面建成小康社会、全面建设社会主义现代化国家的重大历史任务,是新时代做好"三农"工作的总抓手。

党的十九大明确提出,实施乡村振兴战略。农业农村农民问题是关系国计民生的根本性问题,必须始终把解决好"三农"问题作为全党工作重中之重。要坚持农业农村优先发展,巩固和完善农村基本经营制度,保持土地承包关系稳定并长久不变,第二轮土地承包到期后再延长30年。确保国家粮食安全,把中国人的饭碗牢牢端在自己手中。加强农村基层基础工作,培养造就一支懂农业、爱农村、爱农民的"三农"工作队伍。

2018年2月4日，中央一号文件印发了《关于实施乡村振兴战略的意见》，指出实施乡村振兴战略，是党的十九大作出的重大决策部署，是决胜全面建成小康社会、全面建设社会主义现代化国家的重大历史任务，是新时代"三农"工作的总抓手。

2018年3月5日，国务院总理李克强在作政府工作报告时指出，要大力实施乡村振兴战略。

2018年9月，中共中央、国务院印发了《乡村振兴战略规划（2018—2022年）》，明确至2020年的目标任务，细化实化工作重点和政策措施，部署重大工程、重大计划、重大行动，确保乡村振兴战略落实落地，是指导各地区各部门分类有序推进乡村振兴的重要依据。

2019年3月5日，国务院总理李克强在作政府工作报告时，再次强调，扎实推进脱贫攻坚和乡村振兴。

（四）脱贫攻坚战略

脱贫攻坚称之为战略，也是有依据的。从改革开放之初以制度改革推动减贫，到1986年实施有组织的大规模扶贫开发战略，再到党的十八大以来实施精准扶贫、精准脱贫，中国特色扶贫开发道路一直在改革创新中拓展。在改革开放后扶贫开发战略的探索与实践基础上，党的十八大以来，习近平同志就脱贫攻坚、精准扶贫发表一系列重要论述，阐明了新时代我国脱贫攻坚的重大理论和实践问题，丰富和拓展了中国特色的脱贫攻坚战略内涵。

习近平就任总书记后，第二站就到河北阜平革命老区，进村入户看望困难群众，考察扶贫工作，提出了"两个重中之重"（"三农"工作是重中之重，革命老区、民族地区、边疆地区、贫困地区在"三农"工作中要把扶贫开发作为重中之重）和"三个格外"（对困难群众要格外关注、格外关爱、格外关心）等重要思想，拉开了总书记抓脱贫攻坚的序幕。

2015年11月27—28日，中央扶贫开发工作会议在北京召开。习近平总书记在会上强调，消除贫困、改善民生、逐步实现共同富裕，是社会主义的本质要求，是我们党的重要使命。全面建成小康社会，是我们对全国人民的庄严承诺。脱贫攻坚战的冲锋号已经吹响。我们立下愚公移山志，咬定目标、苦干实干，坚决打赢脱贫攻坚战，确保到2020年所有贫困地区和贫困人口一道迈入全面小康社会。

2015年11月29日，中共中央、国务院印发了《关于打赢脱贫攻坚战的决定》，要求深入贯彻习近平总书记系列重要讲话精神，把精准扶贫、精准脱贫作为基本方略，举全党全社会之力，坚决打赢脱贫攻坚战。

2017年10月，精准扶贫写入党的十九大报告，并且作为十九大报告中"三大攻坚战"之一。十九大报告明确要求，坚决打赢脱贫攻坚战。让贫困人口和贫困地区同全国一道进入全面小康社会是我们党的庄严承诺。确保到2020年我国现行标准下农村贫困人口实现脱贫，贫困县全部摘帽，解决区域性整体贫困，做到脱真贫、真脱贫。

2018年6月15日，中共中央、国务院印发了《关于打赢脱贫攻坚战三年行动的指导意见》，提出了任务目标："到2020年，巩固脱贫成果，通过发展生产脱贫一批，易地搬迁脱贫一批，生态补偿脱贫一批，发展教育脱贫一批，社会保障兜底一批，因地制宜综合施策，确保现行标准下农村贫困人口实现脱贫，消除绝对贫困；确保贫困县全部摘帽，解决区域性整体贫困。"

打赢脱贫攻坚战是党中央确定的"三大攻坚战"之一，是我们必须完成好的政治任务。到2020年实现"两个确保"：确保农村贫困人口实现脱贫，确保贫困县全部脱贫摘帽。2015年11月27日在中央扶贫开发工作会议上，习近平总书记强调，"脱贫攻坚已经到了啃硬骨头、攻坚拔寨的冲刺阶段，所面对的都是贫中之贫、困中之困"，充分体现了其扶贫开发战略思想勇于担当的鲜明表征。

（五）"三农"发展战略

纵观新中国成立以来的"三农"政策，其提法一直是首位（把农业放在国民经济发展的首位）、基础地位（加强农业基础地位）、"全党工作的重中之重"。进入新世纪以来，2004—2020年，连续17年的中央一号文件都是解决"三农"问题。

"三农"问题是指农业、农村、农民这三个问题。"三农"问题在我国作为一个概念提出来是在20世纪90年代中期，此后逐渐被媒体和官方引用。新世纪以来，我国更加关注"三农"问题，在提法上对其有了全新的表述，称其为"全党工作的重中之重"，而此之前的提法是"把农业放在国民经济发展的首位""加强农业基础地位"。

党的十八大以来，习近平总书记在多个场合就"三农"问题发表一系列重要讲话，深刻阐述了推进农村改革发展若干具有方向性和战略性的重大问题。2013年12月，习近平总书记在中央农村工作会议上强调："中国要强，农业必须强；中国要美，农村必须美；中国要富，农民必须富。农业基础稳固，农村和谐稳定，农民安居乐业，整个大局就有保障，各项工作都会比较主动。"

2015年7月，习近平总书记在吉林调研时强调："任何时候都不能忽视农业、忘记农民、淡漠农村。必须始终坚持强农惠农富农政策不减弱、推进农村全面小康不松劲，在认识的高度、重视的程度、投入的力度上保持好势头。"

2016年4月，习近平总书记在安徽凤阳县小岗村召开农村改革座谈会强调："要坚持把解决好'三农'问题作为全党工作重中之重，坚定不移深化农村改革，坚定不移加快农村发展，坚定不移维护农村和谐稳定。"

2019年2月，中共中央、国务院下发了《关于坚持农业农村优先发展做好"三农"工作的若干意见》，这是21世纪以来第16个指导"三农"工作的中央一号文件。

第二章
退耕还林还草与乡村振兴战略

党的十九大把乡村振兴作为国家战略提到党和政府工作的重要议事日程上来,并对具体的振兴乡村行动明确了目标任务,提出了具体工作要求。中国过去是一个典型的农业国,中国社会是一个乡土社会,中国文化的本质是乡土文化,故而,振兴乡村显得尤为重要。这对于中国走出"中等发达国家陷阱",坚持五大发展理念,建设社会主义现代化强国,实现中华民族伟大复兴的中国梦具有十分重大的现实意义和深远的历史意义。

一、新时代实施乡村振兴战略的重大意义

党的十九大报告把乡村振兴战略作为党和国家重大战略,这是基于我国社会现阶段发展的实际需要而确定的,是符合我国全面实现小康,迈向社会主义现代化强国的需要而明确的,是中国特色社会主义建设进入新时代的客观要求。乡村不发展,中国就不可能真正发展;乡村社会不实现小康,中国社会就不可能全面实现小康;乡土文化得不到重构与弘扬,中华优秀传统文化就不可能得到真正的弘扬。所以振兴乡村对于振兴中华、实现中华民族伟大复兴的中国梦都有着重要的意义。

(一)国家现代化建设的需要

没有农业农村的现代化,就没有国家的现代化。农业是国民经济的基础,农业稳则国家稳,农业兴则国家兴。推进乡村振兴,深化农业供给侧结构性改革,构建现代农业产业体系、生产体系、经营体系,激活农村各类生产要素,有利于推动农业从增产导向转向提质导向,从传统农业转向现代农业,增强我国农业创新力和竞争力,为推进农业农村现代

化奠定坚实基础。

加快农业现代化步伐，发展壮大乡村产业，包括很多方面的工作。要以科技创新为引领，通过优化提升农业生产力来有效推进农业结构调整、加快农业转型升级、创新发展"互联网+农业"新业态、壮大农村不同地域的特色优势产业、保障农产品质量安全、培育优质特色农业品牌、提高农业供给体系的整体质量和效率；要通过加强耕地保护、提升农业装备和信息化水平等举措，提高农业综合生产能力；要通过促进巩固和完善农村基本经营制度、壮大新型农业经营主体、发展新型农村集体经济等举措，提高农业的集约化、专业化、组织化、社会化水平，建立现代农业经营体系；要结合各地不同的资源禀赋，培育农业新产业新业态，促进农村一二三产业融合发展。

（二）实现粮食自给自足的战略需要

实施乡村振兴战略，是把中国人的饭碗牢牢端在自己手中的有力抓手。中国是个人口大国，民以食为天，粮食安全历来是国家安全的根本。习近平总书记说把中国人的饭碗牢牢端在自己手中，就是要让粮食生产这一农业生产的核心成为重中之重，乡村振兴战略就是要使农业大发展、粮食大丰收。要强化科技农业、生态农业、智慧农业，确保18亿亩耕地红线不被突破，从根本上解决中国粮食安全问题，而不会受国际粮食市场的左右和支配，从而把中国人的饭碗牢牢端在自己手中。

中美贸易战，让我们见证了自给自足经济的重要性。一个从粮食、衣服等生活日用品，到铁路、电站等基础设施，再到枪炮、子弹、战机、军舰完全依赖进口的国家，一定是受制于人的国家。只有那些产业链齐全、样样精通、什么都会的国家，往往是经济、军事、政治大国。在国际社会，西方国家不卖给中国商品、技术或企业，可以编排出各种理由，甚至不乏动用总统特权亲自否决并购的情况。

（三）扭转乡村落后局面的需要

20世纪90年代以来，中国农村经历了一场激烈的变化，尤其是西部地区，乡村衰落是一个不争的客观事实。改革开放使我们获得了巨大的物质财富，创造了人间奇迹，同时也改变了中国的社会结构和自然风貌。6亿农民工进城务工，使城乡人口流动带来了许多变化，青壮年劳动力向城市建设市场的转移，改变着中国社会结构，出现空巢村、老人村、留守儿童村……已成为当下中国广大农村不争的客观事实。据住建部《全国村庄调查报告》数据显示：1978—2012年，中国行政村总数从69万个减少到58.8万个，年均减少3152个；自然村总数从1984年的420万个减少到2012年的267万个，年均减少约5.5万个。

当前，我国发展不平衡不充分问题在乡村最为突出，主要表现在：农产品阶段性供过于求和供给不足并存，农业供给质量亟待提高；农民适应生产力发展和市场竞争的能力不足，新型职业农民队伍建设亟须加强；农村基础设施和民生领域欠账较多，农村环境和生态问题比较突出，乡村发展整体水平亟待提升；国家支农体系相对薄弱，农村金融改革任务繁重，城乡之间要素合理流动机制亟待健全；农村基层党建存在薄弱环节，乡村治理体系和治理能力亟待强化。实施乡村振兴战略，是解决人民日益增长的美好生活需要和不平衡不充分的发展之间矛盾的必然要求，是实现"两个一百年"奋斗目标的必然要求，是实现全体人民共同富裕的必然要求。

(四) 弘扬中华传统乡村文化的需要

中国文化本质上是乡土文化，中华文化的根脉在乡村，我们常说乡土、乡景、乡情、乡音、乡邻、乡德等等，构成中国乡土文化，也使其成为中华优秀传统文化的基本内核。实施乡村振兴战略，也就是重构中国乡土文化的重大举措，也就是弘扬中华优秀传统文化的重大战略。中国文明的核心是农业文明，本质上是一个乡土性的农业国家，农业国家其文化的根基就在于乡土，而村落则是乡土文化的重要载体。振兴乡村的本质，便是回归乡土中国，同时在现代化和全球化背景下超越乡土中国。

历史悠久的农耕文化是中华文明的重要组成部分，很多村庄都是彰显和传承中华优秀传统文化的重要载体。通过实施乡村振兴战略，挖掘中华优秀农耕文化蕴含的乡村文化资源，在保护传承的基础上与时俱进地进行创造性转化、创新性发展，建设诚实守信、邻里和睦、勤俭节约的文明乡村，有利于在新时代焕发乡村社会文明新气象，进一步丰富、传承中华优秀传统文化。

(五) 践行爱国仁人志士理想追求的需要

20世纪30年代，兴起了由晏阳初、梁漱溟、卢作孚等人为代表发起的"乡村建设运动"。梁漱溟的乡村建设方案是把乡村组织起来，建立乡农学校作为政教合一的机关，在经济上组织农业合作社，以谋取乡村的发达。晏阳初发起并组织了一批志同道合的知识分子率领他们进行"博士下乡"，到河北定县农村安家落户，在乡村推行平民教育，提出以文艺教育治愚，以生计教育治穷，以卫生教育治弱，以公民教育治乱。卢作孚是一个实业家，他认为中国乡村衰败的根本在于乡村缺乏实业做支撑，于是他在重庆北碚开展了一系列的实业救乡村的活动。

虽然他们的实践在抗战烽火中被中断，即使不被中断，实践也必然会失败。因为不从根本上改造中国社会，没有一个人民当家做主的人民共和国，爱国知识分子们的满腔热血最终只会化为一盆冰水。但是他们提出的发展乡村教育以开民智，发展实业以振兴乡村经济，弘扬传统文化以建立乡村治理体系等思想，无疑是十分有益的尝试，对于我们今天实施"乡村振兴"战略仍然有着启示作用。

(六)美丽中国建设的需要

建设美丽中国离不开美丽乡村。实施乡村振兴战略,树立和践行绿水青山就是金山银山的理念,坚持尊重自然、顺应自然、保护自然,统筹山水林田湖草系统治理,加快推行乡村绿色发展方式,加大农村人居环境治理力度,有利于建设生活环境整洁优美、生态系统稳定健康、人与自然和谐共生的生态宜居美丽乡村。

中国要美,农村必须美,美丽中国要靠美丽乡村打基础。美丽中国是环境之美、生活之美、社会之美、百姓之美、时代之美的总和,美丽中国概念和生态文明理念要依托美丽乡村建设落地,通过从政治、经济、文化、社会、生态五个方面统筹规划乡村建设,落实生态文明理念,最终以点、线、面的形式践行美丽中国。

建设生态宜居的美丽乡村,一方面,要以生态环境友好和资源永续利用为导向,推动形成农业绿色生产方式,实现投入品减量化、生产清洁化、废弃物资源化、产业模式生态化,推进农业绿色发展;另一方面,要以农村垃圾、污水治理和村容村貌提升为主攻方向,持续改善农村人居环境。同时,还要加强乡村生态保护与修复,完善重要生态系统保护制度,促进乡村生产生活环境稳步改善,生态产品供给能力进一步增强。

二、美丽乡村的实践探索

在党的十九大提出乡村振兴战略之前,社会主义新农村(也称美丽乡村)建设就已经在多维度、多层次展开,并取得了明显成果。也可以说,美丽乡村的实践探索,为实施乡村振兴战略积累了必要的经验成果。乡村振兴战略是高层次、指导性理念,美丽乡村是可操作性、具体的实施举措。建设美丽乡村,要将观念更新到乡村振兴战略上,注重乡村的产业和生态发展,将农耕文明的精华和现代文明的精华有机结合,把传统村落、自然风貌、文化保护和生态宜居诸多因素有机结合在一起,让农民加入现代农业发展行列。

(一)政策引导

2003年,在时任浙江省委书记习近平的主持下,浙江省启动了"千村示范、万村整治"工程,开启了以改善农村生态环境、提高农民生活质量为核心的村庄整治建设大行动。2005年8月15日,在浙江安吉余村考察时,习近平提出了"绿水青山就是金山银山"的科学论断,如今安吉已经成为美丽乡村的生动范本。

2005年10月,党的十六届五中全会提出建设社会主义新农村的重大历史任务,提出了"生产发展、生活宽裕、乡风文明、村容整洁、管理民主"的具体要求。

2007年10月,党的十七大胜利召开,会议提出"要统筹城乡发展,推进社会主义新农村建设"。此后,"美丽乡村"建设已成为中国特色社会主义新农村建设的代名词,全国各地正式掀起美丽乡村建设的新热潮。

2018年4月25日,习近平总书记对浙江"千村示范、万村整治"工程作出重要批示:"要结合实施农村人居环境整治三年行动计划和乡村振兴战略,进一步推广浙江好的经验做法,建设好生态宜居的美丽乡村。"

2018年9月27日,浙江省"千村示范、万村整治"工程荣获联合国"地球卫士奖",标志着"千万工程"从中国农村走向世界。如今,"美丽乡村"已经成为浙江新农村建设的一张名片。

(二)地方探索

2003年6月,以农村生产、生活、生态的"三生"改善为重点,浙江在全省启动"千村示范、万村整治"工程,开启了以改善农村生态环境、提高农民生活质量为核心的村庄整治建设大行动。该工程有力支撑浙江乡村面貌、经济活力、农民生活水平走在全国前列,为我国建设美丽中国、实施乡村振兴战略等带来实践经验。

2005年10月,党的十六届五中全会提出建设社会主义新农村的要求。全国很多省份按十六届五中全会的要求,为加快社会主义新农村建设,努力实现生产发展、生活富裕、生态良好的目标,纷纷制定美丽乡村建设行动计划并付之行动,并取得了一定的成效。

2008年,浙江省安吉县正式提出"中国美丽乡村"计划,出台《建设"中国美丽乡村"行动纲要》,提出10年左右时间,把安吉县打造成为中国最美丽乡村。安吉县美丽乡村建设不但改善了农村的生态与景观,还打造出一批知名的农产品品牌,带动农村生态旅游的发展,带动农民收入增加,为美丽中国建设探索出一条创新的发展道路。2009年,北京大学中国地方政府研究院院长彭真怀、国务院研究室副主任李炳坤率中国美丽乡村建设与经济发展调研组调研后认为,再用5年时间,一个山美水美环境美、吃美住美生活美、穿美话美心灵美的中国最美丽乡村就会出现。中央农村工作办公室主任陈锡文在考察安吉后说,安吉进行的中国美丽乡村建设是中国新农村建设的鲜活样本。

2010年,受安吉县"中国美丽乡村"建设的成功影响,浙江省制定了《浙江省美丽乡村建设行动计划(2011—2015年)》,提出了"四美三宜两园"的目标要求,打造"千村示范、万村整治"工程2.0版。2016年浙江省委又印发《浙江省深化美丽乡村建设行动计划(2016—2020年)》,全面打造美丽乡村升级版。紧紧围绕着乡村振兴战略的指引发展,浙江省建成了一批基础设施便利、生态环境优美、宜居宜游宜业的美丽乡村,成为全国美丽乡村的标杆与样板。

浙江安吉余村美丽乡村建设

浙江省作为全国美丽乡村建设的标杆，率先推出了一系列好的经验做法。浙江全省各地坚持"绿水青山就是金山银山"理念，不断提升美丽乡村建设整体水平。截至2017年底，浙江省累计有2.7万个建制村完成村庄整治建设，占全省建制村总数的97%；74%的农户厕所污水、厨房污水、洗涤污水得到有效治理；生活垃圾集中收集、有效处理全覆盖，41%的建制村实施生活垃圾分类处理。

广东省增城、花都、从化等市县从2011年开始也启动美丽乡村建设。2012年海南省也明确提出将以推进"美丽乡村"工程为抓手，加快推进全省农村危房改造建设和新农村建设的步伐。保亭县什进村、白沙县罗帅村等美丽乡村建设项目的实施，为海南省美丽乡村建设探索了一条可供选择的道路。

2018年2月4日，北京市委、市政府印发了《实施乡村振兴战略扎实推进美丽乡村建设专项行动计划（2018—2020年）》，按照产业兴旺、生态宜居、乡风文明、治理有效、生活富裕的总要求和绿色低碳田园美、生态宜居村庄美、健康舒适生活美、和谐淳朴人文美的标准，推动全市美丽乡村建设。

（三）部门试点

2013年，农业部启动"美丽乡村"创建活动，美丽乡村建设取得进展。2013年2月22日，农业部办公厅印发了《关于开展"美丽乡村"创建活动的意见》，决定组织开展"美丽乡村"创建活动。"美丽乡村"创建的总体目标将按照生产、生活、生态和谐发展的要求，坚持"科学规划、目标引导、试点先行、注重实效"的原则，以政策、人才、科技、组织为支撑，以发展农业生产、改善人居环境、传承生态文化、培育文明新风为途径，构建与资源环境相协调的农村生产生活方式。

2013年11月13日，农业部办公厅发布《关于公布"美丽乡村"创建试点乡村名单的通知》，确定1100个乡村为全国美丽乡村创建试点乡村。

2016年，农业部开始启动美丽乡村创建国家级试点县建设，在全国选取部分县市，捆绑部分项目进行倾斜性支持，在农村能源综合建设、农业生态环境保护、新型职业农民培育、基层农技推广体系建设等方面进行全面扶持。

2019年10月，农业农村部对外发布中国美丽乡村建设十大模式，为全国的美丽乡村建设提供范本和借鉴。中国美丽乡村建设十大模式，分别为产业发展型、生态保护型、城郊集约型、社会综治型、文化传承型、渔业开发型、草原牧场型、环境整治型、休闲旅游型、高效农业型。

三、乡村振兴建设的五大内容

2005年，党的十六届五中全会提出建设社会主义新农村要遵循"生产发展、生活宽裕、乡风文明、村容整洁、管理民主"的总体要求，勾画出了乡村振兴的五大内容。2017年，党的十九大报告强调乡村振兴战略的总体要求："要坚持农业农村优先发展，按照产业兴旺、生态宜居、乡风文明、治理有效、生活富裕的总要求"，进一步明确了乡村振兴的五大内容。进一步分析可见，党的十九大报告提出的乡村振兴"五大要求"与十六届五中全会的"五大内容"基本一致，但标准明显有所提高，从生产发展到产业兴旺，从村容整洁到生态宜居，从管理民主到治理有效，由生活宽裕到生活富裕。

党的十九大报告中提出乡村振兴的五大要求

(一）产业建设，由生产发展到产业兴旺

乡村振兴，产业兴旺是重点。必须坚持质量兴农、绿色兴农，以农业供给侧结构性改革为主线，加快构建现代农业产业体系、生产体系、经营体系，提高农业创新力、竞争力和全要素生产率，加快实现由农业大国向农业强国转变。

当前中国乡村经济发展侧重生产，农民较多依赖农田土地，将一产作为主要经济来源。随着新时代的到来，乡村经济发展也要注入新动力，要尝试在保护生态环境的基础上，用活农田土地之外禀赋的绿水青山，因地制宜、因村而异，挖掘经济效益较高的二产加工业和三产服务业，一产质量兴农、二产品牌强农、三产文化富农，逐渐形成有机拼接、有效融合的成熟模式，使农业产业兴旺并具持续活力。产业兴旺是乡村振兴经济建设的依托和载体，是发展重点，乡村的产业兴旺了，农民腰包变鼓了，幸福感也就越来越近了。

(二）生态建设，由村容整洁到生态宜居

乡村振兴，生态宜居是关键。良好生态环境是农村最大优势和宝贵财富。必须尊重自然、顺应自然、保护自然，推动乡村自然资本加快增值，实现百姓富、生态美的统一。要统筹山水林田湖草系统治理，把山水林田湖草作为一个生命共同体，进行统一保护、统一修复。实施重要生态系统保护和修复工程。

生态宜居，体现的是人与自然和谐共处共生，乡村振兴重视产业发展，但在产业带动经济的背后，生态环境问题也较为突出，乡村振兴面临一场绿水青山保卫战。建设美丽宜居乡村，要坚持生态优先、循环发展的理念，绝不以牺牲环境为代价发展短暂经济；建设美丽宜居乡村，要贯彻中央的系列举措，落实河长制、湖长制、林长制管理；建设美丽宜居乡村，要从涉及农民切身利益的事情开始着手，美化村容村貌，优化废弃物处理，打蓝天保卫战，闹厕所革命。生态宜居的美丽乡村，让人民生活更健康、更满足、更具幸福感。

(三）乡风整治，由乡风文明到乡风文明

乡村振兴，乡风文明是保障。党的十九大报告提出的乡村振兴"五大要求"与十六届五中全会的"五大内容"中，唯一没有变化的一条就是乡风文明。必须坚持物质文明和精神文明一起抓，提升农民精神风貌，培育文明乡风、良好家风、淳朴民风，不断提高乡村社会文明程度。

立足乡村文明，吸取城市文明及外来文化优秀成果，在保护传承的基础上，创造性转化、创新性发展，不断赋予时代内涵、丰富表现形式。实践乡风文明，要立足于本土文化，积极推进新时代科学、文明、健康的思想道德建设，做好创建基层文明、改善环境卫

生、推广先进文化、整治婚丧礼俗、建设家风家训、普及志愿服务、评议乡风民风、倡导村规民约等工作，着力解决当前乡村存在的不良习俗、不良风气和不良现象，努力打造乡风文明的美丽乡村。

（四）乡村治理，由管理民主到治理有效

乡村振兴，治理有效是基础。必须把夯实基层基础作为固本之策，建立健全党委领导、政府负责、社会协同、公众参与、法治保障的现代乡村社会治理体制，坚持自治、法治、德治相结合，确保乡村社会充满活力、和谐有序。

乡村振兴实现治理有效的重要前提就是保证形成自治、法治、德治相结合的乡村治理体系。让服务完善、组织健全、和谐文明的村民自治制度固本培元，让权威性、公正性、强制性的依法治国理念治村安民，让德治与自治、法治在乡村治理中相辅相成、相互促进。"三治结合"形成共建、共治、共享的"三共"社会治理格局，从而达到美丽乡村建设治理有效、平安乡村的总要求。

（五）生活条件，由生活宽裕到生活富裕

乡村振兴，生活富裕是根本。要坚持人人尽责、人人享有，按照抓重点、补短板、强弱项的要求，围绕农民群众最关心最直接最现实的利益问题，一件事情接着一件事情办，一年接着一年干，把乡村建设成为幸福美丽新家园。

乡村振兴，要按照抓重点、补短板、强弱项的要求，通过不断健全美丽乡村基础设施和公共配套设施建设，推动乡村振兴大众创业、万众创新致富，加强乡村社会保障体系与健康体系，造福一方美丽乡村，让农民群众真正感受到乡村振兴不仅外表美丽，还更注重提升农业强、农村美、农民富的内心幸福感。

四、退耕还林还草对乡村振兴的五大贡献

2017年10月18日，党的十九大报告提出乡村振兴战略后，中共中央、国务院先后出台了《关于实施乡村振兴战略的意见》《乡村振兴战略规划（2018—2022年）》，两个文件都将退耕还林还草作为乡村振兴的重要措施之一。2018年中共中央办公厅、国务院办公厅印发的《农村人居环境整治三年行动方案》，也高度重视乡村绿化和植树造林。

党的十九大报告强调乡村振兴的五大内容"产业兴旺、生态宜居、乡风文明、治理有效、生活富裕"，而退耕还林还草对这五个方面都能作出重要贡献。20年的退耕还林还草实践已经表明，退耕还林还草对实施乡村振兴战略及五项要求贡献巨大，退耕还林还草是实现乡村产业兴旺的重要手段，是实现乡村生态宜居的关键举措之一，是实现乡风文明的

重要基础，是实现治理有效的典范，是实现乡村生活富裕的得力抓手。

（一）产业兴旺，退耕还林还草壮大了林业产业

退耕还林还草工程的实施，培育了一大批林业产业基地，壮大了林业产业。退耕还林还草通过多元化发展，形成了众多富有地方特色的绿色基地，从而带动了绿色富民产业的发展，延长了产业链，拓宽了农民增收渠道，提高了生活质量。退耕还林还草优化了农村产业结构，有关工程区在条件较好的地方因地制宜发展苹果、梨、杏、脐橙、柑橘、荔枝等名特优新水果，在自然条件稍差的地方，发展花椒、核桃、大枣、板栗、八角等干果林，增加了农民收入（孔忠东等，2016）。如甘肃退耕还林还草后，全省种植业的粮、经、饲结构比例由退耕前的73∶12∶15，调整为现在的60∶15∶25，全省农村劳动力输转人数和务工收入分别达到了退耕前的14倍和23倍。

四川开江退耕还林油橄榄基地

湖南湘西土家族苗族自治州通过退耕还林还草，发展以柑橘、金秋梨、猕猴桃为主的经济林果，以黄柏、厚朴、杜仲为主的中药材以及以椴木、毛竹、杉木为主的用材林，使60多万农民年人均增收600元，其中有2万多农户每年户均收入在万元以上。贵州省都匀市实施退耕还林还草工程以前，群众种地每亩收入不足100元，通过实施退耕还茶，到2019年全市可采茶园面积已达6.3万亩，全市退耕还茶年产值达6.8亿元，退耕还茶户均增收2.08万元。

依托退耕还林还草，四川建成工业原料林和特色经济林2380万亩；云南建成特色产业基地2303.1万亩；贵州省毕节市重点发展核桃、刺梨、石榴、樱桃、苹果和油茶六大特色经果林，到2018年已建成特色经果林基地320万亩。

2014年国家启动了新一轮退耕还林还草工程，不再限定还经济林的比例，极大地促进了退耕还经济林发展。据统计，2014—2017年，新一轮退耕还林种植经济林面积分别为309.52万亩、518.49万亩、818.85万亩、761.61万亩，累计2408.47万亩，占计划任务的58.45%。贵州省新一轮退耕还林经济林面积占计划任务的70%以上，其中刺梨、茶叶、

板栗、油茶、核桃、精品水果等特色经济林达500多万亩。

退耕还林还草可谓是绿水青山就是金山银山的点金石。山西通过两轮退耕还林还草工程雄辩地证明，保护生态环境就是保护生产力，改善生态环境就是发展生产力。前一轮退耕还林还草工程中，山西针对山区农村生产生活条件较差的状况，在广植生态林的同时，推进核桃、红枣、仁用杏、柿子、花椒五大经济林基地建设，探索出一条适合黄土高原生态脆弱地区和贫困落后地区的绿色发展之路。新一轮退耕还林还草工程中，山西不断丰富树种的内涵，拓展退耕还林还草的外延，建成了以沙棘、杜仲、连翘、文冠果等为主的特色经济林基地，再一次拓宽了广大农民增收致富的门路。

(二)生态宜居，退耕区生态环境明显好转

退耕还林还草，再造秀美山川，为乡村振兴添砖加瓦。1998年特大洪灾发生后，党中央、国务院高瞻远瞩，果断作出了实施退耕还林还草工程的重大决策。经过20年的努力，工程建设取得了显著的生态效益、经济效益和社会效益。黄土高原、三江源区、华北石质山区、华南石漠化区、湘西等地，通过退耕还林还草，荒山秃岭、水土横流的面貌得到了改观，呈现出一片青山绿水的面貌，实现了几代人梦寐以求的目标，曾经远离的绿色正在大步回归。

比较典型的是陕西省延安市，昔日的黄土高坡终于披上了绿装，宜人宜居，小气候明显改善。延安，这个曾被联合国粮农组织定性为不适合人类居住的地方，正变成气候宜人的小江南。延安是中国退耕还林还草面积最大、成效最好的市。20年来，延安市共完成退耕还林还草面积1078万亩，占全市国土面积的近1/4，被誉为全国退耕还林还草第一市。延安也因此迎来了沧海桑田般的变化，山变绿了，降水量多了，延安大地经历了一场由黄到绿、由绿变美、由美而富的深刻转变。退耕还林还草，还让延安获得清新的美感，许多山区频繁出现云蒸雾绕、虹罩山川的奇观，成为延安旅游观光的一道奇葩。2016年9月、2017年7月，延安被国家有关部委正式授予"国家森林城市"和"国家卫生城市"荣誉称号。2018年，网络媒体评出了中国十大宜居小城，延安上榜排名第四位，上榜的理由是：如今的延安，不仅是革命圣地，还是林的海洋、鸟的栖息地、人类的宜居地、盛夏避暑的休闲地，是画家、摄影家的写生和拍摄基地。

山西以退耕还林还草工程为依托，自2006年以来已经打造了1万多个生态良好、环境宜人的村庄。全省各地将退耕还林还草、村庄绿化美化与新农村建设有机结合，建成了一批家园美、田园美、生态美、生活美，宜居、宜业的社会主义新农村。

(三)乡风文明，退耕区干群关系明显改善

在退耕还林还草工程中，各级干部和广大工程技术人员转变工作作风，经常深入基层、深入田间地块进行调查研究，帮助退耕农户规划设计，解决退耕过程中出现的各种实际问题。许多党政领导建立了退耕还林还草科技试验示范点和联系点，与群众一起同吃、

同住、同劳动，进一步密切了干群关系，提高了基层社会的稳定性，群众高兴地说"当年的干部又回来了"。

退耕还林还草工程政策透明、补助到位、管理规范等做法，拉近了干群关系，提高了群众对干部的信任。随着退耕还林还草工程的实施，群众经济收入提升，大家把关注点放在了增收致富上，家长里短的争执越来越少，生态扶贫、公平补助、文明操作、移风易俗的案例越来越多，乡风文明的新气象越来越浓。

湖南沅陵县退耕还林政策公平兑现，农民心欢

维护民族团结和边疆稳定，始终是我国最重要的政治任务之一。退耕还林还草工程在民族地区安排任务1.2亿亩，占全国总任务的四分之一强。同时，工程区战略地位突出，与十几个国家和地区接壤，分布着我国重要的国防基地。退耕还林还草工程在民族地区、边疆地区的大力实施，充分体现了党中央、国务院对当地人民的深切关怀。在构建社会主义和谐社会的新形势下，继续推进退耕还林还草工程建设，对于加强民族团结、维护边疆稳定有着极其重要的战略意义。

（四）治理有效，民主管理的典范

退耕还林还草的公示制度，是指对退耕农户的退耕面积、退耕地点、树种草种以及质量要求、验收结果、补助资金等情况进行公示，接受社会和群众监督。退耕还林还草的公示制度，是退耕还林还草的重要环节，也是退耕还林还草实施的重要经验。《退耕还林条例》第四十六条规定："实施退耕还林的乡（镇）、村应当建立退耕还林公示制度，将退耕还林者的退耕还林面积、造林树种、成活率以及资金和粮食补助发放等情况进行公示。"

公示制度的建立，确保了退耕还林还草政策透明公开，有关国家政策、任务分配、检查验收、钱粮兑现等情况，都张榜公示，实行钱粮补助"一卡通"、设立举报电话、举报箱,主动接受社会和群众监督,这些举措确保了政策兑现公平、公正、公开,保障了退耕农户利益,使一些地方干群矛盾开始缓解、逐步消除或走向团结和谐。可以说退耕还林还草是乡村民主管理的典范,群众高兴地说"退耕还林就是好,张榜公示人人晓"。

退耕还林还草公示制度,是农村民主管理的典范,对促进农村民主政治发展和党风廉政建设具有积极意义。退耕还林还草公示公开,充分发挥了农民群众的民主权利,对依法健全村民议事制度、村级财务管理制度、村务公开制度意义重大。凡是群众关心的问题,如退耕还林还草面积、造林树种、成活率以及资金和粮食补助发等公示公布,让群众明白,干部清白。

(五)生活富裕,退耕户收入明显增加

退耕还林还草工程是我国最大的生态建设工程,也是著名的强农、惠农、富农工程。生态是社会发展之本,民生是社会发展之基,只有正确处理好生态和民生的关系,在改善生态的同时,为老百姓增福祉,才能促进社会又好又快发展。在退耕还林还草工实施过程中,在确保生态优先的前提下,一方面注重增加林草植被,改善生态;另一方面也注重与产业结构调整、后续产业发展、促进农业增效、农民增收相结合,着力改变传统耕作模式,着力提高退耕农户生活水平,为有效改善民生做出了重要贡献。

20年来的实践证明,凡是实行退耕还林还草地方的农民,不仅有了可靠的粮食供给,还有余力从事多种经营和副业生产,较大幅度增加了收入。同时,退耕还林还草工程的实施,国家投入大量资金和物资,有利于优化配置生产要素,大力发展种植业、养殖业及农副产品加工业,发展特色经济,增加农民收入,促进地方经济的发展,有利于缩小地区差距、促进社会稳定和民族团结。

国家统计局山西调查总队、山西省林业和草原局调查监测显示,截至2018年,山西累计完成退耕还林还草2730.3万亩,涉及全省所有地级市、95%的县(市、区),惠及农户153万户547万人。前一轮退耕还林还草,退耕户人均纯收入由2000年的1905.61元提高到2014年的6746.87元,增幅高于全省农村平均水平。

第三章
退耕还林还草与国家相关战略

退耕还林还草是国家重点生态工程,党的十八大以来,以习近平同志为核心的党中央加大了生态文明建设步伐,党的十九大对加快生态文明体制改革、建设美丽中国、振兴乡村、脱贫攻坚、"三农"发展等进行了战略部署,并把"扩大退耕还林还草"作为其战略措施之一。可以说新时代赋予退耕还林还草新的任务和内涵,赋予了退耕还林还草更高的目标,退耕还林还草担负着生态文明、美丽中国、乡村振兴、精准扶贫、"三农"发展等重要目标。

一、退耕还林还草与生态文明战略

生态文明建设是关系中华民族永续发展的根本大计。党的十八大以来,以习近平同志为核心的党中央围绕生态文明建设提出了一系列新理念、新思想、新战略,开展了一系列根本性、开创性、长远性工作,生态文明理念日益深入人心,推动生态环境保护发生历史性、转折性、全局性变化。将生态文明建设纳入一个政党特别是执政党的行动纲领,中国共产党在全世界是第一个。这充分体现了我们党对生态文明建设的高度重视和战略谋划,顺应了人民群众对美好生活的热切期待,彰显了坚持和完善生态文明制度体系在推进国家治理体系和治理能力现代化中的重要意义,亦彰显了我们党的初心和使命。

(一)生态文明,人类文明发展的超越与重塑

生态文明,是人类文明的一种形式。它以尊重和维护生态环境为主旨,以可持续发展为根据,以未来人类的发展为着眼点。这种文明观强调人的自觉与自律,强调人与自然环

境的相互依存、相互促进、共处共融。这种文明观同以往的农业文明、工业文明具有相同点,那就是它们都主张在改造自然的过程中发展物质生产力,不断提高人的物质生活水平。但它们之间也有着明显的不同点,即生态文明突出生态的重要,强调尊重和保护生态环境,强调人类在改造自然的同时必须尊重和爱护自然,而不能随心所欲,盲目蛮干,为所欲为。

1. 生态文明,人类文明纵向发展的超越和创新

从文明的纵向发展看,生态文明是继原始文明、农业文明和工业文明后的一种高级文明形态,是对三大文明的超越。它既是理想的发展境界,也是现实的发展目标。从森林与文明发展的关系来论述,在整个人类文明发展进程中,森林的兴衰发挥着无可替代的重要作用,森林是人类文明的摇篮,森林是推动人类文明进步的基石。不同文明形态中,人类对待森林的态度是不同的(李世东等,2011)。

四大文明形态与森林的关系

原始文明与依赖森林。在人类产生、发展、文明的漫漫历史长河中,人类与森林有着血肉难分的关系:人类的祖先由森林动物的一员,逐渐演化成今天的人,人从森林中走出来,并依靠森林得以生存。早期人类所获得的食物、衣物、栖息地等,均与森林息息相关。人类使用火以后,情况发生了变化,火可以用于照明、取暖、烧熟食物、驱除野兽,火使人类喝上开水、吃上熟肉和其他煮熟的食品,结束了茹毛饮血的时代(施昆山,2001)。人们最初是从自然因素引起的森林火灾中得到启发。大家认识到火焚森林,可以得到很多因烧烤或窒息而死伤的禽兽,使人类更容易获取猎物,于是有了火猎。熊熊的林火给远祖们带来了丰盛的食物和欢乐。由于人类食熟肉,大脑得到了飞速进化,使人类的智力得到飞跃性的发展,再一次推动了人类文明的进步。

农业文明与毁林开荒。大约在1万年以前,人类开始有意识地从事谷物栽培。他们开辟农田,驯化可食用的植物,标志着人类史上一个崭新的文明时代的开始。阿·托夫勒(A. Toffler)称之为第一次浪潮。有了农耕,人类的食物才在很大程度上得到了保障,才使人类逐步结束了漂泊不定的游猎生活,建立了一座座的村庄。由于农耕显著提高了社会生产力，此后才缓慢地出现了阶级分化和城市、国家。所以，农耕的出现是人类文明的显著进步，是人类史上划时代的事件。然而农耕的出现，却使人类与森林环境之间产生了新的变化，出现了既对立又统一的新的矛盾关系（徐春，2001）。在"杖耕火种""刀耕火种"过程中，人类是以不断破坏森林而获得谷物的。"神农氏教民稼穑"之传说是人类利用森林产物作为耕种工具有力的证明之一。尽管人类对森林土地的大面积开垦，使得人类真正走出森林，走向自主，但人类并未脱离对森林的依赖。房屋建设、烧柴煮饭、烧炭取暖、金属冶炼、烧制陶瓷等，均大量消耗木材，依当时的文明与技术，离开木材是难以生存的（李世东，2007）。

工业文明与砍伐森林。森林对工业发展起着多方面的作用，它不仅供给工业以燃料、原料，还提供和保护了许多工业部门必不可少的洁净的自然环境。工业发展初期，各行各业的基本燃料是木材或木炭。作为原料即木材广泛应用于建筑业、兵器制造业、造纸业、造船业、采掘业（坑木）、交通运输业（枕木及车厢）、家具制造业、人造板、人造丝和木材化学工业之中。工业的发展对木材的需求造成了森林资源的严重消耗。而发展工业需要建设厂房、仓库、商店、住宅、城市、学校、公路、铁路等等，这些都引起了人类占有林地的新需求，从而对林地造成了新的威胁。所以工业文明同样是以牺牲森林作为代价而发展起来的，这在工业发展初期表现得尤其明显。近代工业发展几百年的历史，曾造成许多地区的森林过伐，资源枯竭。

生态文明与保护发展森林。21世纪将是生态文明的世纪，这是社会历史发展的必然趋势。无数惨痛教训，使人类开始认识到，人与自然的关系不应是单纯的索取，人类自身的生存和发展也必须注意合理地利用资源、保护生态。自然界为人类的生存发展提供了宝贵的自然财富和生存条件，人类在社会经济发展中也受到自然规律的支配和约束，人类只有尊重自然，建立与自然长期和谐共处的关系，才能使人类的文明得以延续和发展。从可持续发展的角度，未来人类的价值观必然要从以人为核心的价值取向转移到人、社会和生态协调发展的价值取向上（李世东，徐程扬，2003）。

总之，生态文明就是按照以人为本的发展观、不侵害后代人生存发展权的道德观、人与自然平等和谐相处的价值观，在推进物质文明、精神文明、政治文明建设的同时，使社会在思维方式、科学教育、文学艺术、人文关怀诸方面都产生根本性的变化，在人类社会的生产方式、消费方式、生活方式等各方面构建新的社会文明形态。

2. 生态文明，人类文明横向发展的整合与重塑

从文明的横向特征看，生态文明是继物质文明、精神文明和政治文明之后提出的一种新型文明，是对三大文明的整合与重塑。从文明之间的横向特征看、从静态的角度看，社会文明又有不同的特征，如从物质生产方式角度看，有物质文明，从精神文化方面看，有精神文明，从制度体制方面看，有政治文明，从生态和谐的角度看，有了生态文明。由此可见，生态文明本质是一种特征文明，是对三大文明的整合与重塑，是三大文明的基础和前提。

生态文明与三大文明是辩证的统一。生态文明既包含物质文明的内容，又包含精神文明的内容，还包括了政治文明的内涵，生态文明与三大文明是辩证的统一。生态文明并不是要求人们消极地对待自然，在自然面前无所作为，而是在把握自然规律的基础上积极地能动地利用自然、改造自然，使之更好地为人类服务，在这一点上，它是与物质文明一致的。而生态文明要求人类尊重和爱护自然，将人类的生活建设得更加美好，人类要自觉、自律，树立生态观念，约束自己的行动，在这一点上，它又是与精神文明相一致的，它本身就是精神文明的重要组成部分。同时，生态文明也与生态觉醒、环境保护运动等相关，是环境政治的重要组成，因此说，生态文明也是政治文明的重要组成。生态文明与物质文明、精神文明和政治文明是相辅相成的，生态文明与三大文明建设须臾不可分离。它是三大文明建设面临生态危机后的必然抉择，没有生态文明建设，三大文明建设的宏伟蓝图终究难成现实。四个文明相辅相成、协调发展，共同促进着人类文明的可持续发展和进步。

生态文明是三大文明建设的重要支撑。生态文明在人与自然关系方面所创造的生态成果，如生态环境、生态理念、生态道德、生态社会等，不仅直接为物质文明、精神文明、政治文明建设提供了必不可少的生态基础，而且直接对三大文明建设发挥着无可替代的重要作用，是三大文明发展的重要前提和保证。缺少这种生态基础，违背生态规律，以牺牲生态去追求三大文明建设，必然会受到大自然的无情惩罚。生态文明是物质文明、政治文明和精神文明的基础和前提。如果说物质文明是人类改造自然的物质成果，那么生态文明是人类改造自然的物质成果赖以存在的物质基础。人类只有遵循大自然的规律，科学合理地利用、开发、保护、建设生态，才能创造并实现真正意义上的物质文明。人们常说"捧着金碗讨饭吃"，讲的就是生态文明和物质文明的关系，这"碗"和"饭"就代表着两个文明，指的就是不会利用自然生态去发展经济，创造物质财富。

生态文明是三大文明的重要补充。生态文明的内容无论是物质文明，还是精神文明，以及政治文明，都不能完全包容，也就是说，生态文明具有相对的独立性，是三大文明的重要补充。生态文明建设的目的就是要使人口环境与社会生产力发展相适应，使经济建设与资源、环境相协调，实现良性循环，走生产发展、生活富裕、生态良好的文明发展道路，保证一代接一代永续发展。大量事实表明，人与自然的关系不和谐，就会影响人与人的关系、人与社会的关系。因此说，生态文明是物质文明、政治文明、精神文明的重要补充，也是人类文明发展的重要组成部分。生态文明是三大文明的理论升华。物质文明建设主要是处理人与自然的关系，政治文明主要是处理人与人的关系，精神文明是指改造人的主观世界，提高人的自身素质。而生态文明不仅改造人与自然的关系，消除社会不公，使人与人的关系协调发展，而且还把许多新观念、新内容引进三大文明建设领域，如生态理论、可持续发展理论、循环经济等，全面推进人类文明的发展和进步，是三大文明的理论升华。

生态文明是对三大文明发展的"生态化"引导和制约。生态文明并非独立于物质文明、精神文明、政治文明之外的一种新的建设类型，而是对"三大文明"建设一种"生态性"的概括。生态文明对三大文明建设予以"生态化"的引导和指引，规范着三大文明的发展方式和内容，制约着三大文明的发展方向和路线，赋予三大文明新的发展思想和理念，确保三大文明发展的"生态化"、"和谐性"和"可持续性"。事实证明，如果缺少生态文明这种"生态化"的引导和制约，人类文明的发展就会出现种种不协调的声音，甚至出现严重的生态危机，从而危及人类的生存和发展。

3. 生态文明，人类文明发展的必然选择

生态文明是对既往文明特别是工业文明的反思和超越，是人类文明发展的必由之路。农业文明和工业文明是在人类与自然力量对比处于劣势下发展起来的，它们具有物质、理性与进攻性的特征。与之不同，生态文明是在人类具有强大改造自然的能力之后，思考如何合理运用自己能力的文明，强调感性、平衡、协调与稳定。生态文明用生态系统概念替代了人类中心主义，否定工业文明以来形成的物质享乐主义和对自然的掠夺，是文明发展的进化。我们只有从多维的视角去看待、去把握，才有可能更深刻地理解生态文明所具有的丰富内涵和意义，也才有可能从多角度去实施其建设。

生态文明是文明形态的一种进步。文明是一个"人造"的世界，人类社会在过去300年中所获得的工业文明是人们创造的结果。但是其所获得的巨大成果在很大程度上却是以牺牲和破坏生态环境为代价的。当传统工业文明形态的缺陷和束缚日益暴露，全球性的生态危机使地球没有能力支持工业文明的继续发展时，就表明它是一种不可持续的文明形态了，人类需要开创一种新的文明形态来延续它的生存。生态文明就是取代传统工业文明的一种最合理的文明形态。这种文明形态进步的象征是：它高度重视包括自然和人类社会在内的全面而立体的生态建设与生态发展。作为对工业文明的一种超越，它代表了一种更高级的人类文明形态，代表了一种更美好的社会和谐理想。这种文明形态的建设与形成，必将有助于人类建设更高层次的物质文明、精神文明和政治文明。

生态文明是社会发展目标的一种完善。中国共产党历来高度重视国家社会发展目标的制定，新中国成立以来，已先后制定了多个国民经济和社会发展五年规划，并在党的历次代表大会上对我国未来发展蓝图作出了重要战略部署。"九五"期间，党和国家虽然已经注意到了保护生态、保护资源和保护环境的必要性，在目标制定中也提出了要加强环境、生态、资源保护的内容，但其含义毕竟还比较抽象，也没有形成可操作的具体对策。经过几十年的发展，党和国家对这个问题的认识和理解更加深刻、更加全面了。党的十七大报告从理论与实践结合的基础上，对如何应对环境与资源领域的挑战作了科学而明确的回答，不仅从更广泛的领域提出了保护生态环境与建设生态环境的具体措施，而且更是把"建设生态文明"首次写入党的政治报告中，将其升华为全面建设小康社会的新目标，提到了前所未有的高度。可以说，这是党对历次国家经济和社会发展规划的一个重要补充，也是对

未来我国社会发展目标的一种完善。把建设生态文明提到这样的高度,不仅体现了生态文明对全面建设小康社会的重要意义,更体现了我们党坚持走科学发展、和谐发展道路的决心和信心。

生态文明是文化观念的一种提升。建设生态文明是涵盖于科学发展观之中的一种文化新观念。它以科学发展为主旨,摒弃了长期以来人们所形成的"人类中心主义"观念,不再强调人对自然的绝对统治地位。它告诉人们,在人类社会发展的进程中,不仅人是主体,自然也是主体;不仅人有价值,自然也有价值;不仅人有主动性,自然也有主动性;不仅人依靠自然,所有生命都依靠自然,所以倡导人与自然要和谐发展。这是一种蕴含着平等、均衡、互补、和谐的文化价值观念,这种观念的形成会极大地推动人们对人与自然关系认识的提升。应该说,对于这种文化观念是否接受以及接受的程度如何,决定着我们建设生态文明的水平以及生态文明建设的道路会走多远。从一定意义上说,没有生态文化观念的这种进步,人类发展过程就会继续偏离科学发展的轨道;如果人们仍然固守过去那种把人仅仅看成是自然的主人、主宰者和统治者;把自然也仅仅看作是人类改造和利用的对象与工具的旧观念,那么就会延续把大自然作为索取资源的对象和排放废弃物场所的做法,从而进一步导致生态危机的不可避免甚至继续蔓延。目前人类社会所发生的生态环境危机本质上就是生态文化观念危机的结果。因此,建设生态文明首先必须以文化观念的根本转变和深入人心为前提。观念决定思路、决定政策、决定行动。只有在文化价值观上把建设生态文明的旗帜树立起来,使它深深地扎根于人们的头脑并变为自觉行动,生态文明建设的道路才会越走越远、越走越扎实。

生态文明是经济发展方式的一种转变。建设生态文明,需要采取健康文明的经济发展方式,这种经济发展方式就是积极推动经济发展对社会正向作用的方式。它不仅注重经济数量的扩展,更注重经济质量的提高;不仅注重经济指标的单项增长,更注重经济社会的综合协调发展。采取这样一种经济发展方式,就必须以对旧的经济发展方式的"转变"为前提,即要把以往经济增长与生态环境保护脱节甚至对立的发展方式转变过来,在经济发展中,正确处理好经济增长速度与提高发展质量的关系;处理好追求当前利益与谋划长远发展的关系,其中包括经济结构的改进与转变,包括制度结构的改进与转变,包括资源结构、生态结构和环境结构的改进与转变。

建设生态文明,在具体措施上,就是要把推进经济发展方式转变放在突出位置,把优化产业结构放在突出位置,以转变经济发展方式和优化经济结构来减轻资源和环境的压力,从源头上遏制对生态环境的破坏。所以,建设生态文明和转变经济发展方式,它们在手段和措施上也基本是一致的。如果我们能从这个角度来认识建设生态文明,就能够使我们的生态文明建设有了明确的立足点,有了可操作性。当然,转变经济发展方式是一项复杂的任务,由于我国经济增长中长期粗放惯性的影响,由于转变经济发展方式要受到来自体制、机制、科技进步及管理水平等方面的制约,这种转变绝不可能一蹴而就。因此,建设生态文明同样也必然是一项复杂而艰巨的任务。

(二)生态文明,新时代中国特色社会主义建设的战略选择

生态文明是迄今为止人类文明发展的最高形态。在我国,提出建设生态文明,正是基于生态环境问题日益突出、资源环境保护压力不断加大的新形势。改革开放以来,我国经济社会发展成就巨大,也积累了不少矛盾和问题。突出表现为我国经济发展过多地依赖扩大投资规模和增加物质投入,这种粗放型增长方式使能源和其他资源的消耗增长过快,生态环境恶化问题日益突出。这种以牺牲生态环境来换取经济增长的发展模式已经难以为继了。提出建设生态文明,不论对于实现以人为本、全面协调可持续发展,还是对于改善生态环境、提高生活质量、全面建设小康社会,都是至关重要的。建设生态文明,既继承了中华民族的优良传统,又反映了人类文明的发展方向,具有极其重要和深远的意义。

1. 建设生态文明是中国传统文化的继承与发扬

中华文明虽然是工业文明的迟到者,但中华文明的基本精神却与生态文明的内在要求基本一致,从政治社会制度到文化哲学艺术,无不闪烁着生态智慧的光芒。生态伦理思想本来就是中国传统文化的主要内涵之一,这使我们有可能率先反思并超越自文艺复兴以来就主导人类的"西方文明",成为生态文明的率先响应者。以道、儒、佛为中心的中华文明,在几千年的发展过程中,形成了系统的生态伦理思想。

在中华传统文化中,人与自然环境的关系被普遍确认为"天人关系",这个与环境保护紧密联系的哲学命题,各家学说多有论述,其中以道、儒、佛三家最为丰富精辟。道、儒、佛的生态智慧产生于中国古代社会,却具有跨越时代的价值,道、儒、佛三家一系列关于尊重生命、保护生态环境的智慧,为我们今天建设生态文明提供了不可多得的思想来源。

道家首倡"天人合一"生态伦理学思想。早在2600多年前的《道德经》第25章中说:"人法地,地法天,天法道,道法自然",第一次提出人与自然的本体关系"道法自然",是世界上最早提出了生态思想。《庄子·齐物论》更鲜明地提出"天地与我并生,而万物与我为一";《庄子·秋水》则认为,"以道观之,物无贵贱"。这些都明确地表达了道家对人与自然平等关系的看法,反对人类凌驾于自然界,主张以道观物,以达到天人和谐。

儒家倡导"善待自然"的生态伦理学思想。儒家是中国传统文化的主流。儒家生态伦理学思想也很丰富,但与道家的出发点却完全不一样,道家认为要尊重自然、顺其自然、道法自然,是从天谈人,着重从自然的视角来论述天人关系,实现"天人合一"的方式是主动的。而儒家则是注重人的德性,强调人的礼仪,要求人们善待自然、善待万物,是从人谈天,从人的角度来阐述人天关系。儒道二家的角度虽不同,却异曲同工地肯定天与人的联系,注重人与自然和谐。

佛家"众生平等"生态伦理学思想。佛家来源于西域,后来逐步融入了中国传统文化。

佛家生态伦理学思想也很丰富，但与道家的出发点也是完全不一样的，佛家注重"众生平等"，强调的是人与鸡鸭、花草、树木等异类生命的平等，是从平等的视角来阐述天人关系，以达到"天人合一"的目标。但佛家对人类社会高低贵贱现象，用"前世积德"来解释，采取忍耐、行善等方式来对待，客观上达到了维护皇权等级制的效果，佛家在唐朝传入中国后，立即受到了皇权的青睐，并得以迅速发展。

2. 建设生态文明是马克思自然哲学思想的继承和发展

在马克思、恩格斯看来，人与自然这两者并不是彼此孤立的，而是彼此对象性依托，协同性进化。恩格斯在《自然辩证法》中说："美索不达米亚、希腊、小亚细亚以及其他各地的居民，为了得到耕地，毁灭了森林，但是他们做梦也想不到，这些地方今天竟因此而成为不毛之地，因为他们使这些地方失去了森林，也失去了水分的积聚中心和贮存库。"

人与自然是生命共同体，人类必须尊重自然、顺应自然、保护自然。人类只有遵循自然规律才能有效防止在开发利用自然上走弯路，人类对大自然的伤害最终会伤及人类自身，这是无法抗拒的规律。恩格斯说："我们不要过分陶醉于我们对自然界的胜利。对于每一次这样的胜利，自然界都报复了我们。每一次胜利，在第一步都确实取得了我们预期的结果，但是在第二和第三步都有了完全不同的、出乎预料的影响。常常把第一个结果取消了。"现实正是如此。人类在不断地遭到环境的报复，今天我们正在吞食着人类盲目行为的恶果。

3. 建设生态文明是中华民族永续发展的千年大计

生态兴则文明兴，生态衰则文明衰。党的十九大明确指出："建设生态文明是中华民族永续发展的千年大计。"如果说十年树木、百年树人，那么生态文明建设就是中华民族的千年大计，是关系人民福祉、关乎民族未来的大计，是实现中华民族伟大复兴中国梦的重要内容。

2018年3月20日，在十三届全国人大一次会议闭幕会上，国家主席习近平表示："我们要以更大的力度、更实的措施推进生态文明建设，加快形成绿色生产方式和生活方式，着力解决突出环境问题，使我们的国家天更蓝、山更绿、水更清、环境更优美，让绿水青山就是金山银山的理念在祖国大地上更加充分地展示出来。"

党的十七大的一个突出亮点，就是把建设生态文明提到现代化建设的战略高度，首次写入党代会的政治报告。这是继中共十六大提出建设物质文明、政治文明、精神文明要求之后所提出的一种新的文明建设要求，是"四大文明"之一。党的十八大进一步扩大了生态文明思想，将建设中国特色社会主义事业总体布局由经济建设、政治建设、文化建设、社会建设"四位一体"拓展为包括生态文明建设的"五位一体"。党的十九大进一步将生态文明提高到制度建设的高度，强调"加快生态文明体制改革"，提出："统筹推进经济建设、政治建设、文化建设、社会建设、生态文明建设。"

可见，生态文明受到党和政府的高度重视，生态文明是十七大"四大文明"之一、十八大的"五大建设"之一、十九大的"七大战略"之一，特别是中共中央、国务院发布了《关于加快推进生态文明建设的意见》，生态文明逐步从理论走向实践，从行动走向制度，从战术迈入战略，从点面建设进入到体系配套改革，生态文明是新时代中国特色社会主义的重大发展战略。

4. 建设生态文明是中国实现高质量发展的必然选择

中国共产党人根据人民意愿和事业发展需要，及时提出具有感召力的奋斗目标并团结带领广大人民为之奋斗，是我们党十分重要的领导艺术。党的十七大、十八大、十九大报告根据国情、民情、党情发生的重大变化，从新的历史起点出发，勾画出生态文明建设的宏伟蓝图。

首先，从国情来看，我国仍处于并将长期处于社会主义初级阶段，发展相对落后，人口众多、人均资源紧缺、环境承载力较弱。"我国耕地、淡水、能源、铁矿等重要战略资源的人均占有量均不足世界平均水平的1/2到1/3。水、大气、土壤等污染严重，化学需氧量、二氧化硫等主要污染指数已居世界前列。生态系统整体功能下降，抵御各种自然灾害的能力减弱"。这就决定了必须把资源节约和生态环境保护作为现阶段生态文明建设着力抓好的战略任务，力争以较少的资源和环境代价支撑和实现我国国民经济又好又快发展（赵冬初，2008）。

其次，从民情来看，随着经济快速增长，人民的物质生活条件有了极大改善，人民对发展有了多方面的新期待。其中，生态环境保护问题尤其受到了广大人民群众的普遍关注。而我们党历来强调，发展的根本目的是不断满足人民群众各方面的需求，提高人民生活质量和水平，促进人的全面发展。如果片面追求经济发展，导致经济发展与能源资源供应矛盾尖锐，导致生态环境受到严重破坏，人民的生活环境恶化和生活质量下降，就背离了党的宗旨。因此，建设生态文明，更好地实现人民过上更好生活的愿望，是党和国家在新形势下坚持以人为本的重要内容（赵冬初，2008）。

最后，从党情来看，我们党总结发展的成功经验，借鉴人类社会发展的积极成果，面对新情况、新矛盾、新任务，及时提出了生态文明思想这一新的发展理念。生态文明思想是对党的三代中央领导集体关于发展的重要思想的继承和发展，是马克思主义关于发展的世界观和方法论的集中体现，是同马克思列宁主义、毛泽东思想、邓小平理论和"三个代表"重要思想既一脉相承又与时俱进的科学理论，是我国经济社会发展的重要指导方针，是发展中国特色社会主义必须坚持和贯彻的重大战略思想。党的十七大报告提出生态文明建设的目标，集中体现了全面协调可持续发展的生态哲学，体现了把坚持绿色发展、和谐发展的重大战略思想落实到党和国家奋斗目标中的明确意图（赵冬初，2008）。

5. 建设生态文明是符合世界潮流发展的总方向

从世情来看，经济全球化深入发展，各国经济联系日益紧密，利益交融在不断加深，全球经济已经成为一个有机互动的整体。经济全球化与科技进步相结合、相促进，给世界带来历史性发展机遇。到 2035 年，我们就是要抓住和利用好这一战略机遇，集中力量全面建设惠及十几亿人口的现代化。在这一过程中，我国将始终面临资源短缺和生态环境容量限制这两大约束。如果继续沿袭高投入、高能耗、高排放、低效率的粗放型增长方式发展下去，资源难以为继，环境难以承载，实现现代化的目标将难以完成。所以，建设生态文明，是我们党正确判断未来世界经济走势，引领中华民族实现伟大复兴的重要课题（赵冬初，2008）。

从历史来看，生态文明是历史发展的必然结果。2018 年 5 月 18 日，习近平总书记在全国生态环境保护大会上指出："生态兴则文明兴，生态衰则文明衰。生态环境是人类生存和发展的根基，生态环境变化直接影响文明兴衰演替。古代埃及、古代巴比伦、古代印度、古代中国四大文明古国均发源于森林茂密、水量丰沛、田野肥沃的地区。奔腾不息的长江、黄河是中华民族的摇篮，哺育了灿烂的中华文明。而生态环境衰退特别是严重的土地荒漠化则导致古代埃及、古代巴比伦衰落。我国古代一些地区也有过惨痛教训。古代一度辉煌的楼兰文明已被埋藏在万顷流沙之下，那里当年曾经是一块水草丰美之地。河西走廊、黄土高原都曾经水丰草茂，由于毁林开荒、乱砍滥伐，致使生态环境遭到严重破坏，加剧了经济衰落。唐代中叶以来，我国经济中心逐步向东、向南转移，很大程度上同西部地区生态环境变迁有关。"

生态文明的提出，涉及生产方式、生活方式和价值观念的变革，是不可逆转的发展潮流，是人类社会继农业文明、工业文明之后进行的一次新选择，是人类文明形态和文明发展理念的重大进步。它将通过多种渠道对人类社会的生存和发展进行重大的引导和调整，进而指引我国走上科学发展的轨道。

（三）生态文明的五大建设内容

生态文明的建设内容是丰富多样的，它不仅指自然生态，而且包括了人类的理念、行为、经济、政治、文化等多种要素。生态文明的核心是人与自然的协调发展，其内涵包括人们的思想意识、行为方式，以及社会的生产方式、消费方式等。从外延上看，生态文明建设的指向覆盖了政治、经济、文化、社会领域，并在经济社会各个领域中发挥引领和约束作用。

1. 生态文明建设的第一个基本层次是生态意识文明

生态意识文明，目前没有一个统一的概念。一般认为，生态意识文明是人们正确对待生态问题的一种进步的观念形态，包括进步的生态意识、进步的生态心理、进步的生态道德以及体现人与自然平等、和谐的价值取向。讲究生态文明，意味着确立一个新的价值尺度或价值核心，树立环境保护和生态平衡的思想观念和精神追求等。生态意识文明可以被视作是由多个相互联系、相互支撑的生态价值观念构成的理论体系。生态意识文明又包括了生态意识、生态责任、生态义务和生态权益等内容。

在当代，生态文明理念会随着人类生态实践活动的不断发展而更加丰满和完善。目前，应该逐步树立生态文明理念，构建全民生态理念，围绕生态文明确立新的价值尺度或价值核心，形成人与人、人与自然、人与社会和谐相处的文化氛围。要树立资源有限、环境有限的理念，树立人与天地一体的理念，像爱惜保护自己的身体那样去爱惜保护自然。树立科学发展的理念，以人为本就是人与环境为一体，就是以生态安全为本，就是人与自然和谐相处的理念。树立尊重、热爱、保护自然，合理开发、利用自然资源，保护生态环境、人与自然协调发展的理念。树立生态整体利益和长远利益高于一切的理念。

在退耕还林还草工程建设中，把生态文明与华夏文明相融合，把右玉精神、太行精神、吕梁精神等优秀民族精神完美体现，积极挖掘当地传统文化的价值，在城郊、村外、山野，建成一大批公园、游园，使之成为诠释生态文明的重要载体，丰富了生态文化内涵，体现了人与自然高度和谐，也为建设森林城市、森林乡村夯实了基础。

2. 生态文明建设的第二个层次是生态行为文明

生态行为文明，是在一定的生态文明观和生态文明意识指导下，人们在生产生活实践中推动生态文明进步发展的活动，包括清洁生产、循环经济、环保产业、绿化建设以及一切具有生态文明意义的参与和管理行动。生态问题的根源在于人类自身，在于人类的活动和行为。解决生态问题归根到底须检讨人类自身的行为方式、节制人类自身的发展，既要节制人口的发展，也要节制生活便利的发展。生态文明应该成为公众的价值取向和生活时尚，成为公众的自觉行动。

生态行为文明又包括了生产方式、生活方式等两个大的方面。在现实生活中，应该倡导一种尊重自然、善待自然的态度，倡导一种以自然为师、循自然之道的生活，倡导一种保护自然、拯救自然的实践。党的十七大报告在对生产方式表述中，把"又快又好发展"改为"又好又快发展"；把"转变经济增长方式"改为"转变经济发展方式"，一词之差，含义截然不同。

3. 生态文明建设的第三个层次是生态物质文明

人类行为的目标是为了获得物质财富，因此生态物质文明是生态文明的最重要组成之一。生态物质文明是指建立在人口资源环境与经济社会协调发展基础上的生态资源、生态产业、生态产品和生态服务。

生态物质文明要求人类经济活动都要符合人与自然和谐，主要包括第一、二、三产业和其他经济活动的"绿色化"、无害化等。资源是有限的，要满足人类可持续发展的需要，就必须在全社会倡导节约资源的观念，努力形成有利于节约资源、减少污染的生产模式、产业结构和消费方式。应大力开发和推广节约、替代、循环利用资源和治理污染的先进适用技术，发展清洁能源和再生能源，建设科学合理的能源资源利用体系，提高能源资源利用效率。生态文明是在传统工业文明的经济增长方式受到挑战的时代背景下应运而生的，这就决定了建设生态文明的关键环节是转变经济发展方式，走低消耗、低污染、高效率、集约型的新型发展道路。

4. 生态文明建设的第四个层次是生态环境文明

生态环境文明是生态文明重要的组成之一,将生态环境文明从生态物质文明中单列出来,主要是因为生态物质文明并不能包括生态环境文明的全部内容。生态物质文明是指经济活动中物质生产的方式文明,但近年来西方社会经济中出现的一个突出变化是,环境产品、公益商品已走进人们生活,并日益成为人们日常生活所必不可少的组成部分,公益商品经济学在西方经济学中也占有越来越显著的地位。所谓公益商品(public goods),是指没有市场交换、没有市场价格的商品。公益商品是一种"掏钱者受益,不掏钱者亦受益"的商品,它不仅能被一个人、一个家庭等一个有共同利益的团体使用,而且可以被一个区域、一个国家或全球的任一公众使用,如清洁的空气、美丽的森林景观等,任何公众都有权享受而不必掏钱(张秀斌等,2009)。

生态环境文明是指自然生态环境和谐、良好、安全,人居环境友好、舒适、安全,经济活动对自然生态和人居生态环境的负面影响控制在可接受的范围内,实现经济生态协调发展、和谐发展。生态环境是人类赖以生存发展的基础,没有良好的生态环境,人类就不可能有高度的物质享受、政治享受和精神享受;没有生态环境安全,人类就不能够享受幸福和谐的生活。生态环境文明包括三个方面:自然生态文明、人居环境文明、生态经济和谐。

5. 生态文明建设的最高级层次是生态制度文明

生态制度文明,是人们正确对待生态问题的一种进步的制度形态,包括生态法律、法规、政策和导向机制、驱动机制、约束机制在内的社会制度约束与激励。生态制度文明包括了生态法制、生态立法、生态执法、生态政策等内容。

党的十九大将生态文明提高到制度建设的高度,强调"加快生态文明体制改革,建设美丽中国",特别强调健全和完善与生态文明建设相关的法制体系。例如,社会生态公平反映了社会多数群体的意愿,而维护这种意愿需要公正的制度安排、程序设计。唯有通过制度化建设,建立体现社会公正的法律和制度,才能确立消除社会生态不公的制度规范,有助于在既有体制和结构中推进改革,有助于弱化利益冲突和社会对立,避免因为利益过度分化带来的冲突,从深层结构方面提高文明水平,维护社会公正。

2018年5月18日,习近平总书记在全国生态环境保护大会上强调,加快构建生态文明体系,全面推动绿色发展,并提出了构建生态文明建设的"五大体系":要加快建立健全以生态价值观念为准则的生态文化体系,以产业生态化和生态产业化为主体的生态经济体系,以改善生态环境质量为核心的目标责任体系,以治理体系和治理能力现代化为保障的生态文明制度体系,以生态系统良性循环和环境风险有效防控为重点的生态安全体系。

(四)退耕还林还草,生态文明建设的战略举措

从生态文明的建设内容与逻辑发展的角度分析,退耕还林还草在生态文明建设中的战略定位,主要有以下四个方面。

1. 退耕还林还草,生态文明建设的战略举措

习近平总书记指出:"保护生态环境就是保护生产力,改善生态环境就是发展生产力。良好生态环境是最公平的公共产品,是最普惠的民生福祉。"2015年4月25日,中共中央、国务院《关于加快推进生态文明建设的意见》中,明确提出:"稳定和扩大退耕还林范围,加快重点防护林体系建设。"党的十九大报告在第九部分"加快生态文明体制改革,建设美丽中国"中,明确要求"扩大退耕还林还草"。可见,退耕还林还草是生态文明建设重要措施之一。

工程区结合实施退耕还林还草工程,大力开展文明生态村建设,引导农民开展封山禁牧、舍饲养殖,发展沼气、太阳能、风能等清洁能源,开展村容村貌整治和环境绿化美化建设。工程实施以来,广大干部群众切实感受到生态环境改善带来的好处,生态意识、绿色意识、环保意识显著增强,加强生态建设、保护生态环境已成为全社会的广泛共识。退耕还林还草给农村带来了一场广泛而又深刻的变革,"生产发展、生活宽裕、乡风文明、村容整洁、管理民主"的新农村建设格局正在逐步形成。因此,退耕还林还草是生态文明建设的重大举措、战略措施等提法,是完全正确的。

2. 退耕还林还草,生态文明建设的重中之重

中央林业工作会议上指出的林业的"四大地位":一是在贯彻可持续发展战略中林业具有重要地位;二是在生态建设中林业具有首要地位;三是在西部大开发中林业具有基础地位;四是在应对气候变化中林业具有特殊地位。林业的"四大使命":一是实现科学发展,必须把发展林业作为重大举措;二是建设生态文明,必须把发展林业作为首要任务;三是应对气候变化,必须把发展林业作为战略选择;四是解决"三农"问题,必须把发展林业作为重要途径。可见,在生态建设中,林业具有首要地位,在生态文明建设中,发展林业作为首要任务。

从主要矛盾看,退耕还林还草抓住了中国生态建设的"牛鼻子"。坡耕地引起的水土流失,仍然是我国最突出的生态问题。我国水土流失面积达53.4亿亩,占国土面积的37%,年均土壤侵蚀总量达50亿吨(李育材,2006)。据《2011年中国水土保持公报》显示,占全国水土流失总面积6.7%的坡耕地,产生的水土流失量占全国水土流失总量的28%,在部分坡耕地比较集中的地区,其水土流失量甚至占该地区水土流失总量的50%以上,三峡库区高达73%。严重的水土流失,造成地力严重衰退、耕地质量下降、江河淤积、河床抬高、库容萎缩,严重威胁着人民生产生活和生命财产安全,制约了我国经济社会可持续发展。

从林业建设看,据国家林业和草原局发布《中国退耕还林还草二十年(1999—2019)》白皮书,20年来我国实施退耕还林还草5.15亿亩,完成造林面积占同期全国林业重点生态工程造林总面积的40.5%,成林面积占全球同期增绿面积的4%以上。可见,退耕还林还草是中国林业建设的重中之重,是中国林业和中国生态建设的主战场。

总之,在生态文明建设中,发展林业作为首要任务;在林业发展中,退耕还林还草是重中之重。逻辑地说,退耕还林还草是生态文明建设的重中之重。

3. 退耕还林还草,生态文明建设的一面旗帜

旗帜就是先锋,是作战先头部队;旗帜就是方向,在前头引领方向;旗帜就是力量,万众一心加油干。退耕还林还草是生态文明建设的一面旗帜的提法,与上述的"重中之重"有异曲同工之妙,都是强调重点,突出主导地位,但更偏向于行动。

退耕还林还草是我国生态建设的历史性突破,是中国生态文明建设的一面旗帜。退耕还林还草工程现有建设规模及投资都已大大超过苏联斯大林改造大自然计划、美国罗斯福工程、北非五国绿色坝工程等世界重大生态工程,是迄今为止世界上最大的生态建设工程。退耕还林还草工程已成为中国政府高度重视生态建设、认真履行国际公约的标志性工程,受到国际社会的一致好评,美国、欧盟、日本、澳大利亚等30多个国家和国际组织都对我国的退耕还林还草工程给予了高度评价。退耕还林还草工程让世界看到了中国负责任大国的行动,让世界听到了中国铿锵有力的声音!

2019年8月,在"构建西部大开发新格局——延安退耕还林20周年学术研讨会"上,中国科学院院士傅伯杰表示:"作为世界上最大的生态建设工程,退耕还林为应对全球气候变化、解决全球生态问题作出了巨大贡献,成为中国高度重视生态建设、认真履行国际公约的标志性工程。"

4. 退耕还林还草,生态文明建设的伟大实践

伟大实践意为重大的战略行动。退耕还林还草是中国生态文明建设的伟大实践,林业部门及许多媒体经常提起。退耕还林还草工程是我国资金投入最多、建设规模最大、政策性最强、群众参与程度最高的重大生态工程。20年来,改变的不只是山水,是人与自然和谐发展的生态觉醒,是生产方式和生产结构的重大革新,是生态建设的伟大实践。

我国是一个少林的国家,森林总量不足、分布不均、功能较低。加大退耕还林还草力度,巩固和扩大退耕还草还林成果,从源头上治理水土流失,扭转生态恶化趋势,是我国改善生态和改善民生、顺应广大人民群众期待的迫切需要,对建设生态文明具有重大的现实意义和深远的历史意义。

5. 党和国家高度重视退耕还林还草的生态文明作用

党中央、国务院高度重视退耕还林还草对生态文明建设的重要作用。党和国家关于生态文明建设两个纲领文件(中共中央、国务院发布的《关于加快推进生态文明建设的意见》和《生态文明体制改革总体方案》)和党的十九大报告,都明确提出,将退耕还林还草作为生态文明建设的重要措施之一。

2015年4月25日，中共中央、国务院发布了《关于加快推进生态文明建设的意见》，意见指出："大力开展植树造林和森林经营，稳定和扩大退耕还林范围，加快重点防护林体系建设。"

2015年9月21日，中共中央、国务院出台了《生态文明体制改革总体方案》，构建起生态文明体制的"八大制度"。文件指出："建立耕地草原河湖休养生息制度。编制耕地、草原、河湖休养生息规划，调整严重污染和地下水严重超采地区的耕地用途，逐步将25度以上不适宜耕种且有损生态的陡坡地退出基本农田。建立巩固退耕还林还草、退牧还草成果长效机制。开展退田还湖还湿试点，推进长株潭地区土壤重金属污染修复试点、华北地区地下水超采综合治理试点。"

2017年10月18日，党的十九大报告中要求"必须树立尊重自然、顺应自然、保护自然的生态文明理念，把生态文明建设放在突出地位，融入经济建设、政治建设、文化建设、社会建设各方面和全过程，努力建设美丽中国，实现中华民族永续发展"；报告提出"完善天然林保护制度，扩大退耕还林还草"。可见，中央文件和党的十九大报告，都将退耕还林还草作为生态文明建设的措施之一。

（五）退耕还林还草对生态文明建设的五大贡献

退耕还林还草是我国生态建设的里程碑，对生态文明建设功不可没。关于退耕还林还草对生态文明建设的贡献问题，下面从生态文明建设的五大内容的角度来构思。

1. 退耕还林还草，推进了生态意识文明的全面普及

西方的生态觉醒，发生在20世纪60年代。关于中国的生态觉醒时间，现在还没有一个统一的说法，但部分学者认为，中国的全民生态觉醒发生时间为21世纪之初，标志就是退耕还林还草工程，也有学者认为，标志是2007年生态文明写入党的十七大报告。

姑且不论中国生态觉醒的时间和标志，毫无疑问，退耕还林还草对全民生态意识的觉醒，贡献是极其巨大的。退耕还林还草政策性强，涉及面广，关系千家万户农民的切身利益。为了做到国家政策家喻户晓、妇孺皆知，各级地方党委、政府都把宣传发动作为实施退耕还林还草工作的第一道工序来抓，组织了一系列宣传活动，以生动、形象的事实宣传退耕还林还草的重大意义和政策措施，为开展退耕还林还草工作创造了良好的舆论氛围。通过广泛宣传，工程区广大干部群众进一步认清了国家治理生态环境的决心，了解了"退耕还林，封山绿化，以粮代赈，个体承包"的政策，逐步认识到退耕还林还草、恢复林草植被的重要性，变"要我退"为"我要退"，退耕还林还草的积极性普遍高涨。退耕还林还草工程从意识形态上统一了思想，从体制机制上保障了良好生态全民共建共享，为我国生态文明建设奠定了良好基础。

从实施效果看，工程区全民生态意识明显增强。退耕还林还草任务分配到户、政策直补到户、工程管理到户,政策措施做到了家喻户晓。20年的工程建设,已经成为生态文化的"宣传员"和生态意识的"播种机",生态优先、绿色发展的理念深入人心,爱绿护绿、保护生态的行为蔚然成风。尤其是工程实施20年来取得的显著成效,让工程区老百姓深切感受到了生态环境的巨大变化和生产生活条件的明显改善,人们对生产发展、生活富裕、生态良好的文明发展道路有了更加深刻的认识,生态意识明显增强。有的基层干部说,退耕还林还草从某种意义上讲,退出的是广大农民传统保守的思想观念,还上的是文明绿色的发展理念;退出的是农村长期粗放落后的生产方式,还上的是集约高效的致富之路。

退耕还林还草的后续生态影响力仍然是巨大的。人们在享受退耕还林还草带来的绿色、舒适、健康的人居环境的同时,倍加珍惜来之不易的生态建设成果,人人爱绿、护绿意识明显增强,退耕还林还草、生态文明已经成为中国人民最熟悉的词汇,并在每一个中国人心中生根发芽,从一个理念、一句口号逐渐渗透融入人们日常生活、工作的每一个细节。

2. 退耕还林还草,促进了中华民族生态行为文明的发展

中国文明的本质是农耕文明,农耕文明的特征就是毁林开荒。农耕的出现是人类史上划时代的事件。然而农耕的出现,却使人类与自然环境之间再次产生了新的变化。开荒种田的方式在中国已经延续了几千年。民以食为天,发展农业是历代政府制定各种政策的重要基础。千百年来,粮食问题一直困扰着中华民族的发展。

长期以来,人们在经济落后、农业生产力低下的情况下,盲目开荒种田,造成了水土流失严重,沙进人退,形成生态环境恶化与贫困的恶性循环。基层广大干部群众通过自己的亲身体验,深切感受到生态环境恶化是导致他们贫困的主要根源之一,再不能走那种"越穷越垦,越垦越穷"的老路,热切期盼通过生态环境改善来促进经济发展。退耕还林还草已成为广大基层干部群众的迫切要求。他们认为,退耕还林还草早干早主动,晚干就被动,如果再不觉醒,让坡耕地和沙化耕地继续耕种下去,将受到大自然更无情的惩罚。

退耕还林还草改变了中国农民千百年来"垦荒种粮"的传统耕种习惯,是中国人生产方式和生活方式的重大变革。从过去的开荒种田、以林换粮到今天的退耕还林还草、以粮食换林草,从过去以牺牲生态环境为代价的破坏性发展到现在走生态经济相互协调的可持续发展道路,这是我国生态建设史上的历史性突破,是中华民族从农耕文明走向生态文明的重要标志。

黄土高原是中华文明的发源地,但农耕文明及其不合理的土地利用,使黄土高原变成了"沟壑纵横、秃岭荒山、尘土弥漫"的黄色高原,"春种一面坡,秋收一袋粮""面朝黄土背朝天,广种薄收难温饱"是广大群众真实的生活写照。曾几何时,"荒凉和贫穷"成了老区的代名词,萧索荒山、漫天风沙,成为挥之不去的"黄色哀愁"。20年矢志不渝地退耕还林还草,不仅改变了工程区的生态环境,还改写了当地人民面朝黄土背朝天、广种薄收、靠天吃饭的历史，对经济社会发展产生了深刻影响。随着群众生活条件的不断改善，生产生活方式的全新变革，生态文明理念渐入人心。

3. 退耕还林还草，改变了中国生态物质文明的发展

物质财富的获取方式很重要，决定了文明的性质。在农耕文明中，物质财富的获取无疑是靠耕地，要想获得更多的财富，就要开垦更多耕地，因此砍树垦地成为农耕文明的标志。中国古代是一个农耕文明的国家，黄河流域是中国农耕文明的发祥地，曾经是唐代以前中国的经济重心所在，但南宋以后却让位于江南。农耕文明的经济活动中心，也是毁林开荒和生态破坏的重心。

据专家考证：几亿年前，中国大地基本上由高大的原始森林覆盖。江泽民同志曾指出："在古代历史上相当长的时间内，陕西、甘肃等西北地区，曾经是植被良好的繁荣富庶之地。"据考证，西周时期黄土高原大部分为森林所覆盖，其余则是一望无际的肥美草原。秦汉时期就以"山多林多、民以板为室"著称。战国时期的榆林地区是著名的"卧马草地"。

我国又是一个传统的农业大国，土地是人类赖以生存的基本资源和条件，是社会物质财富的基础。在这样的思想指导下，几千年来我们不惜毁坏林地和草地而一心扩张耕地，大量林木遭到毁灭性的破坏。几千年来，我们的祖先为了生存和发展，孜孜不倦地努力开垦，为我们积累下了宝贵的财富，但也留下了生态环境的恶化，中国发展背上了沉重的包袱。

广西退耕还林桉树间作牧草富民

退耕还林还草工程是推动农村生产方式变革、物质获取方式合理的民生工程。农民群众是退耕还林还草工程的建设者，也是最直接的受益者。通过退耕还林还草，农民彻底告别了倒山种地、广种薄收的生产方式，走向多种经营、高效农业的新时代。据统计，山西省退耕还林还草工程区累计劳务输出人员达1150万人，培育与退耕还林还草有关的龙头企业185个,与退耕还林还草有关的市场集散地144个,为农村产业结构调整创造了有利的条件。四川省丘陵、盆地周围地区有400多万个劳动力因实施退耕还林还草得以转移,外出务工年创收达217亿元。

4. 退耕还林还草,提高了中国生态环境文明的程度

2016年8月24日,习近平总书记在青海省考察工作时指出:在人类发展史上特别是工业化进程中,曾发生过大量破坏自然资源和生态环境的事件,酿成惨痛教训。马克思在研究这一问题时,曾列举了波斯、美索不达米亚、希腊等由于砍伐树木而导致土地荒芜的事例。据史料记载,丝绸之路、河西走廊一带曾经水草丰茂。由于毁林开荒、乱砍滥伐,致使这些地方生态环境遭到严重破坏。据反映,三江源地区有的县,三十多年前水草丰美,但由于人口超载、过度放牧、开山挖矿等原因,虽然获得过经济超速增长,但随之而来的是湖泊锐减、草场退化、沙化加剧、鼠害泛滥,最终牛羊无草可吃。古今中外的这些深刻教训,一定要认真吸取,不能再在我们手上重犯!

退耕还林还草正是对生态破坏后的修复,退耕还林还草改变了中西部地区"毁林开荒、越垦越穷、越穷越垦"的恶性循环,以实际行动践行了习近平总书记"绿水青山就是金山银山"的理念。退耕还林还草工程以更辩证的生态哲学思维重新审视人与自然的关系,按照宜林则林、宜草则草的原则,让"树上山,粮下川,羊进圈",着力恢复以森林、草原为基础的自然生态系统,推进了山水林田湖草的协调统一发展。

退耕还林还草工程的实施取得了显著的生态效益,提高了中国生态环境的文明程度。截至2020年,全国累计实施退耕地还林还草5.22亿亩,工程区森林覆盖率平均提高了4个多百分点,林草植被大幅增加,风沙危害和水土流失得到有效遏制,生态状况显著改善。据2016年退耕还林还草监测结果,每年在保水固土、防风固沙、固碳释氧等方面产生的生态效益总价值达1.38万亿元(国家林业局,2018)。

实施退耕还林还草,既从根本上解决我国的水土流失问题,提高水源涵养能力,改善长江和黄河流域等地区的生态环境,有效地增强这一地区的防涝、抗旱能力,提高现有土地的生产力;又能为平川地区和中下游地区提供生态保障,促进平川地区和中下游地区工农业取得更快的发展。可以说,实施退耕还林还草,改善生态环境,不仅促进了长江和黄河流域社会生产力的快速发展,也有利于全国生产力的健康发展,为社会经济的可持续发展奠定坚实的基础。

贵州是长江、珠江上游重要的生态屏障,是首批3个国家生态文明试验区之一,习近平总书记多次叮嘱贵州要牢牢守好发展和生态两条底线。贵州省牢记习近平总书记"两条底线"的嘱托,把实施退耕还林还草作为守好发展和生态两条底线、推进国家生态文明试验区建设的重要措施和机遇来抓。20年来,贵州省累计完成退耕还林还草3080万亩,其中新一轮退耕地还林1067万亩,占全国总任务的19.5%。退耕还林还草工程的实施,为贵州省增加森林覆盖率10个百分点以上,生态服务功能总价值量达841亿元/年。

陕西子洲县佛殿堂退耕还林前（上图）后（下图）生态环境巨变

5. 退耕还林还草，丰富了中国生态制度文明的内容

建设生态文明是一场涉及生产方式、生活方式、思维方式和价值观念的变革。实现这样的根本性变革，必须依靠制度和法治。我国生态环境保护中存在的一些突出问题，大都与体制不完善、机制不健全、法治不完备有关。

生态文明制度体系在生态文明建设中有着根本性、全局性、稳定性和长期性的意义，是打赢生态环境好转攻坚战的制度保障。2013年5月，习近平总书记在中央政治局第六次集体学习时指出："只有实行最严格的制度、最严密的法治，才能为生态文明建设提供可靠保障。要建立责任追究制度，对那些不顾生态环境盲目决策、造成严重后果的人，必须追究其责任，而且应该终身追究。"

包括《退耕还林条例》在内的退耕还林还草政策、法规是中国生态制度建设的重大创新。退耕还林还草工程制定了含金量很高的顶层设计和配套政策，创造性地实行个体承包、直补到户的方式，让农民真切感受到了退耕还林还草政策的实惠。利益机制是最好的激励机制。退耕还林还草将生态治理与群众的现实利益直接挂钩，有效调动了广大农民的治理管护积极性。任务分配到户、政策直补到户、工程管理到户，政策措施家喻户晓。

二、退耕还林还草与美丽中国战略

2012年11月,党的十八大不仅对生态文明建设进行了全面部署,还首次提出了建设美丽中国的目标,指出:"把生态文明建设放在突出地位,融入经济建设、政治建设、文化建设、社会建设各方面和全过程,努力建设美丽中国,实现中华民族永续发展。"2017年10月18日,党的十九大把"美丽中国"作为建设社会主义现代化强国的重要目标,提出"建设美丽中国,为人民创造良好生产生活环境,为全球生态安全作出贡献""加快生态文明体制改革,建设美丽中国"。2018年3月,十三届全国人大一次会议表决通过《中华人民共和国宪法修正案》,把发展生态文明、建设美丽中国写入宪法。由此可见,加快生态文明体制改革,建设美丽中国已成为全党全国人民坚定不移的信念和行动。

(一)美丽中国建设的战略意义

美丽国家建设具有多重战略意义,我们只有从多维的视角去看待、去把握,才有可能更深刻地理解美丽国家所具有的丰富内涵和意义,也才有可能从多角度实施其建设。党的十九大报告将"美丽中国"写入社会主义现代化强国目标,将"坚持人与自然和谐共生"作为新时代坚持和发展中国特色社会主义的十四条基本方略之一,标志着我们党对中国特色社会主义的认识更加成熟、更加定型。

1. 建设美丽中国,顺应人民群众对全面小康生活的期待

十九大报告指出,我国社会主要矛盾已经转化为人民日益增长的美好生活需要和不平衡不充分的发展之间的矛盾。这一判断,一部分原因是在我国多年的经济高速发展过程中,由于发展不平衡不充分导致环境保护不力、生态环境破坏,人民群众对良好生态环境的需求得不到满足的反映。必须把生态文明建设融入经济建设、政治建设、文化建设、社会建设全过程和各方面,才能更好地坚持和发展中国特色社会主义。

"小康全面不全面,生态环境质量是关键。"2014年3月7日,习近平在参加十二届全国人大二次会议贵州团审议时,就已讲明生态环境之于全面小康的重要意义。30多年的高速发展解决了十几亿人的温饱问题,成就了世界第二大经济体。人民美好生活的愿望和要求随着经济的发展日益提升,对环境的要求也在增长。与此同时,资源大量消耗、生态系统退化,特别是大气、水、土壤污染严重,已经成为中国社会经济发展的明显短板,成为民生之患、民心之痛。

党的十九大报告指出,我们要建设的现代化是人与自然和谐共生的现代化,既要创造更多物质财富和精神财富以满足人民日益增长的美好生活需要,也要提供更多优质生态产品以满足人民日益增长的优美生态环境需要。必须坚持节约优先、保护优先、自然恢复为

主的方针，形成节约资源和保护环境的空间格局、产业结构、生产方式、生活方式，还自然以宁静、和谐、美丽。

2. 建设美丽中国，中国全面现代化的必由之路

世界现代化可以分为两大阶段，其中，第一次现代化是从农业社会向工业社会、农业经济向工业经济、农业文明向工业文明的转变；第二次现代化是从工业社会向知识社会、工业经济向知识经济、工业文明向知识文明、物质文明向生态文明的转变。而当今某些学者认为，第二次现代化的过程应该称为后现代化。一般而言，现代化包括了学术知识上的科学化，政治上的民主化，经济上的工业化，思想文化领域的自由化和民主化等。现代化可以理解为四个亚过程：一是技术的发展；二是农业的发展，农产品的生产更多是用来作为商品，而不是自己使用；三是工业化；四是都市化。

现代化作为一股世界潮流，是中华民族确立的奋斗目标，早在鸦片战争结束以后，中国先进知识分子就开始探索和寻求中华民族现代化的道路。在洋枪洋炮的震撼下，有识之士先后提出了"学习西方，拯救中华"的口号。"戊戌变法"和伟大的革命先行者孙中山先生领导的民主革命，其实质都是寻找一条振兴中华的道路，尽快实现中国的现代化。我国将"富强、民主、文明、和谐"作为新的历史时期社会主义现代化建设的目标。这一目标具有鲜明的时代性、突出的创新性和内涵的丰富性等特征。

3. 建设美丽中国，中华民族永续发展的客观要求

可持续发展是 20 世纪 80 年代提出的一个新的发展观。它的提出是应时代的变迁、社会经济发展的需要而产生的。"可持续发展"概念是 1987 年由布伦特兰夫人担任主席的世界环发委员会提出来的。但其理念可追溯至 20 世纪 60 年代的《寂静的春天》、"太空飞船理论"和罗马俱乐部等。

从中国情况来看，美丽中国建设是中国高质量可持续发展的战略选择。当前我国仍处于社会主义初级阶段，发展相对落后，人口众多、人均资源紧缺、环境承载力较弱。生态系统整体功能不强，抵御各种自然灾害的能力较弱。这就决定了必须把资源节约和生态环境保护作为现阶段国家建设着力抓好的战略任务，力争以较少的资源和生态环境代价，支撑和实现我国国民经济又好又快发展，实现美丽国家的建设目标。

美丽中国建设也是中国可持续发展的必然选择。实现人、社会与自然的和谐、协调发展，是马克思主义的一贯思想。我国是人口众多、资源相对不足的国家，实施可持续发展战略更具有特殊的重要性和紧迫性。要把控制人口、节约资源、保护生态环境放到重要位置，使人口增长与社会生产力的发展相适应，使经济建设与资源、环境相协调，实现良性循环。我国耕地、水和矿产等重要资源的人均占有量都比较低。今后随着人口增加和经济发展，对资源总量的需求更多，生态环境保护的难度更大。必须切实保护资源和生态环境，统筹规划国土资源开发和整治，严格执行土地、水、森林、矿产、海洋等资源管理和保护的法律，实施资源有偿使用制度。

4. 建设美丽中国，为世界贡献中国智慧

从世界意义上来讲，建设美丽中国是我国为全球生态建设做出的重大贡献。中国文化的精髓是"天人合一""道法自然"等理念，强调人与自然的和谐相处，"数罟不入洿池""斧斤以时入山林"等尊重自然规律的行事法则，自古以来就渗透在中华民族的思维观念中。中国传统的生态观念既为中华民族生生不息、发展壮大提供了丰厚滋养，也为人类文明进步做出了独特贡献，是全世界共有的精神财富。

从世界发展进程来看，美丽中国建设注重自然和谐的发展战略，深刻把握了世界发展的绿色、循环、低碳新趋向，是对可持续发展的拓展和创新，拓展了发展中国家走向现代化的途径，给世界上那些既希望加快发展又希望保持自身独立性的国家和民族提供了全新选择，为解决全人类的发展问题贡献了中国智慧和中国方案。在解决国内生态环境问题的同时，我国也积极参与全球生态环境治理，引导应对气候变化国际合作，成为全球生态建设的重要参与者、贡献者、引领者。

5. 建设美丽中国，国家建设理论的丰富发展

国家建设理论是总结国家从封建神权政治走向现代主权政治的历史经验的产物。历史上，出现过不同类型的国家。国家建设理论是一个发展的历史范畴。以阶级斗争学说为导向的国家理论，强调国家政权的阶级性和权力功用的暴力性质。以国际法为基础的国家学说，强调世界格局中国家的主权地位和性质。以公民权利为基础的国家理论，强调国家的理性建构，主张公权民授、有限政府等。

美丽中国建设融入了生态化、美丽化，丰富了国家建设理论。美丽国家建设是对国家生态建设、经济建设、文化建设、社会建设和政治建设的生态化、美丽化的引导和制约。事实证明，如果缺少美丽国家建设这种"生态化"的引导和制约，国家建设就会出现种种不协调的声音，甚至出现严重的生态危机，从而危及人类的生存和发展。美丽中国的生态化建设已经迈出了坚实的步伐。

6. 建设美丽中国，实现生态文明的形象目标

2012年11月，党的十八大不仅对生态文明建设进行了全面部署，还首次提出了建设美丽中国的目标。根据党的十八大报告，美丽国家是生态文明建设的又一个新目标，更准确地说是形象目标。生态文明，是人类社会文明的高级状态，也是建设目标，不是单纯的节能减排、保护环境的问题，而是要融入经济建设、政治建设、文化建设、社会建设各方面和全过程。而美丽中国，是中国人的国家理想，体现了13亿公民的人文素养和精神气度之美，这可谓天地间的大美！它是每一个中国人的向往、期盼和希望！它关乎全国人民生活质量和幸福指数。

总之，美丽中国，是生态文明建设的形象目标、具体目标、感性目标，生态文明更加理论化，美丽中国则形象化多了，更加感性。青山绿水、蓝天白云、清新的空气、洁净的水、碧海蓝天、未被污染的土地等，这就是美丽中国。

(二)美丽中国建设四大战略措施

党的十九大报告对"美丽中国"建设作出了四个方面的战略部署,一是推进绿色发展,二是着力解决突出环境问题,三是加大生态系统保护力度,四是改革生态环境监管体制。

1. 推进绿色发展

加快建立绿色生产和消费的法律制度和政策导向,建立健全绿色低碳循环发展的经济体系。构建市场导向的绿色技术创新体系,发展绿色金融,壮大节能环保产业、清洁生产产业、清洁能源产业。推进能源生产和消费革命,构建清洁低碳、安全高效的能源体系。推进资源全面节约和循环利用,实施国家节水行动,降低能耗、物耗,实现生产系统和生活系统循环链接。倡导简约适度、绿色低碳的生活方式,反对奢侈浪费和不合理消费,开展创建节约型机关、绿色家庭、绿色学校、绿色社区和绿色出行等行动。

2018 年,习近平总书记在纪念马克思诞辰 200 周年大会上发表重要讲话时强调:"我们要坚持人与自然和谐共生,牢固树立和切实践行绿水青山就是金山银山的理念,动员全社会力量推进生态文明建设,共建美丽中国,让人民群众在绿水青山中共享自然之美、生命之美、生活之美,走出一条生产发展、生活富裕、生态良好的文明发展道路。"

2. 着力解决突出环境问题

随着中国经济的高速发展,环境问题更加突出,部分地方山是光的,水是臭的,天是灰的。2016 年 1 月 18 日,习近平在省部级主要领导干部学习贯彻党的十八届五中全会精神专题研讨班上的讲话中指出:"让老百姓呼吸上新鲜的空气、喝上干净的水、吃上放心的食物、生活在宜居的环境中、切实感受到经济发展带来的实实在在的环境效益,让中华大地天更蓝、山更绿、水更清、环境更优美,走向生态文明新时代。"习近平总书记的动情描述,反映的是人民的期盼,也是中华民族永续发展的根本要求。

坚持全民共治、源头防治,持续实施大气污染防治行动,打赢蓝天保卫战。加快水污染防治,实施流域环境和近岸海域综合治理。强化土壤污染管控和修复,加强农业面源污染防治,开展农村人居环境整治行动。加强固体废弃物和垃圾处置。提高污染排放标准,强化排污者责任,健全环保信用评价、信息强制性披露、严惩重罚等制度。构建政府为主导、企业为主体、社会组织和公众共同参与的环境治理体系。积极参与全球环境治理,落实减排承诺。

3. 加大生态系统保护力度

生态环境是生存之本、发展之源。生态环境没有替代品,用之不觉,失之难存。党的十九大报告从生态系统整体出发,强调要实施重要生态系统保护和修复重大工程,优化生态安全屏障体系,构建生态廊道和生物多样性保护网络,提升生态系统质量和稳定性。这些生态保护的大思路,是创造良好生态环境、实现中华民族永续发展的长远大计。

人因自然而生,人与自然是一种共生关系、是生命共同体,人类必须尊重自然、顺应自然、保护自然。山水林田湖草，是一个生命共同体，是相互依存、相互影响的大系统。如果种树的只管种树、治水的只管治水、护田的单纯护田，很容易顾此失彼，最终造成生态的系统性破坏。只有打破"自家一亩三分地"的思维定式，以系统工程的思路，全方位、全地域、全过程开展生态环境保护建设，才能还自然以自在，给生命以生机。

2018年5月18日，习近平总书记在全国生态环境保护大会上指出："山水林田湖草是生命共同体。生态是统一的自然系统，是相互依存、紧密联系的有机链条。人的命脉在田，田的命脉在水，水的命脉在山，山的命脉在土，土的命脉在林和草，这个生命共同体是人类生存发展的物质基础。一定要算大账、算长远账、算整体账、算综合账，如果因小失大、顾此失彼，最终必然对生态环境造成系统性、长期性破坏。"

人类只有遵循自然规律才能有效防止在开发利用自然上走弯路，人类对大自然的伤害最终会伤及人类自身，这是无法抗拒的规律。认识遵循自然规律就必须善待自然，设定经济社会发展的生态保护红线、环境质量底线，减少或避免对自然界人为的破坏、伤害行为，为此我们必须坚持节约优先、保护优先、自然恢复为主的方针，形成节约资源和保护环境的空间格局、产业结构、生产方式、生活方式，还自然以宁静、和谐、美丽。

4. 改革生态环境监管体制

生态环境监管是一个系统工程，涉及方方面面，必须在国家层面加强总体设计和组织领导。党的十九大报告提出，设立国有自然资源资产管理和自然生态监管机构，完善生态环境管理制度，统一行使全民所有自然资源资产所有者职责，统一行使所有国土空间用途管制和生态保护修复职责，统一行使监管城乡各类污染排放和行政执法职责。这一制度安排，着眼生态环境保护监管的系统性和综合性，有效克服了以往政出多门、九龙治水、多头监管的问题，避免出现"谁都在管、谁都不担责"的监管真空。

我国现行的生态环境监管体制，在防治环境污染、遏制生态破坏、保障生态安全等方面发挥了重要作用，但也存在一些统筹不足的现实问题，如环境监管职能分散、权力与责任不对等、环境与发展的综合决策体系不健全等。为此，迫切需要改革生态环境监管体制，实施强有力的组织领导。

党的十九大对改革生态环境监管作出新部署，进一步理顺环保管理体制，使监管"一竿子插到底"，增强监管的权威性实效性，用硬措施完成硬任务。2017年5月26日，习近平总书记在十八届中央政治局第四十一次集体学习时指出："我对生态环境保护方面的问题看得很重，党的十八大以来多次就一些严重损害生态环境的事情作出批示，要求严肃查处。比如，我分别就陕西延安削山造城、浙江杭州千岛湖临湖地带违规搞建设、秦岭北麓西安段圈地建别墅、新疆卡山自然保护区违规'瘦身'、腾格里沙漠污染、青海祁连山自然保护区和木里矿区破坏性开采、甘肃祁连山生态保护区生态环境破坏等严重破坏生态环境事件作出多次批示。我之所以要盯住生态环境问题不放，是因为如果不抓紧、不紧抓，任凭破坏生态环境的问题不断产生，我们就难以从根本上扭转我国生态环境恶化的趋势，就是对中华民族和子孙后代不负责任。"

（三）退耕还林还草对美丽中国建设四大贡献

党中央、国务院对退耕还林还草助推美丽中国建设高度重视。党的十九大报告在"加快生态文明体制改革，建设美丽中国"的题目下，提出"完善天然林保护制度，扩大退耕还林还草"，是将退耕还林还草作为建设美丽中国的措施之一。

2013年中央一号文件《关于加快发展现代农业 进一步增强农村发展活力的若干意见》发布，这是新世纪以来连续第十年聚焦"三农"的一号文件，也是十八大以后第一个中央一号文件，文件提出："加强农村生态建设、环境保护和综合整治，努力建设美丽乡村。加大三北防护林、天然林保护等重大生态修复工程实施力度，推进荒漠化、石漠化、水土流失综合治理。巩固退耕还林成果，统筹安排新的退耕还林任务。"

退耕还林还草是中国乃至世界最大的生态建设工程，是践行"绿水青山就是金山银山"的伟大实践。根据党的十九大报告对"美丽中国"建设作出的四个方面的战略部署，退耕还林还草在这四个方面都有突出贡献。

1. 退耕还林还草，绿色发展的践行者

我国是一个传统农业大国，毁林开荒是几千年的传统，并对生态环境造成了巨大破坏，严重威胁国家生态安全和中华民族永续发展。1998年特大洪灾发生后，党中央、国务院高瞻远瞩，果断作出了实施退耕还林工程的重大决策。多年的实践证明，退耕还林工程是"最合民意的德政工程，最牵动人心的社会工程，影响最深远的生态工程"，它扭住了我国生态建设的"牛鼻子"，对优化国土空间开发格局、全面促进资源节约、保护自然生态系统、维护国土生态安全发挥了不可替代的重要作用。

20年来，全国累计实施退耕还林还草5.22亿亩，每年在保水固土、防风固沙、固碳释氧等方面产生的生态效益总价值达1.38万亿元，相当于中央投入的2倍多，每年涵养的水源相当于三峡水库的最大蓄水量（国家林业局，2018）。2011—2016年，我国石漠化面积年均缩减3.45%，以退耕还林还草为主的人工造林种草和植被保护贡献率达65%。退耕还林还草目前成林面积近4亿亩，超过全国人工林保存面积的1/3。与1998年相比，2017年退耕还林还草工程区谷物单产增长26%，工程区粮食产量增长40%。

山西之长在于煤，山西之短在于水，煤与水都同林有密不可分的关系。山西是资源型经济省份，有着得天独厚的煤炭资源，为全国经济社会发展作出了巨大贡献。然而，随着煤炭长时间、大规模、超强度的开采，加之干旱少雨的气候特征，全省的生态环境长期处于积重难返的境地，山西人民的母亲河——汾河曾一度断流。山西气象部门的监测佐证了退耕还林还草的显著成效：2001—2017年，全省年均降水量达496毫米，比常年平均多28毫米；地下水位不断上升，部分水源地年均上升2米以上。2018年，山西植被生态较2000—2018年平均水平增加了8%，为2000年以来最大值。

陕西省通过退耕还林还草，至 2019 年共新建和改造经济林 1157 万亩，带动 57.6 万人脱贫，人均直接增收 550 元。贵州省毕节市通过退耕还林还草重点发展核桃、刺梨、石榴、樱桃、苹果和油茶六大特色经果林，到 2018 年已建成特色经果林基地 320 万亩。

山西省吕梁市临县退耕还林成效

2. 退耕还林还草，着力解决环境问题

2012 年 12 月，习近平担任总书记后首赴地方考察时就指出："我们在生态环境方面欠账太多了，如果不从现在起就把这项工作紧紧抓起来，将来会付出更大的代价。在这个问题上，我们没有别的选择。我们要清醒地认识到，我国目前资源约束趋紧、环境污染严重、生态系统退化的形势依然十分严峻；多年快速发展积累的生态环境问题已经十分突出。在生态环境保护上一定要算大账、算长远账、算整体账、算综合账，不能因小失大、顾此失彼、寅吃卯粮、急功近利。'还好旧账、不欠新账'就是要下决心治理好传统发展方式造成的生态环境问题，下决心真正转变发展方式、走绿色发展之路，用最严格的制度、最严密的法治惩治破坏生态、污染环境、浪费资源的行为，避免产生新的生态环境问题。"

新一轮退耕还林还草将污染严重的耕地纳入退耕还林范围。严重污染耕地是指具有生理毒性的物质或过量的植物营养元素进入耕地而导致耕地性质严重恶化和植物生理功能严重失调的现象，主要是指土壤重金属严重污染耕地。严重污染耕地目前没有一个明确的范围。我国政府部门曾做过多种及多样的环境和土地调查，如国土资源部进行过国土资源调查，国家地质局进行过全国地质调查，生态环境部正在进行中的有全国土壤调查、全国污染源调查。但是这些耗资数亿元甚至数十亿元的调查，都没有较完整的土壤污染调查数据，更没有提出统一的土壤严重污染耕地标准。从污染源来说，土壤污染源包括有机物与无机物，有机物主要是指生活垃圾和化肥农药污染，有机物可以降解，治理难度较小；无机物主要是重金属污染，治理难度大。因此，一般说的土壤严重污染是指土壤重金属严重污染，包括常见的铜、铅、锌、铬、镍、汞、镉和类金属砷等 8 种。

生物修复技术是一种新兴的绿色生物技术，也是一种土壤污染治理的环境友好技术。

生物修复法易于操作，效果好，成为土壤污染修复的热点。退耕还林作为生物修复土壤重金属污染的一项重要技术，根据对湖南重金属严重污染耕地修复试点的调查，常用的修复技术有以下几种。一是植树种草，在严重污染的耕地上种植重金属吸附能力强、生态效益好的珍稀树种、速生树种、观赏树种或草种，并实行乔灌草结合，开展生态修复。二施用生石灰，本质是通过酸碱调节提高 pH 值，从而降低土壤重金属的活性。施用硝态氮肥也可以，植物体内硝态氮还原过程中需要消耗质子，根系分泌出 OH^- 或 HCO^- 因而使 pH 升高。三是种植绿肥，增加土壤有机质，可以直接与重金属发生络合作用，也可改变土壤的 pH 值和 Eh 值。施用有机物料也可以降解土壤中的重金属，常用的有稻草、泥炭、家畜粪肥等。四是种植菌根植物，以根际微生物菌根、内生菌等方式与根系形成联合体，通过增强植物抗性和优化根际环境，促进根系发展，从而增加植物吸收和向上转动重金属的能力。五是挖水平沟，每隔 3~5 排树木，挖一条水平沟，调节土壤水分，增加土壤重金属的淋洗作用。

土壤重金属严重污染耕地退耕还林树种选择须遵循适地适树的原则，选择抗性强、吸附能力强的树种。杨树是高大乔木，能有效修复镉污染土壤，对重金属汞也有一定的消解作用。柳树广泛用于重金属污染的修复，旱柳有较强的吸收积累镉污染的能力，在瑞典和波兰，人们利用柳树作为植物过滤器以净化水质和土壤污染。豆科植物对重金属污染土地的改良作用越来越受到关注，银合欢能在铅锌矿尾地上生长并有很高的积累铅锌能力。湖南土壤重金属治理中发现泡桐和栾树均可作为锰污染区的修复树种。在绿化树种中，法国冬青、木芙蓉、女贞、龙柏等树种富积重金属能力强，菩提树、垂枝榕、凤凰木、南洋杉等树种分别对铅、镉、汞、砷积累作用较大（韦秀文等，2011）。

3. 退耕还林还草，生态系统保护的重要措施

在地球生态系统中，森林在维护国土安全和统筹山水林田湖草综合治理中占有基础性的地位。习近平总书记指出："我们要认识到，山水林田湖是一个生命共同体，人的命脉在田，田的命脉在水，水的命脉在山，山的命脉在土，土的命脉在树。"可见，树是山水林田湖生态系统的最后关键因子。

党的十九大报告提出："实施重要生态系统保护和修复重大工程，优化生态安全屏障体系，构建生态廊道和生物多样性保护网络，提升生态系统质量和稳定性"，"完善天然林保护制度，扩大退耕还林还草"。可见，党的十九大报告将退耕还林还草作为生态系统保护的一项重要措施。

森林是陆地生态系统的主体，是人类赖以生存和发展的重要物质基础。我国是一个少林的国家，森林总量不足、分布不均，森林生态系统功能较低。毁林开荒，对森林生态系统及其生境具有多尺度的破坏效应，进而影响到其结构、功能和格局。首先，在个体或种群水平上，毁林开荒直接破坏了动物的栖息环境，影响到物种的传播和迁移。其次，在生态系统或景观水平上，毁林开荒常引起生态系统或景观的破碎化，中断了水平的生态流，

改变了景观格局，增加了边缘比例，引起一系列的生态过程的变化网，进而影响到生态系统的功能。再次，在区域水平上，毁林开荒可能诱导人口聚集，改变区域性土地利用和土地覆被结构与格局，对生态系统的空间分布产生较大影响。最后，毁林开荒对生态系统发育基质和生境影响也较大。

从实践看，退耕还林还草工程将产量低而不稳的坡耕地、沙化地植树造林，不仅增加了森林面积和范围，也完善了森林生态系统的结构和功能。退耕还林还草增加了地表覆盖度，改变了土壤的水文状况，提高了涵养水源等功能，取得了良好的水土保持效果，山青了，水绿了，小流域变样了。同时，退耕还林还草改善了野生动植生长、发育、繁衍的栖息地条件，生物多样性明显提高，野猪、野鸡、野兔等成群出现，多年不见的野生动物狼、豹等又在林中出现。

延安是中国退耕还林还草成效最突出的地区之一。荒山最爱绿树，黄土最恋草荣。延安累计完成退耕还林还草面积1078万亩，提高全市森林覆盖率近19%，森林覆盖率由33.5%提高到52.5%，植被覆盖度由46%提高到81.3%，陕北地区的绿色版图因此向北推移400公里，延安被誉为全国退耕还林还草第一市。退耕还林还草以来，延安人的最大感受就是山青了、水多了、沙尘天气少了。如今漫步在延安城乡，昔日裸露的黄土看不到了，举目望去，满山青翠，处处留景（光明日报，2020）。今日的延安已完全看不到昔日黄土高坡的荒凉景象，取而代之的是满山的绿色，郁郁葱葱，到处都充满着生机和希望。森林植被明显增多，生态改善明显改善，年平均降雨量增加200毫米以上，年入黄河泥沙量下降88%，水土流失面积减少23%，扬沙天气数减少到原来的十分之一，城区空气质量优良天数达到315天，"郁郁青山"构筑起黄土高原的生态屏障，"蔚蔚蓝天"成为延安的一张靓丽名片。

4. 退耕还林还草，生态环境监管体制的重要组成

生态环境监管是指运用行政、法律、经济、教育和科学技术手段，协调社会经济发展同生态环境保护之间的关系，科学处理国民经济各部门、各社会集团和个人有关生态环境问题的相互关系，使社会经济发展在满足人们物质和文化生活需要的同时，防止环境污染和维护生态平衡。

2019年4月28日，习近平总书记在中国北京世界园艺博览会开幕式《绿色生活，美丽家园》的主题演讲中指出："我们应该追求科学治理精神。生态治理必须遵循规律，科学规划，因地制宜，统筹兼顾，打造多元共生的生态系统。只有赋之以人类智慧，地球家园才会充满生机活力。生态治理，道阻且长，行则将至。我们既要有只争朝夕的精神，更要有持之以恒的坚守。"

法律是红线、法治是底线。任何人、任何组织不能触碰、不得突破。习近平指出，要牢固树立生态红线的观念。在生态环境保护问题上，就是要不能越雷池一步，否则就应该受到惩罚。要把资源消耗、环境损害、生态效益等体现生态文明建设状况的指标纳入经济社会发展评价体系,建立体现生态文明和美丽中国要求的目标体系、考核办法、奖惩机制,使之成为重要导向和约束。

退耕还林还草作为中国乃至世界最大的生态建设工程,已经有了一整套的法律法规体系,是中国生态环境监管体制的重要组成。2002年12月6日国务院第66次常务会议通过的《退耕还林条例》,对规范退耕还林活动、保护退耕还林者的合法权益、巩固退耕还林成果、优化农村产业结构、改善生态环境发挥着重要作用。先后制订了3个国标[《退耕还林工程检查验收规则(GB/T 23231—2009)》《退耕还林工程建设效益监测评价(GB/T 23233—2009)》《退耕还林工程质量评估指标与方法(GB/T 23235—2009)》]和4个行标[《退耕还林生态林与经济林认定技术规范(LY/T 1761—2008)》《退耕还林工程信息管理规程(LY/T 1762—2008)》《退耕还林工程生态效益监测与评估规范(LY/T 2573—2016)》《退耕还林工程社会经济效益监测与评价指标(LY/T 1757—2008)》],有效地规范了退耕还林建设,对林业标准化事业和生态环境监管体制做出了重要贡献。

退耕还林还草省级政府责任书

退耕还林还草推广"四到省"、责任制等做法,也是生态环境监管体制的重要组成部分。为明确责任、严格管理,2000年《国务院关于进一步做好退耕还林还草试点工作的若干意见》提出省级政府对退耕还林还草试点工作负总责和市(地)、县(市)政府目标责任制,并规定"目标、任务、资金、粮食、责任"五到省。2002年《退耕还林条例》进一步明确规定省级人民政府对工程负总责,并逐级落实目标责任。补助政策由补助粮食实物改为补助现金后,原"五到省"规定修改为目标、任务、资金、责任"四到省"。国家林业和草原局每年与省级人民政府签订工程建设责任书,并依据年度管理实绩核查和全国营造林综合核查结果等,对责任书执行情况进行通报,落实政府负责制的具体要求。各工程省区高位推动,省、市、县、乡各级均成立了由党政领导牵头的退耕还林还草工作领导小组,层层签订责任状，明确主体责任。

三、退耕还林还草与脱贫攻坚战略

全面建成小康社会，一个也不能少。党的十八大以来，以习近平同志为核心的党中央围绕脱贫攻坚作出一系列重大部署和安排，全面打响脱贫攻坚战，拓展了中国特色扶贫开发道路，脱贫攻坚取得决定性进展。党的十九大明确把精准脱贫作为决胜全面建成小康社会必须打好的三大攻坚战之一，作出了新的部署。中共中央、国务院《关于打赢脱贫攻坚战三年行动的指导意见》为推动脱贫攻坚工作更加有效开展进一步完善顶层设计、强化政策措施、加强统筹协调。

（一）打赢脱贫攻坚战意义重大

2020年我国如期完成脱贫攻坚任务，对于中华民族乃至世界都有着极为重要的意义。消除贫困、改善民生、逐步实现共同富裕，是社会主义的本质要求，是中国共产党的重要使命。改革开放以来，我们实施大规模扶贫开发，使7亿农村贫困人口摆脱贫困，取得了举世瞩目的伟大成就，谱写了人类反贫困历史上的辉煌篇章。党的十八大以来，把扶贫开发工作纳入"四个全面"战略布局，作为实现第一个百年奋斗目标的重点工作，摆在更加突出的位置，大力实施精准扶贫，不断丰富和拓展中国特色扶贫开发道路，不断开创扶贫开发事业新局面。

1. 中国特色社会主义的出发点和落脚点

建设中国特色社会主义的出发点和落脚点，就是全心全意为人民谋利益，走共同富裕的发展道路。新中国成立后，中国党和政府带领广大人民自力更生、艰苦奋斗，迅速改变了积贫积弱的落后面貌。20世纪80年代，中国开始实施大规模扶贫开发行动，经过多年努力，贫困人口大幅减少，贫困群众生活水平显著提高。中共十八大以来，以习近平同志为核心的党中央高度重视扶贫工作，把扶贫开发摆到更加突出的位置，大力推进精准扶贫、精准脱贫，扶贫开发事业取得新的显著进展。中国从实际国情出发，积极借鉴其他国家有益经验，成功走出一条中国特色扶贫开发道路，得到了人民群众衷心拥护，为全球减贫和发展事业作出了重大贡献。

坚决打赢扶贫脱贫攻坚战，确保到2020年所有贫困地区和贫困人口一道迈入全面小康社会，这是以习近平同志为核心的党中央对全国人民的庄严承诺。让贫困人口脱贫，体现党的理想信念宗旨和路线方针政策，是习近平总书记情之所系、心之所惦。扶贫工作是第一民生工程、头等大事，是当前所有工作的重心。

2. 中国共产党治国理政的重要使命

消除贫困、改善民生，是中国共产党治国理政的重要使命。我们的党来自人民，植根于人民，服务于人民。党作为国家各项事业领导核心，自然也是脱贫攻坚工作的中坚力量。打赢脱贫攻坚战事关巩固党的执政基础。我们党只有始终践行以人民为中心的发展思想，坚持为人民服务的根本宗旨，真正做到为人民造福，执政基础才能坚不可摧。只有全体人民过上了好日子，才能巩固党的执政基础。如此我们就必须在脱贫攻坚战中加强党员干部作风建设，充分调动各方力量，落实责任、传导压力，只有党员干部在日常的工作中能转变作风态度，全心全意地为人民着想，在扶贫攻坚上才能从百姓的实际出发，才能从当地的实际出发，如此才能从根本上解决问题。

新中国成立以来，中国共产党带领人民持续向贫困宣战。经过改革开放40多年来的努力，成功走出了一条中国特色扶贫开发道路，使7亿多农村贫困人口成功脱贫，为全面建成小康社会打下了坚实基础。中国成为世界上减贫人口最多的国家，也是世界上率先完成联合国千年发展目标的国家。

3. 事关"两个一百年"奋斗目标的顺利实现

打赢脱贫攻坚战事关中国共产党人提出的"两个一百年"奋斗目标的顺利实现。脱贫攻坚是全面建成小康社会、实现乡村振兴并最终实现共同富裕等奋斗目标的基础性和前提性保障。习近平总书记强调，"到2020年现行标准下的农村贫困人口全部脱贫，是党中央向全国人民作出的郑重承诺，必须如期实现"。

2020年是脱贫攻坚的最后冲刺阶段，加之疫情带来的挑战，形势复杂严峻。在做好疫情防控的基础上，坚决有力地完成脱贫攻坚任务，才能实现第一个百年奋斗目标、顺利开启第二个百年奋斗目标，真正凸显出中国特色社会主义制度的优越性。2020年新冠肺炎疫情给脱贫攻坚带来新的挑战，如外出务工受阻、扶贫产品销售和产业扶贫困难、扶贫项目停工、帮扶工作受到影响等，但脱贫攻坚不能等，全面小康目标不能松。2020年3月6日，习近平总书记在决战决胜脱贫攻坚座谈会上强调："以更大决心、更强力度推进脱贫攻坚，坚决克服新冠肺炎疫情影响，坚决夺取脱贫攻坚战全面胜利。"

4. 中华民族全面实现小康的关键

改革开放以来，我国的扶贫开发事业大踏步发展，随着社会的发展，我国的扶贫开发的标准在逐渐提高，更加注重发展型的民生改善。在"十三五"时期，扶贫工作不仅要改善贫困人口生产生活条件，更是注重提升群众接受的教育、医疗、文化等方面的公共服务水平，提升了这些水平就能使他们跟上全面小康的步伐。脱贫攻坚战极大地改变了贫困地区人民群众的生产生活状态和精神面貌，对促进社会进步、民族团结和谐、国家长治久安发挥了重要作用。脱贫攻坚战不仅能让全体人民安居乐业，更能促进社会的和谐稳定，国家也才能长治久安。

但贫困问题依然是我们全面建成小康社会面对的突出短板。小康不小康，关键看老乡，关键在贫困的老乡能不能脱贫。打赢脱贫攻坚战事关人民福祉。关心关爱贫困群众，让全体人民安康富裕、生活幸福，是我们党义不容辞的责任。几千万的贫困人口脱贫，是当前我国最大的民生问题，脱贫攻坚战是最大的民心工程。打赢脱贫攻坚战事关党的执政基础和国家长治久安。解决我国全部贫困人口脱贫，将充分体现社会主义制度的优越性，坚定人民群众走中国特色社会主义道路的信心，党的群众基础和执政基础就能更加巩固。

5. 为世界消除贫困贡献中国智慧

新中国成立70年以来，中国共产党带领全国各族人民持续向贫困宣战，取得了显著成就。打赢脱贫攻坚战是对整个人类都具有重大意义的伟业。新时代脱贫攻坚展现了我国贫困治理体系的巨大价值：以实施综合性扶贫策略回应发展中国家扶贫问题的复杂性和艰巨性；发挥政府在减贫中的主导作用以回应全球依靠经济增长带动减贫弱化的普遍趋势；我国在实践中逐步形成并经过大规模实践检验的自上而下、分级负责、逐级分解与自下而上、村民民主评议相结合的精准识别机制，为有效解决贫困瞄准这一世界难题提供了科学方法。脱贫攻坚不仅成为中国特色社会主义道路自信、理论自信、制度自信、文化自信的生动写照，而且成为全球反贫困事业的亮丽风景。

中国的脱贫工作取得了卓越成效，脱贫攻坚成果具有世界意义。如期打赢脱贫攻坚战深刻影响着全球减贫进程。2020年，疫情在全球呈现蔓延趋势，给全球贫困治理带来巨大挑战。作为负责任的大国，中国一直是坚持减贫和共享发展、构建人类命运共同体的主要推动者和倡导者。中国如期完成脱贫攻坚目标，不仅能够为全球统筹防疫与减贫工作贡献中国智慧和中国方案，还能为其他国家注入强大的信心，为增进各国民生福祉作出新贡献，提供新示范。

2019年1月28日，俄罗斯《独立报》报道，改革开放以来，中国贫困发生率减少了近95个百分点，打击贫困的速度令人印象深刻。

西班牙前驻华大使曼努埃尔·瓦伦西亚在接受法国《欧洲时报》采访时表示，能感受到中国正在逐渐成熟，经济发展迅速。在瓦伦西亚看来，中国能做到让数亿人脱贫，是其他任何一个国家都无法做到的。

阿根廷《号角报》一篇题为《消除贫困，振兴乡村，中国进行时》的评论文章指出，通过大力推动乡村地区的交通设施和通信网络建设，不断促进城乡融合发展，在消除贫困和乡村振兴的道路上，中国取得了具有世界意义的成果。文章指出，改革开放以来，中国的脱贫工作取得了卓越成效，其效果是世界性的。在过去40多年，中国共减少贫困人口8.5亿多人，对全球减贫贡献率超过70%。

2019年5月19日，南非独立在线网站题为《非洲可以向中国学习如何打击贫困》的文章称，中国正致力于在2020年消除贫困。为了实现这一目标，这个全球人口最多的国家制定了改善就业、教育、卫生、住房状况在内的各种方案。

(二)中国扶贫开发的历史性成就

改革开放以来,中国经济飞速发展,综合国力日益提升,党对扶贫工作愈发重视,减贫成果显著。中国扶贫工作在立足国情的基础上,紧跟时代发展要求,创造性地开展扶贫工作并取得了巨大成就,积累了宝贵经验,走出一条具有中国特色的扶贫道路,为随后中国进一步发展打下坚实基础,同时也为世界扶贫提供了中国方案。习近平总书记在2013年提出精准扶贫,进一步推动了扶贫工作的进程,夯实了全面建成小康社会的基础。回顾改革开放以来扶贫开发阶段演变历程,中国扶贫经历了救济式扶贫开发、大规模扶贫开发、八七扶贫开发、以贫困村为重点对象的扶贫开发、精准扶贫开发五个阶段,实现了由"粗放式"扶贫到精准扶贫的转变,现阶段正处于精准扶贫开发阶段(人民网,2019-10-16)。

1. 救济式扶贫开发阶段(1978—1985年)

改革开放初期,我国有2.5亿的农村贫困人口,贫困发生率达到30.7%,1978年党的十一届三中全会审议通过的《中共中央关于加快农业发展若干问题的决定》第一次明确提出了我国存在大规模的贫困现象,由此,我国的扶贫工作正式上升到了国家层面。在救济式扶贫开发阶段,国家主要采取区域扶贫,即以区域发展为主,贫困人口可以依靠贫困区域发展主动寻找脱贫契机。区域扶贫开发模式聚焦于贫困人口较多的贫困地区,将地区发展放在第一位,贫困人口在发展过程中处于被动地位。在救济式扶贫开发阶段,我国社会发生巨大变化,政府体制机制的改革与创新激发了农民热情,生产积极性不断提高,生产力得到释放,在这种背景下,部分农户从传统的农业生产转向了第二、三产业,摆脱了贫困状态。至1985年,农民人均纯收入提升了197.6%,由133.6元上升到397.6元。

这一阶段扶贫主要以国家实物救助为主,采用区域整体救助方式,这种方式虽然在一定程度上改善了当时贫困群众的生活状况,稳定了社会秩序,但未对不同地区的贫困原因进行区分,在贫困区域范围较大且扶贫资源分散的情况下,这种单一的"输血式"实物救济不能达到治本的效果,扶贫效率不断降低,因此,实物救济扶贫模式急需转变。

2. 大规模扶贫开发阶段(1986—1993年)

20世纪80年代中期,国家意识到粗放的区域扶贫开发模式效率逐渐降低,农村经济体制改革带来的扶贫红利减弱,"老少边穷"地区发展缓慢,整体贫困现象未得到真正改善。因此,为了解决重点贫困区域经济发展问题,1986年4月国家颁布《中华人民共和国国民经济和社会发展第七个五年计划》,将贫困地区经济发展问题单独列示,从此,国家将扶贫工作定位为一项长期工作。为了提高工作效率,保证工作质量,规范扶贫流程,各机关单位需要国家统一指挥,在这种背景下,国务院成立贫困地区经济开发领导小组,扶贫工作逐步走向规范化。

在大规模扶贫开发阶段,国家为了进一步帮助贫困地区发展,制定了国家贫困县标准,同时纳入了331个贫困县。这意味着我国扶贫开发模式实现了由区域到县域的转变。

在大规模扶贫开发阶段,国家为了帮助"老少边穷"地区加速发展,制定了很多优惠政策,例如支持"老少边穷"地区贷款等7项扶贫专项资金,同时大力发展贫困地区基础设施建设,带动贫困地区发展,增加就业机会,实施对口帮扶政策等。从1986—1992年,全贫困人口数量降至8000万,减少约4500万,贫困发生率由15.5%降至8.8%。

大规模扶贫开发模式有利于县域的发展,提升了县域的整体经济实力,建设了县域电力、公路等基础设施,突破了以往单一采用实物救济的方式,开始注重"造血"式扶贫,大规模扶贫开发模式增加了当地就业机会,注重激发贫困群众内生动力,脱贫成效稳定。大规模扶贫开发阶段的目标是解决贫困群众温饱问题,但这种模式没有考虑贫困人口的特征,在制定政策的过程中也未将贫困人口的不同需求与县域整体发展联系起来,加之剩余贫困人口实际情况更为复杂,这一阶段减贫成果低于救济式扶贫开发阶段。

3. 八七扶贫开发阶段(1994—2000年)

1994年,国家颁布《国家八七扶贫攻坚计划(1994—2000年)》,将国家贫困县调增至592个,并提出争取通过7年时间解决8000万人温饱问题。在八七扶贫开发阶段,国家加大对贫困县的投入,1994—2000年间,政府投入资金不断增加,由1994年的97.85亿元上升至2000年的248.15亿元,累计金额为1127亿元,相较于大规模扶贫开发阶段增长约3倍。国家贫困县得到扶贫资源重点倾斜,极大提升了自身发展,扶贫成效显著,至2000年底,贫困县农民人均纯收入大幅提升,较1993年增长173.1%,由1993年的483.7元增加到1321元,农村绝对贫困人口下降到3209万人,贫困发生率降低到3.4%。

八七扶贫开发阶段继承和发展了大规模扶贫开发阶段目标,即在解决贫困群众温饱问题的基础上进一步稳定和促进贫困地区经济发展。在这一阶段,科学技术被广泛运用,农田产量进一步增加,巩固了大规模扶贫开发阶段的目标;贫困人口得到技能培训,增加了就业竞争力,缓解了贫困群众主要依靠第一产业脱贫的现象。同时,资源分配方式进一步优化,逐步从资金的平均分配转变为知识、技能、资金等多种资源的分配。但这种资源分配存在一定的不合理性,以县域为基础进行资源分配造成国家贫困县的非贫困人口也享受到扶贫资源带来的收益,但非国家贫困县的贫困人口却没有享受同等收益。针对这一问题,国家进行了政策调整,实现了扶贫范围由县域到村域的转变,进一步提高了扶贫效率。

4. 以贫困村为重点对象的扶贫开发阶段(2001—2012年)

自21世纪开始,我国大规模绝对贫困现象基本消除,总体上实现了八七扶贫开发阶段在7年内解决8000万贫困人口温饱问题的目标,至此,我国结束了绝对贫困阶段,重心转向消除相对贫困。为适应新阶段我国贫困状况,国家颁布了《中国农村扶贫开发纲要(2001—2010年)》,将扶贫重心从县域转移到贫困村,强调近距离接触贫困群众。在以贫困村为重点对象的扶贫开发阶段,我国将重心聚焦于14.8万个贫困村,囊括了绝大多数贫困人口,以贫困村发展为基础带动贫困群众发展。在这一阶段,贫困户得到资源直接倾斜，获得大量生产与生活资料，多数贫困户的收入水平急速提升，生活条件明显改善。到2010年，在1196元的贫困标准线下，我国贫困人口降至2688万，贫困发生率已低于10%。

以贫困村为重点对象的扶贫开发阶段的目标是巩固温饱成果，为达到小康水平创造条件。这一阶段，国家发现产业发展能够带来巨大的减贫效果，因此鼓励贫困地区发展龙头企业。产业扶贫模式的出现极大地带动了贫困地区经济发展，改善了贫困地区产业结构，增加了贫困人口流动性和市场参与机会，帮助了部分贫困群众实现脱贫。此外，以贫困村为扶贫重点对象对缩小社会贫富差距，加速城镇化进程起到了重要推动作用。但这一模式仍存在不足，未能从根本上解决贫困人口的特性问题，在一定程度上仍然没有达到治本的效果。

5. 精准扶贫开发阶段（2013年至今）

2013年习近平总书记提出精准扶贫理念，由此我国扶贫开发进入精准扶贫阶段。这一阶段的目标是"到2020年确保我国现行标准下农村贫困人口全部脱贫，贫困县全部摘帽，解决区域性整体贫困"。精准扶贫更加注重与贫困群众的直接联系，精准到人成为精准扶贫的核心主旨，因此习近平提出了"六个精准""五个一批"等措施，更加深入、彻底地解决贫困问题，从而实现长期稳定的脱贫。精准扶贫契合了我国当前发展要求，体现了节约资源、提高效率的精神，同时强调动员社会力量参与扶贫，注重扶贫的全员参与性。精准扶贫理论是中国特色社会主义理论体系中反贫困理论的最新发展。

在精准扶贫开发阶段，扶贫工作取得巨大成就，贫困人口人均纯收入大幅提升，生活质量明显改善。如今，我国脱贫攻坚战取得了全面胜利，现行标准下9899万农村贫困人口全部脱贫，832个贫困县全部摘帽，12.8万个贫困村全部出列，区域性整体贫困得到解决，完成了消除绝对贫困的艰巨任务。

精准扶贫开发阶段的目标与我国2020年全面建成小康社会的目标紧密契合，符合我国发展实情。这一阶段，贫困人口的特性问题得到充分解决，政府通过政策兜底与精准帮扶解决贫困问题，从共性和个性两个维度稳定脱贫成效，从而达到治本的效果。同时，精准扶贫模式充分吸收先进的时代理念，以"创新、协调、绿色、开放、共享"五大发展理念推动中国扶贫工作进一步发展，为世界扶贫事业提供了中国方案。

（三）脱贫攻坚的"五个一批"工程

2015年10月16日，国家主席习近平在减贫与发展高层论坛上首次提出"五个一批"（通过发展生产脱贫一批，易地搬迁脱贫一批，生态补偿脱贫一批，发展教育脱贫一批，社会保障兜底一批）的脱贫措施。随后，"五个一批"的脱贫措施被写入《中共中央 国务院关于打赢脱贫攻坚战的决定》。2018年6月15日，中共中央、国务院《关于打赢脱贫攻坚战三年行动的指导意见》任务目标中，再次明确"五个一批"。

1. 产业脱贫，发展生产脱贫一批

2018年10月23日，习近平总书记在广东考察时指出："产业扶贫是最直接、最有效的办法，也是增强贫困地区造血功能、帮助群众就地就业的长远之计。要加强产业扶贫项目规划，引导和推动更多产业项目落户贫困地区。"

发展生产脱贫一批，引导和支持所有有劳动能力的人依靠自己的双手开创美好明天，立足当地资源，实现就地脱贫。发展特色产业脱贫。制定贫困地区特色产业发展规划。出台专项政策，统筹使用涉农资金，重点支持贫困村、贫困户因地制宜发展种养业和传统手工业等。实施贫困村"一村一品"产业推进行动，扶持建设一批贫困人口参与度高的特色农业基地。

加强贫困地区农民合作社和龙头企业培育，发挥其对贫困人口的组织和带动作用，强化其与贫困户的利益联结机制。支持贫困地区发展农产品加工业，加快一二三产业融合发展，让贫困户更多分享农业全产业链和价值链增值收益。加大对贫困地区农产品品牌推介营销支持力度。依托贫困地区特有的自然人文资源，深入实施乡村旅游扶贫工程。科学合理有序开发贫困地区水电、煤炭、油气等资源，调整完善资源开发收益分配政策。

2. 生态移民，易地搬迁脱贫一批

生态移民是指在生态环境严重恶劣，甚至失去生存条件的地区以及重点生态保护和治理区实行移民搬迁，以达到保护和治理当地的生态环境，并改善和提高移民的生活水平的目的。生态移民是继工程性移民、开发性移民之后，一种新的移民方式。生态移民的方式有两种：一种是主动式的，是我们为治理和保护生态环境而有组织的大规模移民；另一种是被动式，也称为"生态难民"，是指干旱、泥石流、滑坡、地震等灾变性环境事件导致的被迫背井离乡。

贫困人口很难实现就地脱贫的要实施易地搬迁，按规划、分年度、有计划组织实施，确保搬得出、稳得住、能致富。对居住在生存条件恶劣、生态环境脆弱、自然灾害频发等地区的农村贫困人口，加快实施易地扶贫搬迁工程。坚持群众自愿、积极稳妥的原则，因地制宜选择搬迁安置方式，合理确定住房建设标准，完善搬迁后续扶持政策，确保搬迁对象有业可就、稳定脱贫。

3. 项目脱贫，生态补偿脱贫一批

加大贫困地区生态保护修复力度，增加重点生态功能区转移支付，扩大政策实施范围，让有劳动能力的贫困人口就地转成护林员等生态保护人员。合理调整贫困地区基本农田保有指标，加大贫困地区新一轮退耕还林还草力度。开展贫困地区生态综合补偿试点，健全公益林补偿标准动态调整机制，完善草原生态保护补助奖励政策，推动地区间建立横向生态补偿制度。

结合生态保护项目脱贫。国家实施的退耕还林还草、天然林资源保护、防护林建设、石漠化治理、防沙治沙、湿地保护与恢复、坡耕地综合整治、退牧还草、水生态治理等重大生态工程，在项目和资金安排上进一步向贫困地区倾斜，提高贫困人口参与度和受益水平。

4. 教育脱贫，发展教育脱贫一批

发展教育脱贫一批，治贫先治愚，扶贫先扶智，国家教育经费要继续向贫困地区倾斜、向基础教育倾斜、向职业教育倾斜，帮助贫困地区改善办学条件，对农村贫困家庭幼儿特别是留守儿童给予特殊关爱。加快实施教育扶贫工程，让贫困家庭子女都能接受公平有质量的教育，阻断贫困代际传递。国家教育经费向贫困地区、基础教育倾斜。健全学前教育资助制度，帮助农村贫困家庭幼儿接受学前教育。

决战决胜脱贫攻坚，推进贫困地区全面脱贫与乡村振兴有效衔接，基础在教育，关键在人才。要加快发展贫困地区义务教育，提升人力资本质量，为打赢脱贫攻坚战提供人才保障。农村义务教育是义务教育的重点和难点，而贫困地区义务教育则是重之重、难中之难。教育投资是促进人力资本发展的核心。打赢农村脱贫攻坚战，要构建农村贫困地区教育经费投入保障机制。

5. 社保脱贫，社会保障兜底一批

社会保障兜底一批，对贫困人口中完全或部分丧失劳动能力的人，由社会保障来兜底，统筹协调农村扶贫标准和农村低保标准，加大其他形式的社会救助力度。要加强医疗保险和医疗救助，新型农村合作医疗和大病保险政策要对贫困人口倾斜。要高度重视革命老区脱贫攻坚工作。

完善农村最低生活保障制度，对无法依靠产业扶持和就业帮助脱贫的家庭实行政策性保障兜底。加大农村低保省级统筹力度，低保标准较低的地区要逐步达到国家扶贫标准。尽快制定农村最低生活保障制度与扶贫开发政策有效衔接的实施方案。进一步加强农村低保申请家庭经济状况核查工作，将所有符合条件的贫困家庭纳入低保范围，做到应保尽保。加大临时救助制度在贫困地区落实力度。提高农村特困人员供养水平，改善供养条件。

（四）党和国家高度重视退耕还林还草的脱贫攻坚作用

党中央和国务院对退耕还林还草的生态扶贫作用高度重视，习近平总书记、李克强总理多次强调，贫困地区要加大退耕还林还草力度，中共中央、国务院印发的四个脱贫攻坚专项文件也对此做出了周密部署。2015年以来，习近平总书记分别在延安、贵阳、银川、太原、成都、重庆、北京召开了7个脱贫攻坚专题会议，其中两次强调要退耕还林还草。

2017年6月23日，习近平总书记在太原主持召开深度贫困地区脱贫攻坚座谈会上强调："山西联动实施退耕还林、荒山绿化、森林管护、经济林提质增效、特色林产业五大项目，通过组建造林合作社等，帮助深度贫困县贫困人口脱贫。"

2020年3月6日，习近平总书记在北京召开的决战决胜脱贫攻坚座谈会上指出："通过生态扶贫、易地扶贫搬迁、退耕还林还草等，贫困地区生态环境明显改善，贫困户就业增收渠道明显增多，基本公共服务日益完善。"

2013年8月19日，李克强总理在兰州主持召开的促进西部发展和扶贫工作座谈会上强调："在推进开发式扶贫、增强造血功能的基础上，把生态文明建设作为重要抓手，切实保护好环境，探索生态移民、退耕还林、发展特色优势产业相结合的新路子。"

中共中央、国务院将退耕还林还草作为扶贫发展的重要措施之一，写入重要文件。目前，中共中央、国务院印发的脱贫攻坚专项文件有四个（2个扶贫开发纲要，《关于打赢脱贫攻坚战的决定》《关于打赢脱贫攻坚战三年行动的指导意见》），这四个专项文件都强调贫困地区要加大退耕还林还草。

2001年6月13日，国务院印发的《中国农村扶贫开发纲要（2001—2010年）》提出："西部大开发安排的水利、退耕还林、资源开发项目，在同等条件下要优先在贫困地区布局。"

2011年12月1日，中共中央、国务院印发的《中国农村扶贫开发纲要（2011—2020年）》提出："在贫困地区继续实施退耕还林、退牧还草、水土保持、天然林保护、防护林体系建设和石漠化、荒漠化治理等重点生态修复工程。"

2015年11月29日，中共中央、国务院印发了《关于打赢脱贫攻坚战的决定》，文件提出："结合生态保护脱贫。国家实施的退耕还林还草、天然林保护、防护林建设、石漠化治理、防沙治沙、湿地保护与恢复、坡耕地综合整治、退牧还草、水生态治理等重大生态工程，在项目和资金安排上进一步向贫困地区倾斜，提高贫困人口参与度和受益水平……合理调整贫困地区基本农田保有指标，加大贫困地区新一轮退耕还林还草力度。"

2018年6月15日，中共中央、国务院印发了《关于打赢脱贫攻坚战三年行动的指导意见》，文件提出："推进西藏、四省藏区、新疆南疆退耕还林还草、退牧还草工程"，"加大贫困地区新一轮退耕还林还草支持力度，将新增退耕还林还草任务向贫困地区倾斜，在确保省级耕地保有量和基本农田保护任务前提下，将25度以上坡耕地、重要水源地15～25度坡耕地、陡坡梯田、严重石漠化耕地、严重污染耕地、移民搬迁撂荒耕地纳入新一轮退耕还林还草工程范围，对符合退耕政策的贫困村、贫困户实现全覆盖。"

2020年中央一号文件《关于抓好"三农"领域重点工作确保如期实现全面小康的意见》中，要求"扩大贫困地区退耕还林还草规模"。

（五）退耕还林还草助力脱贫攻坚的主要做法

从全国来看，退耕还林还草的主战场就在生态脆弱、贫困发生率高、贫困程度深的集中连片特困地区。20年来，全国有812个贫困县实施了退耕还林还草，占全国贫困县总数的97.6%（李世东，2020）。特别是新一轮退耕还林还草与精准扶贫紧密结合，近四分之三的任务安排在贫困地区，很多地方通过退耕还林还草，治山治水，修复生态，发展产业，改善环境，秀了山、美了水、富了百姓。实践证明，退耕还林还草既是一项生态工程，也是一项重要的扶贫工程和惠民工程。

1. 前一轮退耕还林还草向贫困地区倾斜

根据党中央、国务院的安排，退耕还林还草从试点开始就明确要求向贫困地区倾斜，而且多次对特殊贫困地区给予明确戴帽支持，如陕西延安、青海三江源、江西井冈山和赣南、湖北恩施、湖南湘西、贵州毕节和黔西南、宁夏六盘山区、云南怒江和昭通、四川三州、新疆和田等许多深度贫困地区都从中受益。

2000年3月9日，国家林业局、国家计委、财政部发布的《关于开展2000年长江上游、黄河上中游地区退耕还林(草)试点示范工作的通知》中指出："实施退耕还林(草)有利于带动西部地区农业产业结构调整，发展效益农业，增加农民收入，加快贫困地区农民脱贫致富，有效扩大西部农村需求，拉动经济增长。"

2000年9月10日，国务院《关于进一步做好退耕还林还草试点工作的若干意见》明确要求："各地退耕还林还草目标的确定，应与改善生态环境、调整农业结构和农民脱贫致富相结合，做好统筹规划和相互衔接，处理好退耕还林还草和农民生计的关系问题。""实施退耕还林还草的地区，要把退耕还林还草与扶贫开发、农业综合开发、水土保持等政策措施结合起来，对不同渠道的资金，可以统筹安排，综合使用。"

2002年12月14日颁布的《退耕还林条例》，从法律的高度，要求退耕还林还草要向贫困地区倾斜，明确要求："退耕还林应当与扶贫开发、农业综合开发和水土保持等政策措施相结合，对不同性质的项目资金应当在专款专用的前提下统筹安排，提高资金使用效益。"

2002年4月11日，国务院印发了《关于进一步完善退耕还林政策措施的若干意见》，文件指出："实践证明，党中央关于退耕还林的决策和'退耕还林、封山绿化、以粮代赈、个体承包'政策措施是完全正确的，深得广大干部和群众的拥护，是加强西部地区生态环境建设和保护的重要举措，也是贫困山区农民脱贫致富的有效途径。"

根据国家政策的要求，经过国家有关部门的共同努力，退耕还林还草与贫困地区发展相结合工作取得了明显成效。据统计，1999—2013年，国家累计安排退耕地还林还草任务1.39亿亩，其中国家级扶贫开发重点县安排任务7684.26万亩，占总任务量的55.3%。

2. 退耕还林还草成果巩固专项提高贫困地区补助标准

确定退耕还林还草成果巩固政策的两个国务院文件，不仅要求退耕还林还草要向贫困地区倾斜，而且提出了更进一步的目标：提高贫困地区退耕还林还草成果巩固的补助标准。

2005年4月17日，国务院办公厅《关于切实搞好"五个结合"进一步巩固退耕还林成果的通知》指出："对西部一些经济发展明显落后，少数民族人口较多，生态位置重要的贫困地区，国家要给予重点支持，实行集中连片扶贫开发。对西部地区生存条件最恶劣和生态条件最薄弱地区，国家继续优先安排生态移民投资。各地要积极解决好搬迁群众的生产生活问题，努力实现移民脱贫和生态保护的目标。"

2007年8月9日，国务院《关于完善退耕还林政策的通知》明确要求："继续推进生态移民。对居住地基本不具备生存条件的特困人口，实行易地搬迁。对西部一些经济发展明显落后，少数民族人口较多，生态位置重要的贫困地区，巩固退耕还林成果专项资金要给予重点支持"。文件确定：退耕还林补助期满后，中央财政安排资金，继续对退耕农户给予适当的现金补助，解决退耕农户当前生活困难。补助标准为：长江流域及南方地区每亩退耕地每年补助现金105元；黄河流域及北方地区每亩退耕地每年补助现金70元。原每亩退耕地每年20元生活补助费，继续直接补助给退耕农户，并与管护任务挂钩。补助期为：还生态林补助8年，还经济林补助5年，还草补助2年。

2008年国家实施了退耕还林还草成果巩固项目，中央财政将补助期资金的一半，主要用于退耕农户的基本口粮田、农村能源、生态移民、补植补造、特色产业基地建设等"五结合"项目。财政部在具体安排成果巩固资金时，长江流域及南方地区按应得资金的80%安排，黄河流域及北方地区按应得资金的100%安排，部分贫困地区按应得资金的120%安排。

在实施巩固退耕还林还草成果专项中，不仅中央财政重点缓解贫困地区退耕农户生计困难，而且针对特殊困难地区又予以重点倾斜。部分省份，如四川、湖南、贵州等省，也自筹资金，分别对三州*、湘西、毕节等贫困地区，提高了补助标准。

3. 新一轮退耕还林还草密切结合精准扶贫

2014年，经报请国务院同意，国家有关部门联合发出《关于印发新一轮退耕还林还草总体方案的通知》，决定启动新一轮退耕还林还草。2015年11月29日，中共中央、国务院印发了《关于打赢脱贫攻坚战的决定》。从2016年起，新一轮退耕还林还草任务开始向贫困地区倾斜。

2016年，国家五部委(国家发展改革委、财政部、国家林业局、农业部、国土资源部)下发的《关于下达2016年退耕还林还草年度任务的通知》中，明确要求："优先安排基础工作扎实、前期任务完成好的地方，争取集中连片，并向贫困地区、革命老区倾斜。"

2017年，国家五部委下发的《关于下达2017年度退耕还林还草任务的通知》中，明确要求："退耕还林还草任务优先安排给基础工作扎实、以前年度任务完成好的地方，并向贫困地区、革命老区、边境地区倾斜。"

2018年，国家五部委下发的《关于下达2018年退耕还林还草年度任务的通知》中，再次明确要求："优先安排基础工作扎实、前期任务完成好的地方，争取集中连片，并向深度贫困地区、革命老区倾斜。"

---

* "三州"指四川凉山彝族自治州、云南怒江傈僳族自治州、甘肃临夏回族自治州。

2019 年，国家五部委下发的《关于下达 2019 年退耕还林还草年度任务的通知》中，明确规定："建设任务分解时，要向贫困地区特别是深度贫困地区、革命老区倾斜，对符合政策的贫困村、贫困户全覆盖，加大边境地区退耕还林还草建设力度。"

2019 年，国家五部委下发的《关于下达 2019 年第二批退耕还林还草年度任务的通知》中，明确要求："建设任务分解时，不得向非贫困地区安排，要向深度贫困地区倾斜，对符合退耕还林还草政策贫困村、贫困户全覆盖，加大贫困地区退耕还林还草建设力度。"

新一轮退耕还林还草任务从向贫困地区倾斜，到只向贫困地区安排任务，反映了国家退耕还林还草与贫困地区结合的日益紧密。据统计，新一轮退耕还林还草累计安排国家级贫困县建设任务 4870.7 万亩，占总任务量的 72.87%，有力地促进了贫困地区摆脱贫困。特别是 2015 年 11 月 29 日，中共中央、国务院印发《关于打赢脱贫攻坚战的决定》后，全国共安排集中连片特殊困难地区有关县和国家扶贫开发工作重点县退耕还林还草任务 3923 万亩，占同期总任务的 75.6%。

（六）退耕还林还草，脱贫攻坚"五个一批"的好帮手

作为一项惠民工程，在深度贫困地区深入实施退耕还林还草，能让更多的贫困人口通过参与退耕还林还草获得经济收入。退耕还林还草工程区主要分布在我国的山区和沙区，分布在革命老区、民族地区、边疆地区，生存条件恶劣，贫困人口相对集中，经济社会发展水平长期落后于全国平均水平，是扶贫攻坚、全面建成小康社会的重点和难点。可以说，退耕还林还草工程助推脱贫的作用十分显著。

1. 退耕还林还草特色产业，助力产业脱贫

退耕还林还草是打赢脱贫攻坚战、实施精准扶贫的直接抓手。各地在退耕还林还草工程中，按照有关政策要求，大力发展林业特色产业，取得了良好成效。20 年来，全国累计实施退耕还林还草 5.22 亿亩，其中特色经济林 1 亿多亩，成为退耕户脱贫致富奔小康的绿色银行。四川依托退耕还林还草，建成工业原料林和特色经济林 2380 万亩，云南建成特色产业基地 2303.1 万亩。

特别是 2014 年国家启动了新一轮退耕还林还草工程，不再限定还经济林的比例后，极大地促进了退耕还经济林发展。据统计，2014—2017 年，新一轮退耕还林种植经济林面积分别为 309.52 万亩、518.49 万亩、818.85 万亩、761.61 万亩，累计 2408.47 万亩，占计划任务的 58.45%。贵州省新一轮退耕还经济林面积占计划任务的 70% 以上，其中刺梨、茶叶、板栗、油茶、核桃等特色经济林达 500 多万亩。

陕西延安依托退耕还林还草发展林果产业，同时治沟造地，提高耕地质量，不仅解决了"吃不饱"的困难，而且解决了"腰包瘪"的难题。安塞区退耕还林还草后，大力扶持退耕农户发展致富产业，40 万亩山地苹果覆盖了 156 个村，涉及 8.8 万余名果农。2019 年底，全区苹果产量达 20 万吨，产值突破 8 亿元，农民人均苹果收入达 5442 元。

重庆黔江退耕还林蚕桑基地

据国家林业和草原局对100个退耕还林还草监测样本县的监测，新一轮退耕还林还草对建档立卡贫困户的覆盖率达18.7%。一些贫困地区覆盖面更高，如重庆市城口县、甘肃省环县和会宁县新一轮退耕还林还草对建档立卡贫困户覆盖率分别达到48%、49%和39%。据不完全统计，2016—2018年，全国共安排集中连片特殊困难地区有关县和国家扶贫开发工作重点县退耕还林还草任务2946.6万亩，占3年退耕还林还草总任务的近四分之三。

2. 退耕还林还草生态移民，推行易地搬迁脱贫

根据国家有关政策，退耕还林还草在3年(1999—2001年)试点阶段，就大力推广生态移民。2001年6月13日，国务院印发的《中国农村扶贫开发纲要(2001—2010年)》明确要求："对目前极少数居住在生存条件恶劣、自然资源贫乏地区的特困人口，要结合退耕还林还草实行搬迁扶贫。"

特别是2008年国家实施了退耕还林还草成果巩固项目，中央财政安排专项资金主要用于退耕农户的基本口粮田、农村能源、生态移民、补植补造、特色产业基地建设等。根据巩固退耕还林还草成果专项规划(2008—2015年)，中央财政安排用于实施生态移民人数118万人，安排专项资金56亿元。2008—2015年间，退耕还林还草成果巩固项目实际完成生态移民121万人。国家发改委2016年9月22日发布的《全国"十三五"易地扶贫搬迁规划》，计划"十三五"期间，通过新一轮退耕还林还草，完成退耕户迁出区生态修复1543万亩任务。

退耕还林还草与移民相结合，既有利于巩固退耕还林还草成果，又扩大了扶贫成果。山西为解决贫困山区"一方水土养不好一方人"的难题，在退耕还林还草工程中推广整村搬迁。忻州市岢岚县赵家洼村全村1308亩耕地中，25度以上的陡坡地就有904亩，是吕梁山集中连片特困地区的深度贫困村。2017年退耕还林还草让村民整村搬到了广惠新村，住

宁夏红寺堡退耕还林还草生态移民的绿色新生

进了宽敞明亮的楼房。村民刘福有的新家两室一厅，有75平方米，客厅里挂着习近平总书记与他们老两口亲切交谈的照片。现在，他成了一名环卫工人，月薪过千元，再加上退耕还林还草补助、农资补贴，日子过得红红火火。

3. 退耕还林还草生态补助，助推项目脱贫

退耕还林还草项目补助，直接增加了退耕户收入，有力助推了农民脱贫致富。20年来，全国累计实施退耕还林还草5.22亿亩，中央累计投入5353亿元，相当于三峡工程动态总投资的两倍多。退耕还林还草工程范围涉及北京、天津、河北、山西、内蒙古、辽宁、吉林、黑龙江、安徽、江西、河南、湖北、湖南、广西、海南、重庆、四川、贵州、云南、西藏、陕西、甘肃、青海、宁夏、新疆等25个省（自治区、直辖市）和新疆生产建设兵团的2435个县（包括县级单位），4100万农户参与，1.58亿农民直接受益，人均增收9000元，经济收入明显增加。据国家统计局的监测结果，2007—2016年，退耕农户人均可支配收入年均增长14.7%，比全国农村居民人均可支配收入增长水平高1.8个百分点。退耕还林还草成为我国涉及面最广、农民受益最大的生态建设工程。

陕西省20年来，共发放退耕还林还草补助资金370亿元，惠及300万农户、1000余万农民。延安市退耕还林还草不仅改善了老区群众生产生活环境，也让延安80%以上的农民受益，全市退耕户户均补助3.9万元，人均9038元，成为国家在延安投资最大、实施期限最长、覆盖面最广、群众得实惠最多的项目。

贵州省坚持在退耕还林还草任务安排上向贫困地区倾斜，新一轮退耕还林还草安排给贫困县的面积达85%，全省参与新一轮退耕还林还草的贫困农民达47万户170多万人，通过退耕还林还草补助户均增收5640元，人均增收1560元，退耕还林还草在脱贫攻坚中发挥了重要作用。

云南省对少数民族贫困地区实行退耕还林还草全覆盖，贡山县独龙乡人均退耕还林还草1.75亩，2018年农民人均可支配收入达6122元，是退耕前的12倍，整乡整民族实现

脱贫，习近平总书记专门致信祝贺。

4. 退耕还林还草技能培训，有利于教育脱贫

分级技术培训制度，是退耕还林还草工程管理的重要环节之一，也是退耕还林还草实施的重要经验。根据工程管理的需要，有关工程省区都建立了完备的分级培训制度，省级退耕办每年至少培训一次地市级技术骨干，地市级退耕办每年至少培训一次县区级技术骨干，每个工程县区每年至少开展一次退耕农户技能培训，提高退耕农户的林业经营技能，确保了工程建设成效。

2008年实施的退耕还林还草成果巩固项目，将退耕户技能培训纳入专项规划。按照国务院要求，国家发展改革委会同有关部门，组织各地编制了巩固退耕还林还草成果"五结合"专项规划。根据规划，2008—2015年开展退耕农民培训1635万人次，安排专项资金20多亿元。根据各地实际情况汇总，2008—2015年间，通过退耕还林还草成果巩固项目，共培训退耕农民1208万人次，提高了退耕户的林业经营水平。

5. 退耕还林还草护林员，是社保脱贫的尝试

为加强退耕还林还草管护，防止人员践踏和牲畜啃食，确保退耕还林还草成效，自退耕还林还草试点以来，有关工程县自筹资金，配备退耕还林还草护林员，每位护林员的护林面积一般为200~500亩。

2016年，国家林业局启动生态护林员项目，选聘建档立卡贫困人口担任生态护林员。生态护林员的名称和角色是伴随着国家精准扶贫和脱贫攻坚的步骤诞生的，是党中央、国务院"五个一批"的重要步骤和举措。2016年以来，已累计安排中央资金140亿元，省级财政资金27亿元支持生态护林员选聘，已在贫困地区选聘100万建档立卡贫困人口担任生态护林员，助力脱贫攻坚。

借力国家生态护林员项目，在落实退耕农户管护责任的基础上，整合吸收原退耕还林还草护林员，逐步将退耕还林还草纳入生态护林员统一管护范围，继续搞好封山禁牧，加强对退耕还林还草成果的管护。

四、退耕还林还草与"三农"发展战略

随着党的十八大召开，中国迈入了一个新的历史发展阶段。党的十八大报告特别强调"解决好农业农村农民问题是全党工作重中之重"。要牢固树立"重中之重"的战略思想，对于做好新阶段"三农"工作，推进社会主义新农村建设和全面小康建设，促进经济社会协调发展，构建社会主义和谐社会，具有重大而又深远的意义。

(一)"三农"问题的历史发展

农业、农村、农民问题习惯上被称为中国的"三农"问题,也可以说是千百年来中国作为一个农业大国的基础性问题。随着工业化和城市化的发展,中国的"三农"问题依然存在和意义重大,但它的内涵已经发生根本性的改变(荣兆梓等,2005)。

1. 中国"三农"问题的历史演变

中国是世界人口最多的国家,解决粮食安全问题主要靠农业做支撑。回顾70年历史,作为国民经济基础的农业对于整个经济社会的支撑作用,是非常明显的。这70年间,中国农业的发展是一个曲折的探索过程。

总的来看,中国的"三农"问题由土地问题而起最终将以土地问题而落。中国共产党人的革命胜利在很大程度上是靠"打土豪、分田地"动员了亿万农民。在20世纪50年代初期的土改之后,农民也确实分到了均分的土地。但是出于摆脱千百年来小农经济贫困、落后、效率低的问题,我国实行了从初级社、高级社一直到人民公社越搞越升级的集体化运动。由于我国对农业规模化经营认识的不充分,并且对于实现共产主义理想的过于急切,这样的运动也事与愿违。

后来,国家调整了农村公有土地制度。但是依旧严格限制农民离开土地和规定农民的种植方向,并实行对农产品全面的统购统销。通过工农业产品剪刀差,靠低价收购农产品来为国民经济提供积累,从而导致了农民贫困和农村落后,这是早期"三农"问题最为突出的矛盾。中国经济改革应当说最初是从提高农产品收购价格和逐步松动农产品价格开始的,进而逐步松动种植计划和土地制度。同时期最大程度的改革就是农村家庭联产承包责任制,这就是把原来形式上集体所有和实际上生产队经营土地的使用权和收益权重新划给了每个农户。通俗来说,就是所谓"交了国家的,留了集体的,剩下全是自己的"。后来,国家又宣布这种土地承包"长久不变"。从经济本质上看,这种由政府决定给予、不得随意收回和不随人口变动而长久不变的土地使用权和收益权,已经在事实上变为一种"永佃权"。通过这样一种土地承包制度,解决了传统"三农"问题的一个核心问题,即土地的农户占有权和生产经营的自由支配权。

因此,在20世纪80年代土地家庭联产承包制全面推行之后,中国农村经济的主要矛盾开始发生转移,从土地问题转到税赋问题。那句对土地承包责任制通俗的理解语"交了国家的,留了集体的,剩下的全是自己的",看起来很美好,其实里面隐藏着一个巨大的漏洞。由于农业产出低,在农民不算自己劳力成本的情况下,给政府交税费后还有剩余,但随着市场经济发展,农村长短工价格暴涨,那么再说剩下全是自己的也就没有多大意义,农民还是没有钱。所以,农村税费制度改革终于被提上了日程。由于涉及国家财政的负担能力、税种税率的法律设定、中央与地方政府以及农村基层之间财权与事权的划分等问题,前后历经10多年和两代领导人的接力努力,最终在2006年以全国免征农业税和免去农民的其他一切税费为标志，画上了一个完整的句号。

可以看到，土地均分、零租金的长久承包权，以及农民全部税费的免除，这种无税赋的耕者有其田，已经是中国传统小农社会所能企望的最高理想。这种理想的实现，标志着中国传统农业社会农民问题的基本解决。所以说，现在我们谈论的"三农"问题，已经不是传统小农社会的问题，而是在城镇化大发展的背景下，传统农业向现代农业转型过程中所遇到的问题。

2. 旧"三农"问题逐步得到解决

中国传统社会的旧"三农"问题主要表现为农村土地制度、农产品价格和农民税费负担三个方面。计划经济时代，农民没有自主交易权，农产品的收购由国家统一定价征收。国家利用工农业产品剪刀差变相依靠农民发展工业，这种现象曾是谷贱伤农的突出标志。经过农村改革后，实现了农民的种养自由和农产品价格市场化，同时又以家庭承包的形式均分了土地。2006年免征农业税和其他一切税费，终结了中国农民几千年来缴纳皇粮国税的历史。至此，旧"三农"中的三个问题基本已得到了解决。

但是，计划经济时代形成了一种城乡分制的格局，要彻底解决还需要更长时间。改革开放以后，要改变这一格局，要弥合二元经济。现在总体要求是，要实现城乡一体化的、新型的高质量的发展。在未来几十年里，还会不断有农村人口流入城市，要让他们顺利地成为市民，得到一视同仁的基本公共服务。而在"三农"概念之下，农业、农村、农民怎么样共享改革开放的成果，融入整个中国现代化的进程，我们要处理发展中的矛盾，要与改革开放市场化、国际化以及高科技化、信息化等等这些发展潮流结合在一起，以供给侧改革为主线，找到一条适合中国国情的、高水平的解决方案。

3. 新"三农"问题浮出水面

近年来在旧"三农"问题淡化的同时，随着城市化发展，房价持续攀升，农业农村农民成为社会的焦点。在中国快速工业化和城镇化的过程中，"农村空心化""农业边缘化""农民老龄化"等现象日益突出，已经成为社会广泛关注的新"三农"问题。一个时期以来，我国不断出台强农惠农富农政策，但农村的人才、资金、劳动力等资源要素仍然持续向城镇流动。即使在那些条件相对优越的鱼米之乡，也会见到"空心村""老人屯"，甚至有的地方还能见到蒿草齐身的抛荒耕地、陈旧残破的水利设施以及被废弃的中小学校。

新"三农"问题的衍生有深刻的时代背景、内在动力和制度根源。破解新"三农"问题必须着力破除城乡二元结构，实现城乡之间人口和资源的自由流动及公共服务的均衡分配。如果说破除城乡二元体制改革的重点在城市，当前改革的重点和难点则在农村，尤其是破除农村经济和社会的封闭性。

新"三农"问题本质上是工业化和城镇化过程中工农失衡和城乡失衡问题。在世界各国现代化历程中，工业化和城镇化对农业、农村和农民的影响都是重大、深刻而普遍的。如何化解工农之间和城乡之间的矛盾，妥善处理工农关系和城乡关系，一直是一个实践难题。已有的理论对工农失衡和城乡失衡问题存在不同的逻辑解释，甚至提出了完全相反的判断和结论。

一种观点认为，工农失衡和城乡失衡是工业化和城镇化过程中的客观现象，是一国发展中的一个历史性和阶段性问题，工农关系和城乡关系会随着工业化和城镇化演进而逐渐走向协调和均衡，其中最有代表性的是刘易斯（1989）二元经济模型。费景汉、古斯塔夫·拉尼斯（1989）提出了二元经济三阶段论，强调了农村劳动力转移及二元经济的改造受到人口增长速度、技术进步以及制度等诸多因素的影响，其过程复杂而漫长。

与此不同的是，弗朗索瓦·佩鲁（1955）提出"发展极"理论，认为城镇化是工业化的产物和表现，城镇的兴起及迅速扩张不仅是人口、资源和技术聚集的结果，也有利于技术的创新和扩散，产生规模经济效益，形成"凝聚经济效果"，成为推动经济社会发展的"发展极"。由于农业既面临自然风险，又面临市场风险，土地等资源流动性差，农业的比较效益低，在工农业竞争中处于劣势地位。因此，工农失衡和城乡失衡具有必然性、长期性和合理性。

4. "三农"问题破解有望

困扰中华民族几千年的"三农"问题，有望在中国共产党的领导下，在社会主义新时代得到有效破解。中国农业、农村和农民在经历了体制改革、技术改造及经济地位等的发展与变化后，中国的经济发展在亚洲乃至世界的进步是可观的。相信中国在党和政府的带领下，"三农"这个严峻的问题能得到有效的解决。这也让中国人乃至世界看到了中国只要有决心就会有能力、有智慧解决自己的吃饭问题，并能够为世界和平与发展做出杰出贡献。

按照党的十九大提出的奋斗目标，到 2035 年要基本建成现代化。基本建成现代化，不能把农村撤出去，一定是中国的城乡一起基本建成现代化。到本世纪中叶，新中国成立一百周年，我们要建成现代化强国。

未来的 30 年，中国"三农"事业的发展，要坚定不移地和工业化、城镇化、市场化、国际化以及民主化、法制化接轨，以顺应世界潮流。在全球化中，中国的农村要加入进去，农村改革以及现在还在推进的配套改革，村级的自治、民主机制、财政预算管理的公众参与机制，都要发展，不发展是不可能的。社会管理要现代化，在农村区域也要通盘处理，在这个过程中，把农村的发展和整个中国国民经济，和社会拥抱全球化的这种振兴，打通在一起来理解。以后"三农"事业的发展和其他方面的发展，都是一个系统工程。

（二）解决"三农"问题意义重大

党的十八大以来，在以习近平同志为核心的党中央坚强领导下，我们坚持把解决好"三农"问题作为全党工作重中之重，持续加大强农惠农富农政策力度，扎实推进农业现代化和新农村建设，全面深化农村改革，农业农村发展取得了历史性成就，为党和国家事业全面开创新局面提供了重要支撑。

1. "三农"问题是中国历史也是现实命题

农业是人类社会进步的物质基础，对于拥有着几千年历史的中国，更是有着极其重要的意义。在中国历代执政者心中，农业、农村和农民问题是他们在治国理政中最为关心的头等大事，因为这不但关乎整个国家的命运和经济社会发展全局，而且事关每个平民百姓的生活福祉，因而也关系政权的人心向背，故古代君王往往将农业人口的多少作为一个王朝实力的衡量标准。换句话说，就是中国的农业文明是从历史深处走来的，同时也是现实命题。

2. "三农"问题影响社会稳定

中国是个农业大国，中国的革命实质上是农民的革命。农民一直就占中国人口的大部分，农民的生活状况关系着中国的社会稳定。在现在生产建设时代，农业也是工业、服务业等的基础和支柱。"三农"问题不解决，长期来看，不利于社会稳定；从短期来看，不利于国民经济的持续稳定发展。随着国家经济实力的增强，与国际接轨，工业反哺农业已成为必由之路。因此，取消农业税及相关收费，绝不仅仅是为了农业、农村的发展和农民的富裕，而是关系到实现国家的长治久安和民族的伟大复兴。

3. "三农"问题是"全党工作重中之重"

过去农民总结农业的变化有三句话，叫一靠政策，二靠科技，三靠投入。今天和今后仍然如此。想解决"三农"问题，党和政府的关注和支持是至关重要的。在当代中国的"三农"问题中，尤以土地制度和粮食问题最为根结，现今中国是13亿多人口的大国，如若粮食自我供应不足的话，任何国家乃至整个国际社会对于解决中国人的吃饭的能力都是不可能的。从1949年新中国成立，到1994年中国人均粮食拥有超370公斤时，就有人预言声称中国随着人口增加、耕地减少和人们生活水平的提高，在进入21世纪后中国必将出现粮食短缺，进而造成世界性的粮食危机。这无疑是给中国敲响了警钟。

4. 解决"三农"问题，为人类世界的和平与发展做贡献

毋庸置疑，从1978年开始的农村改革，有力地支持了中国经济的高速增长，到中国加入WTO，中国农业的对外开放程度大幅提高，中国农业与世界农业的关联程度也更加紧密。在世界农业的发展中，中国作为农产品生产及消费大国，中国粮食的供给影响着世界粮食的供给，而中国农村人口生活水平的提高则影响着全球人口减贫目标的实现。因此，中国的农业农村发展不仅是中国自己的问题，更与我们这个地球村的发展进步息息相关，血脉相连。

目前，中国人已经成功解决了自己的吃饱问题，下一步要解决如何吃好、吃得更营养健康，如何让农业的发展对环境更加友好，如何进一步挖掘农业的多种功能，使中国的农业更加有效、持续地发展，让中国农民生活得更加体面、更有尊严、更为幸福，让中国的农村社会更加和谐稳定，为人类世界的和平与发展做出更大贡献。

(三)破解"三农"问题的 22 个中央一号文件

中央一号文件指中共中央每年发的第一份文件,通常都是一年中需要解决的大事要事。改革开放以来,在 1982—2020 年间,我国连续出台了 22 个关于"三农"的中央一号文件,彰显了中华民族为破解"三农"问题的决心与意志。现在"中央一号文件"已成为中共中央重视农村问题的专有名词。中共中央在 1982—1986 年连续 5 年发布以"三农"为主题的中央一号文件,对农村改革和农业发展作出具体部署。2004—2020 年又连续 17 年发布以"三农"为主题的中央一号文件,强调了"三农"问题在中国的社会主义现代化时期"重中之重"的地位。

1. 注重农村改革的五个中央一号文件(1982—1986 年)

波澜壮阔的中国改革事业,发端于农村。研究中国经济体制改革,不能不研究农村改革,不能不知道一个专用名词"五个一号文件"。这"五个一号文件"是指从 1982 年到 1986 年,党中央制定和颁布的关于农村工作的五份文件。这"五个一号文件",记录了中国共产党尊重人民群众的首创精神,从群众中来、到群众中去,指导中国农村改革的一系列重大决策,对实现农村改革率先突破、调动广大农民积极性、解放农村生产力起到了巨大的推动作用,深深地印在亿万中国农民的心坎。

1982 年 1 月 1 日,中共中央批转 1981 年 12 月的《全国农村工作会议纪要》,正式承认包产到户合法性,这也是我们通常所说的改革开放后第一个中央一号文件,其主要内容就是肯定多种形式的责任制,特别是包干到户、包产到户。

1983 年 1 月 2 日,中共中央印发《当前农村经济政策的若干问题》,核心是放活农村工商业。文件从理论上说明了家庭联产承包责任制"是在党的领导下中国农民的伟大创造,是马克思主义农业合作化理论在我国实践中的新发展"。

1984 年中央一号文件《关于 1984 年农村工作的通知》,核心是发展农村商品生产。文件提出延长土地承包期,土地承包期一般应在十五年以上……允许有偿转让土地使用权;鼓励农民向各种企业投资入股;继续减少统派购的品种和数量;允许务工、经商、办服务业的农民自理口粮到集镇落户。

1985 年中央一号文件《关于进一步活跃农村经济的十项政策》,核心是取消统购统销。文件明确提出:"从今年起,除个别品种外,国家不再向农民下达农产品统购派购任务,按照不同情况,分别实行合同定购和市场收购。"至此,30 年来的农副产品统购统销制度被取消。

1986 年中央一号文件《关于 1986 年农村工作的部署》,核心是强调基础,文件明确指出:"绝不能由于农业情况有了好转就放松农业,也不能因为农业基础建设周期长、见效慢而忽视对农业的投资,更不能因为农业占国民经济产值的比重逐步下降而否定农业的基础地位。"

这"五个一号文件",通过对家庭联产承包的肯定,使亿万农民逐步从绵延数千年"面朝黄土背朝天"的生产模式中解放了出来,通过非农经营等方式,在解放生产力的同时,实现了劳动力自身的进一步解放,开始参与到中国工业化、城市化的伟大历史进程,为中国城市经济体制改革提供了坚实的物质基础和取之不竭的精神动力。

2. 注重综合能力的九个中央一号文件(2004—2012年)

改革开放以来,中国综合国力大幅提升,经济实力明显增强,中国政府已经有能力改变以前那种依靠农业发展工业的做法,并采取与国际接轨的做法,工业反哺农业,增加农业补贴。因此,时隔18年后,2004年再次发布关于"三农"的中央一号文件,同年取消几千年来的"皇粮国税",随后,耕地补贴、最低保障、农村医保等也先后实施,保障了农民基本的生存需求。

2004年中央一号文件《关于促进农民增加收入若干政策的意见》,核心是促进农民增加收入。文件提出,坚持"多予、少取、放活"的方针。

2005年中央一号文件《关于进一步加强农村工作提高农业综合生产能力若干政策的意见》,核心是提高农业综合生产能力。文件提出,当前和今后一个时期,要把加强农业基础设施建设,加快农业科技进步,提高农业综合生产能力,作为一项重大而紧迫的战略任务,切实抓紧抓好。

2006年中央一号文件《关于推进社会主义新农村建设的若干意见》,核心是社会主义新农村建设。文件提出,建设社会主义新农村是中国现代化进程中的重大历史任务。

2007年中央一号文件《关于积极发展现代农业扎实推进社会主义新农村建设的若干意见》,核心是积极发展现代农业。文件明确指出,社会主义新农村建设要把建设现代农业放在首位。

2008年中央一号文件《关于切实加强农业基础建设进一步促进农业发展农民增收的若干意见》,核心是加大"三农"投入。文件提出了加强农业科技和服务体系建设是加快发展现代农业的客观需要。

2009年中央一号文件《关于2009年促进农业稳定发展农民持续增收的若干意见》,核心是促进农业稳定发展农民持续增收。文件亮点一是农民种粮支持力度再度加大,二是加大力度解决农民工就业问题。

2010年中央一号文件《关于加大统筹城乡发展力度进一步夯实农业农村发展基础的若干意见》,核心是在统筹城乡发展中加大强农惠农力度。文件特别强调了推进城镇化发展的制度创新。

2011年中央一号文件《关于加快水利改革发展的决定》,核心是加快水利改革发展。文件提出,要把水利工作摆上党和国家事业发展更加突出的位置,着力加快农田水利建设,推动水利实现跨越式发展。

2012年中央一号文件《关于加快推进农业科技创新持续增强农产品供给保障能力的若

干意见》,核心是加快推进农业科技创新。文件提出,依靠科技创新驱动,引领支撑现代农业建设。

3. 注重全面小康的八个中央一号文件(2013—2020年)

2012年11月8日,党的十八大召开。伴随工业化、城镇化深入推进,我国农业农村发展正在进入新的阶段,呈现出农业综合生产成本上升、农产品供求结构性矛盾突出、农村社会结构加速转型、城乡发展加快融合的态势。新一届领导集体更加关注"三农"问题,在提法上对其有了全新的表述,称其为"全党工作的重中之重"。十八大报告明确提出:"解决好农业农村农民问题是全党工作重中之重,城乡发展一体化是解决'三农'问题的根本途径。"

2013年中央一号文件《关于加快发展现代农业进一步增强农村发展活力的若干意见》发布,这是新世纪以来连续第十年聚焦"三农"的一号文件,也是十八大以后第一个中央一号文件,核心是进一步增强农村发展活力。

2014年中央一号文件《关于全面深化农村改革加快推进农业现代化的若干意见》,核心是全面深化农村改革。文件指出全面深化农村改革,要坚持社会主义市场经济改革方向,处理好政府和市场的关系,激发农村经济社会活力。

2015年中央一号文件《关于加大改革创新力度加快农业现代化建设的若干意见》,核心是主动适应经济发展新常态。文件指出,当前,我国经济发展进入新常态,正从高速增长转向中高速增长,如何在经济增速放缓背景下继续强化农业基础地位、促进农民持续增收,是必须破解的一个重大课题。

2016年中央一号文件《关于落实发展新理念加快农业现代化实现全面小康目标的若干意见》,核心是用发展新理念破解"三农"新难题。文件要求各地区各部门要牢固树立和深入贯彻落实创新、协调、绿色、开放、共享的发展理念,大力推进农业现代化,确保亿万农民与全国人民一道迈入全面小康社会。

2017年中央一号文件《关于深入推进农业供给侧结构性改革加快培育农业农村发展新动能的若干意见》,核心是深入推进农业供给侧结构性改革。文件明确指出,深入推进农业供给侧结构性改革,加强培育农村发展新动能,开创农业现代化建设新局面。

2018年中央一号文件《关于实施乡村振兴战略的意见》,对乡村振兴进行战略部署,这是对党的十九大提出的实施乡村振兴战略的落实。文件围绕实施好乡村振兴战略,谋划了一系列重大举措,确立起了乡村振兴战略的"四梁八柱",是实施乡村振兴战略的顶层设计。

2019年中央一号文件《关于坚持农业农村优先发展做好"三农"工作的若干意见》,核心是脱贫攻坚。文件提出:"今明两年是全面建成小康社会的决胜期,'三农'领域有不少必须完成的硬任务。"

2020年中央一号文件《关于抓好"三农"领域重点工作确保如期实现全面小康的意见》,核心是全面建成小康社会。2020年,新冠疫情暴发,社会上很多声音猜测中央一号文件可能发布和疫情防控相关的政策。文件的如期发布清晰地向外界显示，这次疫情只是突发事件，我们必然会战胜他，全面建成小康社会、打赢脱贫攻坚战仍是我国新一年发展最重要的主题，我们的发展目标仍是坚定和清晰的。

（四）党和国家高度重视退耕还林还草破解"三农"问题的重要作用

党中央、国务院高度重视退耕还林还草化解"三农"问题的重要作用，在改革开放时期的五个中央一号文件中，1985年的中央一号文件《关于进一步活跃农村经济的十项政策》中规定："山区二十五度以上的坡耕地要有计划有步骤地退耕还林还牧，以发挥地利优势。口粮不足的，由国家销售或赊销。"

进入新世纪以来，中国综合国力因改革开放政策大幅提升，时隔18年后，2004年再次发布以"三农"为主题的中央一号文件，随后每年发布一个以"三农"为主题的中央一号文件。现在，中央一号文件已成为中共中央化解"三农"问题的专有名词。从2004年到2020年，中共中央、国务院已经连续十七年发布以"三农"为主题的中央一号文件，这17个中央一号文件中每一个文件都提出要退耕还林还草。17个中央一号文件17次提出退耕还林还草，可见，退耕还林还草对破解"三农"问题是何等重要。

2004年中央一号文件《关于促进农民增加收入若干政策的意见》提出："继续搞好生态建设，对天然林保护、退耕还林还草和湿地保护等生态工程，要统筹安排，因地制宜，巩固成果，注重实效。"

2005年中央一号文件《关于进一步加强农村工作提高农业综合生产能力若干政策的意见》提出："退耕还林工作要科学规划，突出重点，注重实效，稳步推进。要采取有效措施，在退耕还林地区建设好基本口粮田，培育后续产业，切实解决农民的长期生计问题，进一步巩固退耕还林成果。"

2006年中央一号文件《关于推进社会主义新农村建设的若干意见》指出："对农民实行的'三减免、三补贴'和退耕还林补贴等政策，深受欢迎，效果明显，要继续稳定、完善和强化。""按照建设环境友好型社会的要求，继续推进生态建设，切实搞好退耕还林、天然林保护等重点生态工程。"

2007年中央一号文件《关于积极发展现代农业扎实推进社会主义新农村建设的若干意见》要求："继续推进天然林保护、退耕还林等重大生态工程建设，进一步完善政策、巩固成果。启动石漠化综合治理工程，继续实施沿海防护林工程。"

2008年中央一号文件《关于切实加强农业基础建设进一步促进农业发展农民增收的若干意见》要求："深入实施天然林保护、退耕还林等重点生态工程。"

2009年中央一号文件《关于2009年促进农业稳定发展农民持续增收的若干意见》要求"巩固退耕还林成果"。

2010年中央一号文件《关于加大统筹城乡发展力度进一步夯实农业农村发展基础的若

干意见》提出："巩固退耕还林成果，在重点生态脆弱区和重要生态区位，结合扶贫开发和库区移民，适当增加安排退耕还林。"

2011年中央一号文件《关于加快水利改革发展的决定》提出："实施国家水土保持重点工程，采取小流域综合治理、淤地坝建设、坡耕地整治、造林绿化、生态修复等措施，有效防治水土流失。"

2012年中央一号文件《关于加快推进农业科技创新持续增强农产品供给保障能力的若干意见》要求："巩固退耕还林成果，在江河源头、湖库周围等国家重点生态功能区适当扩大退耕还林规模。"

2013年中央一号文件《关于加快发展现代农业进一步增强农村发展活力的若干意见》提出："巩固退耕还林成果，统筹安排新的退耕还林任务。"

2014年中央一号文件《关于全面深化农村改革加快推进农业现代化的若干意见》指出："从2014年开始，继续在陡坡耕地、严重沙化耕地、重要水源地实施退耕还林还草。"

2015年中央一号文件《关于加大改革创新力度加快农业现代化建设的若干意见》提出："实施新一轮退耕还林还草工程，扩大重金属污染耕地修复、地下水超采区综合治理、退耕还湿试点范围，推进重要水源地生态清洁小流域等水土保持重点工程建设。"

2016年中央一号文件《关于落实发展新理念，加快农业现代化实现全面小康目标的若干意见》提出："探索实行耕地轮作休耕制度试点，通过轮作、休耕、退耕、替代种植等多种方式，对地下水漏斗区、重金属污染区、生态严重退化地区开展综合治理。""扩大新一轮退耕还林还草规模。"

2017年中央一号文件《关于深入推进农业供给侧结构性改革加快培育农业农村发展新动能的若干意见》指出："加快新一轮退耕还林还草工程实施进度。上一轮退耕还林补助政策期满后，将符合条件的退耕还生态林分别纳入中央和地方森林生态效益补偿范围。继续实施退牧还草工程。"

2018中央一号文件《关于实施乡村振兴战略的意见》提出："扩大退耕还林还草、退牧还草，建立成果巩固长效机制。"

2019年中央1号文件《关于坚持农业农村优先发展做好"三农"工作的若干意见》提出："扩大退耕还林还草，稳步实施退牧还草。"

2020年中央一号文件《关于抓好"三农"领域重点工作确保如期实现全面小康的意见》要求："扩大贫困地区退耕还林还草规模。"

（五）退耕还林还草是解决"三农"问题的好帮手

农业强、农村美、农民富，是农民获得感和幸福感的关键所在，也是决定全面建成小康社会成色和社会主义现代化质量的关键所在。党的十八大以来，面对错综复杂的国内外经济环境、多发频发的自然灾害，中央始终把解决好"三农"问题作为全党工作的重中之重,我国农业农村发展取得巨大成就,农民生活迈上一个新台阶。但也要看到,农业农村农民仍是全面建成小康社会的短板。解决"三农"问题是一项综合工程,关键要靠国家政策,退耕还林作为一项生态惠民的生态工程,对"三农"问题的解决也有重大推动。

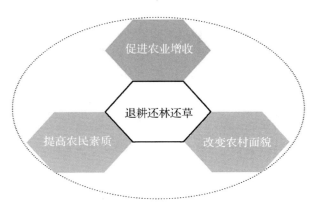

退耕还林还草是解决"三农"问题的好帮手

1. 退耕还林还草,调整结构促进了农业增收

退耕还林还草为发展特色种植业、调整农村产业结构提供了良好机遇。许多地方依托退耕还林还草工程的特色种植业、养殖业、林产品加工业、乡村旅游业等产业逐渐兴起,加快了农村产业结构调整,促进了农林牧各业的健康协调发展,逐步走上了"粮下川、林上山、羊进圈"的良性发展道路,实现了耕地减少、粮食增产、农业增效,为促进地方经济发展和农民增收致富增添了新的活力。

20年的实践证明,退耕还林还草极大促进了农村产业结构调整。实施退耕还林还草工程,退下的是贫瘠的低产耕地,增加的是绿色的金山银山,优化了土地利用结构,促进了农业结构由以粮为主向多种经营转变,粮食生产由广种薄收向精耕细作转变,许多地方走出了"越穷越垦,越垦越穷"的恶性循环,实现了地减粮增、林茂粮丰。国家统计局数据显示,与1998年相比,2017年退耕还林还草工程区和非工程区谷物单产分别增长26%和15%;粮食作物播种面积和粮食产量分别增长10%和40%,而非工程区分别下降21%和7%。延安市在退耕还林还草中大力发展优质林果业,全市苹果种植面积达到380万亩,年产量300万吨以上,年产值近130亿元;花椒、核桃、红枣等干杂果产值13亿元;林下经济产值达到1.2亿元;增加生态公益性岗位7000多个;农村居民人均可支配收入达到10786元,较退耕还林还草前1998年1356元净增9430元,其中60%以上来自林果产业。湖北秭归县通过退耕还林还草调整柑橘种植结构,出现了3个亿元村,全县柑橘年产值30亿元。同时,各地依托退耕还林还草培育绿色资源,大力发展森林旅游、乡村旅游、休闲采摘等新型业态,绿水青山正在变成老百姓的金山银山。

同时,甘肃陇南市退耕还林工程——康县茶叶产业基地退耕还林还草不仅调整了农村

甘肃陇南市康县退耕还林还林茶叶产业基地

产业结构,优化了生产要素,促进了种植业、养殖业及农副产品加工业的发展,也优化了工程区农业耕作方式,提高了集约经营水平,农业生产实现了从过去广种薄收向集约经营的转变,提高了现有土地的生产力。群众戏说:"过去十亩八亩,不抵现在一亩两亩。"

退耕还林还草还重视农业综合生产能力建设。2005年4月17日,国务院办公厅下发了《关于切实搞好"五个结合"进一步巩固退耕还林成果的通知》,国家安排资金958亿,把退耕还林还草与基本口粮田建设、农村能源建设、生态移民、后续产业发展与培训、补植补造等配套保障措施结合起来。2008—2015年间,通过退耕还林还草成果巩固项目,共建基本口粮田5447万亩,建设沼气池、节柴节煤灶、太阳能热水器等801万口,发展产业基地9213万亩。

2. 退耕还林还草,绿化山川改变了农村面貌

退耕还林还草的一退一还,工程区生态修复明显加快,短时期内林草植被大幅度增加,森林覆盖率平均提高4个多百分点,一些地区提高十几个甚至几十个百分点,风沙危害和水土流失得到有效遏制,生态面貌大为改观,生态状况显著改善,党中央、国务院当年绘就的再造秀美山川的宏伟蓝图正在变为现实。

20年来,退耕还林还草建设取得的巨大生态效益,为建设生态文明和美丽中国创造了良好的生态条件。据2016年监测结果,退耕还林还草每年在保水固土、防风固沙、固碳释氧等方面产生的生态效益总价值达1.38万亿元,相当于中央投入的2倍多(张建龙,2019)。退耕还林还草每年涵养的水源相当于三峡水库的最大蓄水量,减少的土壤氮、磷、钾和有机质流失量相当于我国年化肥施用量的四成多。近年来,全国荒漠化和沙化面积呈现"双减少"、程度呈现"双减轻",退耕还林还草起到了重要作用。

延安人民多奇志,敢叫黄土变青山。延安是中国革命圣地,是共产党人的精神家园。再造秀美山川,延安人民勇挑重担。从1998年吴起县首开全国封山禁牧先河,到1999年在全国率先开展大规模退耕还林成为最早试点,再到2013年财力十分紧张情况下自筹资金13亿元,再次率先在全国启动实施新一轮退耕还林还草,将25度以上坡耕地全部退耕还林还草,变"兄妹开荒"为"兄妹造林"(李青松,2008)。20年来,延安市累计退耕还林还草1078万亩,森林覆盖率提高19个百分点,退出了一片片青山,还出了一洼洼绿地,延安山川大地披上了层层绿装。历史不会忘记,人类四大文明古国都起源于气候宜人之地,黄河流域曾是中华文明的发源地,感谢这个伟大的时代,感谢退耕还林还草,沧海变桑田,黄土变青山,延安再次成为宜人宜居的风水宝地。昔日"山是和尚头、水是黄泥沟"的黄土高坡,如今变成了山川秀美的"好江南",实现了山川大地由黄变绿的历史性转变,成为全国退耕还林还草和生态建设的成功样本。

贵州省将退耕还林还草与农村改革相结合,六盘水市等地创新开展了农村资源变资产、资金变股金、农民变股东的"三变"改革,将退耕农民承包经营的坡耕地通过入股、流转等方式,由公司、专业合作社等经营主体来实施。不仅调整了农业产业结构,而且撬动了各类社会资本,变"死资源"为"活资产",增加了农民财产性、经营性、工资性收入。据统计,新型经营主体参与退耕还林还草建设面积达30%以上。

3. 退耕还林还草,转移劳力提高了农民素质

退耕还林还草使大量的农村劳动力转移到城市或其他产业,不仅极大地减少了农民对土地的依赖,解放了农村劳动力,也使他们脱离了祖祖辈辈赖以生存的土地,成为新时代的新农民,增长了知识,开拓了视野,提高了素质。如四川省根据对丘陵地区的调查,大约每退耕0.2公顷(3亩)坡耕地可转移1个劳动力。

随着工程的推进,工程区生产方式开始调整,大量农村剩余劳动力摆脱贫瘠土地的束缚,走出大山,走向文明,走进了城市,开阔了眼界,既增加了收入,又学到了技术,成为懂市场经济的新型农民。其中许多人又回乡创业,成为致富一方的领头人。内蒙古巴林右旗2000年只有3000余人次外出务工,但退耕还林还草后,2019年全旗共有15万人次外出务工。通过对发达地区的劳务输出,部分学习到先进技术的人员返乡发展,涌现出一大批造林大户,带动社会力量参与生态建设,引领广大群众共同致富,近些年群众自发造林达4万余公顷。

退耕还林还草"个体承包"政策,也培养了一批致富能手。退耕还林还草从试点开始就遵循"退耕还林(草),封山绿化,个体承包,以粮代赈"16字方针,突出退耕农户的主体地位,确保工程建设成效。各地在实施退耕还林还草工程中,按照农户负责,规模推进的办法,鼓励承包大户承包,通过"公司+基地+农户"这种形式,涌现出了一批通过退耕还林还草实现脱贫致富奔小康的带头人,造就了一批新时代的新农民。

实践篇

第四章
江西案例

江西省位于长江中下游南岸,为长江三角洲、珠江三角洲和闽南三角地区的腹地,97.7%的面积属于长江流域,长江主要支流之一赣江是江西省最大河流,水资源比较丰富,有全国最大的淡水湖鄱阳湖,生态地位重要。江西省自2001年启动退耕还林还草以来,先后在11个地市、97个县实施了退耕还林还草。截至2019年,全省共完成前后两轮退耕还林工程建设任务1138万亩,其中完成退耕地还林还草303万亩、荒山荒地造林653万亩、封山育林182万亩。

案例1　渝水琴山村退耕还油茶振兴乡村

江西省新余市渝水区是一个历史悠久的风水宝地,渝水区的前身是新余县,因袁河中游昔称渝水而得名。渝水区是新余市市辖区,是新余市委、市政府所在地,全市政治、经济、商业、文化、科教、交通中心。渝水区属亚热带湿润气候,四季分明,气候温和,阳光充足,雨量充沛,无霜期长,严冬极短,土地肥沃,森林覆盖率近50%。

一、琴山村概况

渝水区琴山村位于水北镇,距水北镇8公里,东与宜春市樟树义城镇交界。行政区划面积5.6平方公里,辖3个自然村7个村民小组,农户412户1420人;耕地面积1650亩,其中水田1250亩,林业用地4730亩;经济主要以粮食、油茶为主;村两委会班子由4人组成；共有党员 39 人，其中女党员 5 人，预备党员 2 人。

江西省新余市渝水区水北镇琴山村委会

全村经济发展长期处于较低水平，2015 年全村人均纯收入 5860 元，远低于市、区农村人均纯收入。其中 5000 元以下的 597 人，收入 3000~5000 元的 232 人，收入 3000 元以下的 189 人，有 21 户还处于无房或危房状态，生活困难群众占 30%以上。村集体经济薄弱，没有村办企业，村级集体经济无收入，全村建档立卡贫困户 21 户 39 人。随着退耕还油茶进入盛果期，经济状况逐步好转。到 2017 年底，人均纯收入达到 7860 元，贫困户减少到 13 户 26 人。

二、退耕还林还草情况及主要做法

琴山村抓住国家退耕还林还草机遇，以传统油茶产业为抓手，大力发展"一村一品"经济。根据琴山村优势，将油茶产业作为全村产业扶贫的主导产业，集全村之力做大做强油茶产业。一是到 2017 年高产油茶种植面积达 4000 亩，其中退耕还林还草种植油茶近 3000 亩。二是投资 300 万~400 万元新建年产 300 吨、年创产值 3000 万元、创利润 200 万元的油茶加工厂。所产生利润 40%用于村内公益事业，10%用于村内贫困户扶贫资金，50%用于油茶精加工厂的扩大再生产并解决 60 多人的就业问题，推动乡村各项事业的全面发展。

（一）建设 3000 亩油茶基地

自 2001 年实施退耕还林还草项目以来，琴山村共实施退耕还林还草面积 445 亩（2001 年造油茶 86 亩，2002 年造湿地松 81 亩，2003 年造油茶 67 亩，2005 年造油茶 168 亩，2006 年造蜜橘 43 亩）。第一轮退耕还林还草项目中，以油茶造林为主，总面积达 321 亩。

琴山村高产油茶基地(陈武威摄)

另外,在巩固退耕还林还草成果项目中,建设油茶基地 2600 亩。2007 年 12 月 3 日,新余市人民政府出台了《新余市人民政府关于发展高产油茶和平原林业的实施意见》;2008 年 11 月 24 日,渝水区委和政府出台了《关于全面推进渝水区高产油茶工程建设的实施意见》。渝水区成立了高产油茶指挥部,统筹协调林地开发,整合财政支农资金和巩固退耕还林还草(后续产业)资金,强力打造油茶产业。琴山村抓住国家退耕还林还草成果巩固和市区两级政府大力发展油茶的扶持政策,面对政府的产业推动机遇,面对荒山搁置分文无收的局面,面对林农致富欲望强而无门路的状况,时任琴山村委书记邓卫东抓住重大机遇,在区、镇政府部门协调下,克服一切困难和阻力,于 2009 年新造油茶 3201 亩,其中巩固退耕还林还草成果项目 2600 亩,全面消灭了本村荒山荒地,得到政府政策扶持资金近 200 万元(新造 500 元/亩、补植补造 100 元/亩)。

经过多年精心管护,油茶经济收益效果明显,平均每亩可摘鲜果 600 斤左右,特别是承包大户邓根芽(种养能人)和邓卫东(村委老书记)退耕地油茶林地凸显奇效,每亩产出鲜果超 1000 斤,明显的经济效益,震惊了所有村民。

(二)创新经营模式

琴山村在发展油茶产业中,探索推广新型经营模式,以改变一家一户、分散经营、成效低下的不足。到 2018 年,琴山油茶示范基地规模经营面积已达 3892 亩。主要经营模式有:

(1)大户经营:部分先知先觉的村民,看到了油茶产业的发展前景,通过协商流转林地,种植油茶,实行大户经营模式。经营面积 500 多亩。

(2)农民专业合作社经营:村委统一组织本村委 3 个自然村的农户,成立了全区最大的油茶生产农民专业合作社,实行统一管理,分户经营。合作社统一技术指导,统一项目管理,农户自主负责日常管理。经营面积 3392 亩。

(三)树立先进典型

"村看村、户看户、群众看干部"。在退耕还林工程中,琴山村委积极响应政府号召,大力发展"一村一品"高产油茶产业,通过几年摸索和探讨,涌现了高产油茶种植专业户60户,典型人物有邓根芽、邓敏贤、邓冬生、邓水金、邓卫中、邓建国、邓建刚、邓小玲等,承包了500多亩荒山荒地种植了高产油茶,取得了很好的经济效益,带动了周边1000多户农户种上了高产油茶,现已逐步进入盛果期,前景喜人,为全村脱贫致富打下了坚实的基础。

(四)推广优质品种

琴山村在发展油茶工作中,大力推广优质品种。基地油茶苗木选用中国林科院亚林中心选育的优质品种长林系列优良无性系二年生嫁接苗,实行配置栽植,主要品系有长林4、40、3、53、23号等10个。长林系列品种高产优质,目前已基本进入产出期,年亩产茶油20公斤左右。按现行市场价100元/公斤计,每亩产出达2000元,亩纯收入可达1200元。

三、退耕还林还草成效

琴山村通过政策引导、技术指导、合作社管理,成功地种植了4000亩油茶林基地(其中退耕还林还草及巩固成果项目种植3000亩),取得了良好的生态、经济和社会效益。

(一)生态效益

琴山村2009年荒山绿化、新造油茶3201亩,其中巩固退耕还林还草成果项目2600亩,彻底改变了琴山村荒山秃岭、水土横流的面貌。油茶树种耐干旱贫瘠,喜微酸性土壤,是长江以南黄红壤地区治理荒山荒地和退耕还林最佳经济、生态和防火树种之一。营造生态、经济效益兼备的油茶林,可以改善生态环境,拓展生物生存空间,增加水源涵养,减少水土流失,阻止河流淤积,降低水患频率。

(二)经济效益

琴山村坚持"一村一品"、油茶富民,全村4000亩油茶,人均3亩油茶林,亩纯收入可达1200元,全村仅油茶一项年纯收入达430多万元,人均增收3000多元。逐步达到产业脱贫,农民致富奔小康目标。同时,琴山村地处低丘岗地,平整后的林地,栽植油茶后的前三年,可实行以耕代抚,套种花生、大豆和油菜等低秆农作物,平均每亩年收益可达500元。

琴山村支书说，2015、2016年琴山村列入省级贫困村，2016年以前村集体经济收入960元/年，全村道路都是黄泥巴，进不了村。通过退耕还林还草发展油茶，群众生活一下子就好多了。修了路，建了一个光伏电站，买了100多亩农场。近年来，国家给扶贫资金，建了精炼油茶加工厂，注册了商标，每年收入可达17万元以上，这些加一起，村集体经济每年大约有30万元收入，以后不靠国家了，靠村集体来扶贫、发展经济，有了造血功能，不再"等靠要"了。

（三）社会效益

（1）优化农村产业结构。油茶经济效益的凸显，对广大农民起着示范引领作用，激发林农种植高产油茶积极性，推动油茶产业快速发展，进一步优化了农村产业结构，真正达到农业增效、农民增收的快速脱贫致富奔小康目标。

（2）优化了人力资源结构。油茶管理从清山整地、造林、抚育、修剪、病虫害防治以及茶果采收等一系列生产活动，需要大量农村劳动力，这就为农民工返乡创业、农村剩余劳动力转移就业提供了机遇，也增加了农民收入。

（3）加快科技成果转化。先进的林业生产技术，创新的营造林模式，油茶新品种应用推广等，将直接推动林业生产力提高，使林业科技成果进一步得到推广和应用。

四、经验与启示

琴山村以退耕还林还草及巩固退耕还林还草成果项目为契机，先后种植了4000亩油茶林，这4000亩油茶林为组织油茶加工、开展乡村旅游、发展林下经济提供了坚实的基础。

（一）兴办茶油加工厂

琴山村目前已经利用有关扶贫资金170万元，建立了一个小型加工厂，年利润17万元。随着高产油茶林2020年全面进入盛产期，每年5000万吨的原材料（油茶鲜果），足以支撑自办或引进一个产油1000万吨的中型茶油加工厂，创建自己的油茶品牌。到时将建成产值超亿元，税收超千万元，劳动用工超千人的企业，将极大地刺激区域经济的发展。

（二）发展乡村旅游

便利的交通、金秋的累累硕果、独特的花季（油茶冬季开花）以及茶油生产土榨坊生产工艺，稍做打造，便是独特的乡村风情。通过重点打造采摘体验、花海畅游、油茶文化参观、油茶美食餐饮等，可将乡村旅游做到极致。

案例2 峡江上盖村退耕还杨梅富村富民

峡江县位于江西省中部,吉安市北部。古称玉峡,因千里赣江最狭处位于境内而得名。峡江县物流业发达,全省十强,全市第一。峡江县森林覆盖率达65.5%,曾获"全国造林绿化百佳县"称号。有"国家森林城市""国家园林城市""国家卫生城市""国家文明城市""省级森林城市"等称号。

一、上盖村概况

上盖村位于峡江县马埠镇西南,西面临近105国道、京九铁路、昌赣高铁,交通条件方便。境内东面紧靠峡江县最大水库之一、国家大(二)型水库——幸福水库,水资源丰富。全村土地面积16.5平方公里,其中耕地面积6177亩,森林面积34777亩,公益林面积1367.6亩。上盖村辖9个自然村、19个村小组,全村总人口2279人,总户数507户。全村人均收入1.1万元,村集体收入5.3万元。

江西省峡江县马埠镇上盖村委会

上盖村森林资源丰富,森林面积34777亩,以湿地松、杉树为主。林业产业近年来得到快速发展,以杨梅、茶叶、高产油茶等为主导,其中杨梅1100余亩,茶叶150余亩,高产油茶1000余亩,杨梅和油茶两个千亩精品果业基地已初具规模。

上盖村美丽乡村建设成效突出。全村投入资金180余万元规划建设老年活动中心、篮球场、戏台等村民娱乐设施及村庄美化亮化绿化工程。如今村民住进了新房,用上了自来水,显示出上盖村农民富裕殷实的家境。

近年来,该村先后荣获全省"五好"村党支部、省级文明村、省级生态文明村、全市农村建设巾帼示范村、全市先进基层党组织、全市美丽乡村建设优秀村等多项荣誉。

二、退耕还林还草情况及主要做法

上盖村种植杨梅始于20世纪90年代末,但作为一项产业进行规模发展则始于国家实施退耕还林还草工程。国家实施退耕还林还草期间,上盖村共实施退耕还林还草面积1429亩,其中杨梅655亩,用材林等774亩,涉及农户49户196人。

(一)引进优质杨梅品种

峡江属杨梅自然分布区。1998年由玉笥山林场率先从浙江黄岩引进当时国内果粒最大、发展势头最强劲的东魁杨梅试种150亩获得成功。所生产的"玉林"东魁杨梅2005年通过了农业部颁发的无公害农产品标识,2006年获得国家绿色食品标识,是消费者放心购买和馈赠亲友的果类佳品。

上盖村2002年开始引种东魁杨梅,此后借助国家退耕还林还草工程,2005—2006年种植杨梅655亩。目前,上盖村杨梅品种以晚熟大果东魁杨梅为主,早熟小果荸荠杨梅为辅。

(二)加强杨梅基地建设

峡江县种植杨梅始于20世纪90年代末,截至2019年,峡江县杨梅种植总面积约1.8万亩,其中,1998—2001年500亩;2005—2006年退耕还林杨梅种植0.75万亩;2010—2011年再扩种1.0万亩。杨梅产业是峡江县农业五大支柱产业之一,2006年玉林杨梅基地被认定为江西省无公害杨梅生产基地,2007年峡江杨梅产业被列为全国百个经济林产业示范县之一,2008年列为省科技厅杨梅栽培示范基地,2010年荣获省级乡村旅游示范点。

上盖村千亩杨梅基地建设同峡江县同步,其中2005—2006年利用国家退耕还林还草工程种植杨梅655亩,为上盖村千亩杨梅基地建设作出了主要贡献。

(三)举办杨梅文化节

从2007年开始,峡江县举办了首届杨梅节,盛大的杨梅节开幕式后是精彩的梅乡特色文艺演出以及1分钟吃杨梅赛、2分钟采摘杨梅赛,最后是游览杨梅园,品尝杨梅。

峡江杨梅节的举办,不仅提高了峡江杨梅的知名度,也为上盖村杨梅销售提供了良好机遇。据上盖村村民反映,举办杨梅节时,来采摘购买杨梅的人,不仅有省里、市里、县里的,还有外省的如广东、福建、湖南等地的,到处人山人海,场面壮观,路上堵满了车,杨梅园里都是采摘的人。

(四)成立专业合作社

上盖村在千亩杨梅基地的建设中,成立合作社3个,承包大户12户,合作社、承包大户及时抓住了国家实施退耕还林还草的大好时机,采取"合作社+农户"联合经营、承包大户独立经营等多种模式,大力发展了以杨梅为主的多种经济林产业。

上盖村佳成杨梅专业合作社法人姚洪根介绍,他的合作社共有杨梅种植面积469亩,主要由退耕户用退耕地入股、贫困户用国家下发的扶贫资金入股的方式,引导农户参与发展杨梅等产业,积极响应党和政府的号召,扶助贫困户实现产业脱贫,取得了良好的效果。

(五)支书带头示范

上盖村距县城12公里,交通便利,山林面积38000亩,水面面积3000余亩,山水资源丰富,地理条件优越。为把资源优势转化为发展优势,村"两委"班子规划了上盖村的发展蓝图:山上植树造林,发展林果业;水面养鱼虾,发展水产养殖业;田里种水稻和烟叶,发展现代农业;路上开货车,发展货运物流业。

上盖村支书姚洪根(右)指导杨梅种植户剪枝

美好的发展蓝图已经勾勒出来,可群众却动心不动手。支书姚洪根便带头种植水稻60亩、烟叶10亩,种植杨梅300亩、安吉白茶130亩、油茶200亩,营造经济林700亩。其他党员干部也纷纷带头示范。在党员干部带头创业示范下,全村发展杨梅种植户43户,种植面积1000余亩;发展茶叶种植户21户,种植面积120亩;发展高产油茶种植户500户,种植面积1000余亩;营造经济林近3万亩;发展水产养殖户70户,养殖水面1200亩;发展烟叶种植户60余亩,种植面积500余亩;成立汽车租赁公司3家,发展货运物流车辆50辆,人员300余人。特色农业和货运物流业已成为上盖村农民增收的重点产业。

三、退耕还林还草成效

退耕还林还草的实施对改善生态环境、维护社会稳定和增加农户收益方面均取得了显著效果。上盖村依托退耕还林还草工程建设的千亩杨梅,每年不仅有500万元的经济收入,而且生态、社会效益也很突出。

(一)生态效益

杨梅树姿优美、四季常绿、与放线菌共生,能改良土壤、提高地力,是优良的生态林树种。杨梅树根系发达、生长旺盛,对水土保持、水源涵养、生态环境改善、阻隔森林火灾蔓延等意义重大,生态效益明显。同时,杨梅树型优美,景观效益也很好。

(二)经济效益

走进上盖村,只见一棵棵杨梅风姿多彩,一片片林果基地初具规模,一幢幢小康住宅气派大方……好一幅美丽乡村图景!村民们都说,上盖村如今的幸福生活,得益于国家退耕还林还草项目,得益于种植杨梅。村民说,杨梅每亩800斤左右,市场价格7~8元/斤,毛收入7000~8000元/亩,纯收入约5000元/亩。上盖村千亩杨梅,年收入500万元左右。2017年上盖村人均纯收入达1.16万元,成为远近闻名的"富裕村"。

(三)社会效益

杨梅种植促使山区林农掌握了一门实用技术,提高了农民的技术素质和乡村林业产业的科技含量,随着杨梅种植规模的不断扩大,通过杨梅合作社的有效组建,将资金、技术、土地、劳动力等生产要素进行优化配置,显著提高了林地产出,促进了社会资源的高效利用,从而有效推动了当地经济的发展。

同时,杨梅种植管理、采摘运输等环节用工量巨大,有利于安置社会富余人员和农村剩余劳动力,为社会创造了大量的就业机会,维护了社会的稳定。2018年上盖村佳成杨梅专业合作社带动了上盖村14户贫困户脱贫,脱贫人口26人,合作社成员人均增收达0.9万元。

四、经验与启示

杨梅用途广泛，市场潜力巨大。杨梅营养价值高，是天然的绿色保健食品。杨梅树姿优美，叶色浓绿，被园林工程用作观赏性绿化树。杨梅还可促进旅游业与其他主导产业的健康发展，开辟杨梅观光区，开展入园采摘杨梅活动，吸引游客。

同时，杨梅的药用价值也很突出。杨梅果实色泽鲜艳、汁液多、甜酸适口，营养价值、药用价值及美容价值均高。据测定，优质杨梅果肉的含糖量为12%~13%，含酸量为0.5%~1.1%，同时富含纤维素、矿质元素、维生素和一定量的蛋白质、脂肪、果胶及8种对人体有益的氨基酸，其果实中钙、磷、铁含量要高出其他水果10多倍；杨梅有生津止渴、健脾开胃之功效，多食不仅无伤脾胃，且有解毒祛寒之功效；杨梅被誉为玛瑙果，富含美白肌肤不可缺少的维生素、矿物质和食物纤维，其营养均衡效果很高。

随着科学技术的不断发展，将不断培育出新品种，提高果品品质、延长鲜果采摘时间，伴随着先进的包装、冷藏保鲜、冷运和加工业的不断涌现，无论国内国际市场，杨梅的市场前景都十分广阔。

案例3 安远镇岗乡退耕还林果业富民

安远县是江西省赣州市下辖的一个县，始建县于南梁大同十年，历史悠久，是典型的丘陵山区县，山清水秀。安远县境内三百山是珠江支流东江的发源地，是国家重点风景名胜区和国家级森林公园，有独特的原始森林景观、温泉群。

一、镇岗乡概况

镇岗乡位于安远县城南20公里处，东连国家风景名胜区三百山，南通宁定高速三百山出口，西邻赣南采茶戏故乡九龙山，北接安远县城。地理位置优越，安寻线、安定线和宁定高速穿境而过，交通便利。镇岗乡土地面积115平方公里，其中山地面积138934亩，耕地面积7189亩，果园面积28048亩。镇岗乡辖10个行政村87个村民小组，全乡有农户3852户，人口15570人。

镇岗乡主要产业有果业、烟叶、光伏、旅游业。镇岗乡"十三五"贫困村有5个，分别为赖塘村、龙安村、富长村、老围村、樟溪村。全乡2015年脱贫171户767人；2016年脱贫102户401人；2017年脱贫167户761人，并有赖塘村、富长村、老围村、龙安村四个贫困村退出，2018年计划脱贫145户426人，全乡实现脱贫摘帽。

镇岗乡历史文化悠久，境内有全国最大的客家方形围屋东生围，东生围始建于清朝道光年间，距今有170多年的历史，具有深厚的民间文化底蕴，东生围景区于2017年12月成为全国4A级景区。

二、退耕还林还草情况及主要做法

镇岗乡从2003年开始实施退耕还林还草，共完成坡耕地还林1562.9亩，其中生态林962.1亩，经济林600.8亩。

前一轮退耕还林还草1258.4亩，其中生态林906.4亩，经济林352亩，生态林主要树种为苦楝、酸枣、杉木、枫香等，经济林主要树种为脐橙。涉及农户638户2552人，其中贫困户256户1063人。

新一轮退耕还林还草305.4亩，其中生态林55.7亩，经济林248.8亩，生态林主要树种为红豆杉、杉木等，经济林主要树种为猕猴桃、鹰嘴桃、百香果、葡萄等。涉及农户638户2552人，其中贫困户256户1063人。

(一) 强化组织领导，明确工作职责

镇岗乡在退耕还林还草工作中，成立由乡长任组长，分管班子成员为副组长的退耕还林还草建设领导小组，做好宣传动员等工作，把国家退耕还林任务落实到山头地块，勾画到图表图册上。各村也成立相应领导组织。

(二) 加大培训力度，提高操作能力

镇岗乡积极组织乡镇林业站等林业技术人员参加县级举办的以退耕还林还草为主题的业务技能培训，提高营造林技术水平，确保了全乡退耕还林还草工作能按时保质保量完成任务。

(三) 引进良种水果，发展非柑橘类果品

2013年以来，安远县柑橘黄龙病大暴发，疫情不断蔓延，全县因黄龙病致毁果园达20万亩，占全县果业面积近2/3，产业面积急剧下降，果农经济收入明显减少，贫困户返贫现象突出。因此，在新一轮退耕还林还草工程中，镇岗乡加强果业品种结构调整，大力引进发展猕猴桃、百香果、鹰嘴桃等非柑橘类特色水果品种，取得了良好效益。

镇岗乡种植的百香果

(四)推广大户承包,提高工程成效

为进一步提高退耕还林还草建设成效,巩固造林成果,镇岗乡创新经营形式,推动工程建设。推广大户承包,由造林大户个体承包农户的土地退耕还林,由个体承包大户投资,所得国家补助、粮款补助及林木收益和农户按一定比例分配,全乡共落实个体经营承包大户 5 户。

(五)创新经营机制,采用股份合作制

由农户按退耕亩数作为股份入股合作社等,实行集中统一管理,国家补粮款和林木收益按股份分红。由于经营主体明确,利益明了,充分调动了承包户的经营积极性,提高了退耕还林造林还草成效。镇岗乡由此打造了一批如富长盛世桃园、黄洞桃园山庄、涌水流金坑猕猴桃基地等一大批示范园。

三、退耕还林还草成效

镇岗乡属中亚热带湿润气候区,气候温和,雨量适中,无霜期长,光照充足,昼夜温差大,生态环境好,土壤肥沃富含有机质,水源充足,非常适宜果业种植。退耕还林还草工程实施以来,镇岗乡充分用好用活政策,大力发展精品果业,取得了良好的生态、经济和社会效益。

(一)改善了生态环境

通过实施退耕还林还草,镇岗乡增加了 1562.9 亩的森林面积,由此全乡森林覆盖率

由76.5%增加到77.5%。对一些不适宜耕种的耕地实施退耕还林还草，减少了水土流失和化肥、农药的污染，进一步改善了生态环境。

(二)发展了富民产业

镇岗乡退耕还林还草共发展经济林600.8亩，其中前一轮352亩，主要是脐橙；新一轮248.8亩，主要是精品猕猴桃、鹰嘴桃、百香果等。根据2017年的市场行情，脐橙每亩收入1.5万元，前一轮退耕还林352亩脐橙收入可达500万元，精品猕猴桃、鹰嘴桃、百香果等水果盛产期亩产收入可达2万元；新一轮退耕还林248.8亩水果收入可达500万元，退耕还林经济林年收益达1000万元。

通过退耕还林还草工程的带动，扩大了荒山荒地造林，并承包给经营大户发展经济林木或个体自主经营，镇岗乡种植业遍地开花，实现了人均2亩果园。全乡10个行政村均有规模以上种植园，主要有猕猴桃、鹰嘴桃、柑橘等，打造了一大批带动性、节点性示范园，加上镇岗独有的旅游、区位优势，效益明显。

(三)促进了精准扶贫

自实施退耕还林还草并落实多种经营模式以来，镇岗乡高峰期种植脐橙等28048亩，实现人均2亩果，人均收入在安远名列前茅。特别是近年来随着脱贫攻坚的深入开展，镇岗乡在10个行政村积极发展规模种植园，打造了一批产业扶贫基地，鼓励贫困户入股、务工及自主种植，增收效益明显，人均增收4000元，实现95户285名贫困户脱贫。

(四)带动了乡村旅游

得益于国家退耕还林还草政策，盘活了镇岗山林资源，结合境内东生围等一批优质旅游资源的开发利用及交通便利、区位突出等优势，镇岗大力开发采摘园，走上一条农旅结合路径。从近两年来数据分析，镇岗采摘园在吸引游客上发挥作用明显，年均吸引游客达20万人次，在安远"两天半"旅游圈中占有重要一环。

四、经验与启示

镇岗乡在新一轮退耕还林还草工程中，引种精品水果经济林248.8亩，主要树种为红心猕猴桃、黄心猕猴桃、鹰嘴桃、百香果、葡萄等，成效突出，盛果期产值可达2万元/亩，总产值达500万元。

启示一：引种精品水果调整结构。江西赣南脐橙知名度高，经济效益好，每亩年收益达1.5万元。但2015年以来，黄龙病大暴发，脐橙枝梢叶片黄化，产量极低，果实品质变劣，直到整株枯死，是脐橙的一种毁灭性病害，系国内外植物检疫对象。黄龙病主要是通过带病苗木、接穗作远距离传播，果园内则通过传病昆虫木虱叮咬传播。果园管理中，一旦发现黄龙病植株立即挖除烧毁，以免木虱叮咬传播。在此情况下，显然不宜发展脐橙。为此，镇岗乡引进猕猴桃、百香果、鹰嘴桃等非柑橘类特色水果品种，调整结构。

启示二：大户合作经营提高成效。面对林权分散、千家万户难以规模经营的局面，镇岗乡在引进猕猴桃、百香果、鹰嘴桃等非柑橘类特色水果种植中，成立了富长农民专业合作社，推广以大户牵头的合作社模式，大户出钱，负责经营管理，退耕户以地入股，成效突出。富长合作社制定了一套完整的管理制度，实行财务公开，每季度向社员公开财务收支情况，让社员明白放心；合作社所有事项如技术、销售、费用支出等统一由合作社负责；完善了合作社内部管理制度，实行社员大会、社员代表大会、理事会和监理会"四会制度"，重大事项执行"一人一票"表决制度。

第五章
河南案例

河南省是我国唯一地跨长江、淮河、黄河、海河四大流域的省份，地形地貌和水资源分布情况是中国的一个缩影，生态空间地位重要。河南省自2000年开始退耕还林还草试点，2002年全面启动。20年来，全省共完成退耕还林还草建设任务1648.6万亩，其中退耕地还林还草385.1万亩、荒山荒地造林1067万亩、封山育林196.5万亩；完成巩固退耕还林还草成果林业建设任务758.44万亩。

案例1　光山槐店乡退耕还油茶产业初见规模

河南省信阳市是我国油茶分布的北缘区，现有面积约60万亩，占全省90%以上，主要集中在新县、商城、光山、罗山四县。光山县槐店乡依托新一轮退耕还林还草工程大力发展油茶产业，形成"公司+基地+合作社+农户"的经营模式，带动退耕农户脱贫致富奔小康。此模式以"龙头企业"为乡村经济的主导，上承政府优惠政策，下启村民绿色致富之路，在新一轮的退耕还林还草和实现乡村振兴的发展中起到重要的作用。

槐店乡退耕油茶及龙头企业带动等做法，得到了习近平总书记的高度评价。2019年9月17日，习近平总书记在河南省光山县槐店乡司马光退耕还林油茶园考察时强调："利用荒山推广油茶种植，既促进了群众就近就业，带动了群众脱贫致富，又改善了生态环境，一举多得。要把农民组织起来，面向市场，推广'公司+农户'模式，建立利益联动机制，让各方共同受益。要坚持走绿色发展的路子，推广新技术，发展深加工，把油茶业做优做大，努力实现经济发展、农民增收、生态良好。"

一、槐店乡概况

槐店乡位于大别山北麓、河南省信阳市光山县南部，东与斛山乡接壤，南与泼陂河镇交界，东南与砖桥镇相邻，西与文殊乡隔河相望，北与官渡河产业集聚区毗邻。寨新公路、光白路、京九铁路、阿深高速公路纵横全境。槐店乡地处亚热带向暖温带过渡地带，属亚热带北部季风型潮润、半潮润气候，全年四季分明，年平均气温15.4℃，全年无霜期平均为226天，年平均降水量1027.6毫米。

槐店乡距离河南省光山县城南5公里，辖15个行政村(街)2.8万人，86.7平方公里的土地上，森林覆盖率达38.9%，节假日来境内休闲旅游年均20万人次，100岁以上老人7人，是"河南省生态示范乡镇""河南省旅游示范乡镇"，素有"天然氧吧"和"长寿之乡"之称。

槐店乡是全国北缘规模最大、示范带动作用最强的油茶高产示范基地。有耕地面积6.5万亩、林地面积4.2万亩。槐店乡现有中心集镇1个、小集镇2个，中心集镇内农贸市场、小商品市场一应俱全，从事小商品销售的个体工商户达1000余家，已形成油茶种植、水产养殖、畜禽养殖、商贸物流、现场充绒、苗木花卉六大支柱产业。

2014年，槐店乡农业人口为27744人，有贫困户1020户3872人，贫困户发生率为13.96%，当年脱贫130户571人，贫困发生率下降到11.89%。2015年脱贫234户972人，贫困发生率降至8.49%。截至2017年底，全乡有建档立卡贫困户1124户4130人，已脱贫646户2685人，其中13户31人为稳定脱贫不享受政策，未脱贫478户1445人，贫困发生率为5.2%。晏岗、陈洼两个贫困村已脱贫退出。

在国家大力推进退耕还林还草的大背景下，槐店乡积极响应国家政策，以退耕还林还草的优惠政策为契机，大力发展油茶、苗木、花卉等绿色产业，大打生态产业扶贫攻坚战。

二、退耕还林还草情况及主要做法

多年来，槐店乡党委政府坚持"文化为魂，生态为要，富民为本"的宗旨，坚守"生态、宜居、绿色、环保"的发展理念，构建"西区油茶，东区花卉"的生态布局，坚持走"公司+基地+贫困村+农户"的管理模式，大力发展油茶产业。

（一）政府政策扶持

根据县里出台的计划方案，乡里对退耕还林 100 亩以上的成片林地，验收合格后当年额外补助每亩 100 元；对采取 3 年生油茶大苗造林的农户，按实际栽植数量每株补助 3 元，连续补助 3 年。同时，相关部门积极参与支持油茶产业发展，加大对一些重点油茶基地的扶持力度，每年整合小流域治理、土地整理、交通、电力、农业综合开发和扶贫等项目资金都在百万元以上，集中用于发展油茶产业。

（二）龙头企业带动

2009 年，光山县首家油茶龙头企业——河南省联兴油茶产业开发有限公司在槐店挂牌成立，该公司在油茶育苗、基地建设和油茶科研等方面发挥了龙头带动作用，被河南省林业厅授予油茶种植省级重点林业产业化龙头企业。公司下辖 3 个农业专业合作社及 2 个家庭农场，流转土地面积达 3 万余亩。公司总经理陈勇介绍，在国家巩固退耕还林后续产业发展专项政策的扶持下，2009 年 3 月起，连续 10 年累计投入资金近亿元，带动全县油茶发展。从几千亩到几万亩，油茶种植基地逐步扩大，每年培育优良种苗 400 万株以上，精深加工能力也不断增强。油茶产业带动农民收入不断提高。

光山县联兴油茶开发公司

（三）基层党组织引领

在乡镇党组织的带领下，通过企业和支部联姻，呈现了"一村一业"的良好格局。以联兴油茶公司为龙头，采取"强企带弱村"的发展模式，联合晏岗、大栗树、陈洼、万河等 4 个农村党支部，成立了槐店乡油茶产业联合党支部，引导各支部积极协调周边群众关系，为油茶产业发展献计献策。积极介绍贫困农户到企业务工，当好退耕农户的"主心骨"和"好帮手"。

油茶产业联合党支部32名党员带头结对帮扶109户贫困户，企业无偿提供茶苗，合作社负责茶园管理和技术服务，鼓励贫困户自己种植油茶。此外，因人施策介绍务工，根据贫困户实际，从油茶的种植、管理、采摘到加工以及苗木花卉、油料管理等，自愿选择务工岗位，解决了大量贫困人口就近就业，人均增收2000元。

(四) 典型基地司马光油茶园

司马光油茶园是联兴公司的油茶基地，油茶种植面积约3万亩，亩产油茶鲜果平均可达300斤，不仅能获得很高的经济效益，还可通过多途径带动贫困户增收。2019年9月17日，习近平总书记在河南光山县槐店乡考察了司马光退耕还林油茶园。

司马光油茶园基地建立的主要措施有：一是土地流转。联兴公司以每亩山地50~80元的价格流转土地1万亩，租赁期为30~50年，流转过来的土地除用于种植油茶以外，还支持群众在油茶基地内发展林下种养殖，所得收入归贫困户所有。二是通过槐店乡油茶产业联合党总支，对口为贫困户提供就业岗位，依托公司油茶基地和养殖基地，在油茶的剪枝、施肥、采摘等过程中，常年提供近千个就业岗位，人均增收4000元。三是帮助贫困户自主发展产业脱贫，赠送优质油茶种苗，并以高于市场价10%的价格回收油茶籽；对不等不靠、主动发展产业的贫困户，以送山羊、送养殖技术、送旋耕机等方式进行定向帮扶，并安排公司技术人员就油茶剪枝、管理等工作组织培训，累计培训达30余场。四是结合县委县政府出台的金融扶贫政策，公司与晏岗村、陈洼村、大栗树村的211户贫困户签订扶贫贴息贷款带动贫困户增收协议，每户直接获得现金分红2000元。五是发展生态旅游产业，茶花盛开期油茶园的美景吸引远近游客前来观光、摄影、骑行，带动园区内群众发展农家乐餐馆、民宿旅馆等，园区内已建设农家乐12家，家庭旅馆16套，为周边农户增收致富提供了平台。

三、退耕还林还草成效

随着退耕还林还草工程的不断推进，如今的槐店乡已具雏形的立体观光农业带动了贫困农户脱贫致富，取得了比较显著的生态、社会和经济效益。

截至2017年底，全乡发展专业合作社和家庭农场49个，特色农业基地3个，完成土地流转5万亩，种植油茶3万亩，苗木花卉6300亩，油料作物1.2万亩，已形成油茶、苗木花卉、油料作物三大特色产业竞相发展的良好态势，通过发展产业已实现1344人脱贫出列。

联兴油茶公司建立了省级油茶良种繁育基地与万亩规模化产业基地。目前，早期油茶树已进入盛果期，万亩苗木花卉基地年产各类绿化苗木 100 万株，同时发展林下养殖。"联兴牌"油茶籽油、名优生态茶已经上市，形成了"油茶、茶叶、苗木、养殖"四位一体的现代农业产业体系，解决了 1000 余农民就近就业，并带动基地周边 298 户贫困户依托油茶产业增收脱贫。

四、经验与启示

从槐店乡的案例可以看出，在退耕还林还草、发展产业以及精准扶贫过程中，龙头企业成为连接上级政府与退耕农户的重要纽带，也是实现农民脱贫增收的重要载体。由政府进行政策引导，积极鼓励和培育龙头企业的兴起，并通过开展政企合作、党企联姻等新型合作模式，将有利于从源头上解决退耕还林后续产业发展问题，激励农户积极参与退耕还林工程建设，打造闭合的产业链条，为实现产业扶贫、乡村振兴夯实基础。

案例 2　淅川唐王桥村退耕还金银花模式

河南省淅川县位于豫西南边陲及豫、鄂、陕三省交接地带，因淅水纵贯境内形成百里冲积平川而得名。淅川县也是丹江口水库的主要库区，南水北调中线输水干渠的渠首位于淅川县，生态地位突出。

一、唐王桥村概况

唐王桥村位于南阳市淅川县东南 70 公里，所在的九重镇是著名的南水北调中线工程渠首所在地。该村属北亚热带大陆性季风气候，适宜南北方多种植物繁衍。村子隔刁河与邓州相望，豫 S335 线穿行而过，交通便利，水源丰富，位置独特，由始建于明朝的古老石桥——唐王桥而得名。全村辖 10 个自然村 16 个村民小组 620 户 2820 人，全村党员 42 名。全村总面积 9239 亩，其中坡耕地面积 8167 亩；建档立卡贫困户 27 户 85 人（其中五保贫困户 8 户 8 人，低保贫困户 19 户 77 人），2016 年脱贫 4 户 20 人，2017 年脱贫 1 户 4 人，2018 年有建档立卡贫困户 22 户 61 人。

近年来，唐王桥村两委班子在九重镇党委政府的正确领导和大力支持下，通过广大党员干部的共同拼搏，走出了一条农业产业化、产业生态化的健康持续发展之路。2013 年广大村民自发要求建设高标准农村新型社区，经过三年的苦战，近 400 套统一设计的农家别墅全部完工入住。2017 年下半年，率先启动旧村整治，老村老宅土地复垦共拆除旧房近 300 户 2000 余间，复垦土地 600 余亩，到 2018 年底复垦 600 亩，净增土地 800 亩，年增收 80 余万元造福子孙后代。

二、退耕还林还草情况及主要做法

2002 年，唐王桥村实施退耕还林还草工程，涉及退耕农户 70 户 258 人。南水北调工程实施后，全县大批移民外迁，村里利用移民搬迁遗留耕地，本着"生态优先，产业富民"的宗旨，引进淅川县福森中药材种植开发有限公司，投资 8000 余万元，流转坡耕地 8167 亩，依托退耕还林还草工程建成金银花种植示范基地。

一是引入龙头企业。唐王桥村党支部发动全体党员二对一、一对一，结对帮扶贫困户。该村党支部书记介绍，唐王桥村的村民最早以种植小麦、玉米、花生等传统经济作物为主，这种传统农业耕作方式的产出效益受天气情况影响极大。如果是在风调雨顺的年份，此耕作方式的收入是 6000 元/亩；如遇旱涝等天气灾害，农户或许会陷入全年赔本的境地。恰逢 2002 年村里开始实施退耕还林还草，村党支部抓住土地经营方式转变的有利时机，与福森公司共同寻找发展机遇。双方达成共识：唐王桥村作为南水北调中线工程渠首所在地和核心水源地，保护好库区水质是义不容辞的责任，因此要发展生态农业。经过深入考察论证后，开始向村里引进金银花品种的种植。

唐王桥社区党支部服务中心

二是引入优质品种金银花。金银花是清热解毒的良药，其根系繁密发达，萌蘖性强，适应性广，山坡、河堤等处都可种植，更重要的是，它是很好的固土保水植物，种植时不施化肥，不打农药，可以很好地保护环境。

现如今唐王桥村已成为福森公司旗下的金银花种植基地，基地建成后，调整纳入退耕还林还草工程4331亩，涉及退耕农户550户2563人。自2002年以来，国家累计发放退耕还林还草补助478万元。通过工程的实施，村子新增林地8167亩，有效带动了村民增收。

三是村集体牵头。在村党支部的统一领导下，该村的主要做法有：一是进行土地流转，所有农户参与土地流转，公司支付农户每亩每年600元的地租；二是反租倒包，农户采取反租倒包形式与基地签订管护协议，公司支付农户每亩每年500元管护费；三是基地务工，农户在盛花期（5月至10月）到基地务工，采摘金银花，日摘鲜金银花13公斤左右，日收入100元左右；四是外出务工，由于土地流转，村中转移富余劳动力180余人外出务工，年增加务工收入600多万元。

三、退耕还林还草成效

在村党支部的精准组织和农户的积极参与下，唐王桥村已转化为以龙头企业带动、以金银花种植产业为主的新型农村，实现了贫困农户户户有项目、人人有活干的美好景象，同时村子持续推进和巩固美丽乡村建设，村域环境面貌得到明显改善。通过精准谋划、精准结对、精准施策、精准推出，依托金银花基地，农户收入得到迅速增加，村集体经济得到快速发展。

唐王桥金银花种植基地示范带动了全县金银花产业的发展，种植企业采用"公司+基地+农户"的模式，提升了金银花种植技术水平，提高了农副产品的附加值和科技含量，增加了农民收入，有效促进了当地经济的可持续发展，目前该村的人均收入已达到14500元。同时，通过金银花种植，构筑了环丹江水库生态屏障，保护了丹江水质和生态环境，实现了生态效益、社会效益、经济效益的共赢。

四、经验与启示

唐王桥村在依托退耕还林还草工程发展产业精准扶贫，带动乡村振兴过程中，基层党组织发挥了统一指挥的推动作用，通过创新土地流转方式和精准帮扶，农户参与度大大提高，后续产业的规模化发展使得退耕还林还草的规模效益逐渐显现。通过唐王桥村实施退耕还林还草的成功实践，我们可以得到以下启示：

（1）党组织在贫困地区实施退耕还林还草的过程中，担当着实现乡村振兴之路上指路明灯的重要角色,因此党员和群众齐心协力才能将乡村产业扶向良性发展的快轨。

(2)在推进的进程中,运用创新的土地流转方式可有事半功倍的效果。在与龙头企业合作的基础上,坚持走"公司+基地+农户"的模式,将农户的土地流转到企业手中集中进行管理,一方面可以利用企业成熟的管理经验和科学的种植技术,另一方面又可以让农户每年有固定的地租和管护收入,同时解放一部分劳动力外出打工,另一部分劳动力留在基地务工。在统一化经营的产业基地中劳作,极大地保障了农户收入来源的多样性,提高了农户的收入水平。

案例3 林州盘龙山村退耕还花椒富民

林州市隶属河南省安阳市,位于河南省西北部、太行山东麓,晋、冀、豫三省交界处,西依太行山与山西省接壤,北隔漳河与河北省相望,生态地位突出,生态环境重要。林州是红旗渠精神发祥地,"四有书记"谷文昌的故乡。八百里太行把风光最秀美的一段留给了这里,太行大峡谷更是与雅鲁藏布江大峡谷、长江三峡等共同被评为中国十大最美峡谷。红旗渠精神是林州的立市之本、兴市之魂,经过30余年的精心打造,林州已成为"有山有水有精神"独具魅力的文化旅游胜地,先后获得了"全国造林绿化百佳县(市)""全国林业生态建设先进县(市)""全国经济林建设先进县(市)""中国花椒之乡""国家园林城市""全国绿化模范市"等荣誉称号。

一、盘龙山村概况

盘龙山村隶属于安阳市林州市任村镇。盘龙山村历来就是农业大村,花椒、盘山柿子等农副产品品质优良,远近闻名,农业经济在国民经济中占有十分重要的位置。

盘龙山村位于西部太行山上,海拔850余米,东距任村镇5公里,辖2个自然村4个村民小组,90户184人。盘龙山村有山坡面积4600余亩,耕地面积150亩,林地面积500余亩。盘龙山村是革命老区,抗日战争时期,八路军129师在此存放粮食、布匹、弹药,新中国成立后被称为"红色粮仓"。电影《谁开的枪》取材就来自盘龙山村。

二、退耕还林还草情况及主要做法

自2002年实施退耕还林还草工程以来,盘龙山村党支部、村委结合当地种植传统,带领群众累计完成退耕地还林还草367.1亩，花椒种植面积达到260余亩，逐渐成为村民的主要收入来源。主要经验做法有：

(一)选择优质品种花椒

盘龙山村根据当地气候特点，结合大红袍喜光喜温、耐寒、耐干旱、适应性强、结果早、盛果期长、产量稳定的特点，积极引导农户种植大红袍花椒。

盘龙山村花椒种植基地

(二)成立合作社

盘龙山村成立了农林牧养种合作社，花椒的销售模式变为各家各户自产自销和向合作社销售两种。合作社还购进烘干设备2套，农户采摘的湿花椒也可直接卖给合作社，不用担心湿花椒变色影响收入问题。

合作社对参与农户进行分红。合作社规定，凡是销售给合作社花椒的农户，根据盈利，合作社将进行年终分红。成立至今，仅花椒一项就向参与农户分红现金及礼品5万余元，从而大大鼓励了农户种植、管理花椒树的信心。

(三)强化商标意识

合作社注册"盘龙丰"农产品商标，成功申请"大红袍花椒"外包装专利，建立"盘龙云端"淘宝网店，同时在市农产品店铺上货，对接单位，开拓以购代捐市场，开通线上直播售货，确保花椒销路。

合作社花椒产品

(四)发展林下经济

盘龙山村采取"合作社+农户"的方式,发展花椒鸡养殖事业,提高林地利用率,积极发展林下经济,从而使林地达到了充分利用,有效解决了自然灾害给果农造成的经济影响。

(五)发展乡村旅游

近年来,盘龙山依托绿色资源,以"红色粮仓、绿色森林、黄色皇家、蓝天碧水、白皮松树"为主题,打造"五彩盘龙山",大力发展乡村旅游,积极创建国家AAA级风景区。

三、退耕还林还草成效

(一)生态效益

盘龙山村退耕还林发展花椒260亩,改善了当地生态环境,为乡村旅游发展提供了坚实基础。昔日荒凉的小山村,如今破蛹而出、化茧成蝶,成了户外登山、休闲旅游、红色教育的好去处。2018年,盘龙山村共接待开展红色传统教育和党员主题活动单位40余家次,接待游客5000余人次,乡村旅游如火如荼,有效增加了农民收入。

(二)经济效益

盘龙山村年产干花椒10000余公斤,产值80余万元,不仅成为花椒生产基地,提供了大量优质的花椒,极大地提高了当地林农的生活水平,改善了林农的生产生活条件,还起到了涵养水源、保持水土的作用。得天独厚的自然风光，绿色天然的森林氧吧，如今盘龙山已发展成为集观光休闲、避暑度假、学习教育于一体的胜地。观光台、送粮古道、阁楼粮仓、花椒园林无不展示着盘龙山的独特魅力。

(三) 社会效益

合作社注册成立的"盘龙丰"商标，向农产品种类延伸，增加手工粉条、石碾小米，合作社统一包装对外销售，2017—2019 年，合作社每年年底将盈利资金进行分红，同时购进大米、食用油等物品对农户进行免费发放，现已累计分红 16 万元。

在安阳市纪委的帮扶和协调下，每年秋季，盘龙山村农民专业合作社以高于市场价格的 5% 收购群众采摘晾晒的花椒，统一包装、销售，年赢利均超过 10 万元，村集体经济从零一下子突破 10 万元，党员干部依托农副产品壮大集体经济信心大增。

挂果期的花椒长势喜人

四、经验与启示

此退耕还林还草模式具有显著的生态、社会和经济效益，是加快山区农民脱贫致富、发展坡地经济的重要模式，适宜在土层瘠薄区域推广。

多元化综合发展方式，可明显提高农民的积极性和收益。在生态环境明显改观，打造观光休闲、避暑度假旅游产业、发展林下养殖的同时，盘龙山村还挖掘村民自觉守护、支援抗战的红色历史，打造红色教育基地。通过红色旅游拉动消费，使红色文化转变为红色产业，增加百姓及村集体收入，实现了林地的综合利用，多元化综合发展。

第六章
湖北案例

湖北省位于长江中游,文化底蕴深厚,战国时期的楚国在长达800多年的历史中,创造了楚文化。湖北省有"千湖之省"的独厚优势,长江干流横贯全省1061公里,汉江、清江等重要河流流经省境,是国家重点工程三峡工程和丹江口水库的库区,生态地位非常重要。湖北省退耕还林还草自2000年开始试点,截至2019年底,累计实施退耕还林还草1765.81万亩。其中坡耕地退耕还林640.98万亩、荒山荒地造林1086.33万亩、封山育林38.5万亩,中央累计投入167.908亿元,涉及全省96个县(市、区)211.5万农户701.56万人,为湖北省生态和社会经济发展作出巨大贡献。

案例1 恩施龙凤镇退耕还茶助推乡村振兴

恩施市地处湖北省西南腹地,位于长江之南清江中游,是镶嵌在鄂西南山中的一颗璀璨明珠,因拥有举世罕见的硒资源而被誉为"世界硒都"。恩施市是湖北省九大历史文化名城之一,现为恩施土家族苗族自治州首府所在地。2012年12月29日,李克强总理到龙凤镇考察时要求:"以龙凤为点,恩施为片,在扶贫搬迁、移民建镇、退耕还林、产业结构调整等方面先行先试!"李克强总理的指示,为新一轮退耕还林还草开启奠定了基础。

一、龙凤镇概况

龙凤镇位于恩施土家族苗族自治州恩施市北郊,距市中心10公里。东与三岔乡交界,西与屯堡乡、板桥镇毗邻，南与舞阳坝街道办事处、小渡船街道办事处相邻，北与太阳河乡、白杨坪乡、重庆市奉节县接壤，素有"川鄂咽喉"之称。该镇拥有国土面积285.6平方公里，辖18个村、1个居委会，总人口6.7万人，集镇建成区面积1.5平方公里，规划区面积5.6平方公里。

龙凤镇森林植被种类较多，主要有马尾松、杉木、刺楸、毛竹等，适生树种较为广泛，蓄积量大。境内水电资源丰富，有大小河流10余条。该镇特色产业主要有采矿、建材、铸造、富硒绿色食品为主的四大乡镇工业产业和以柚子、蔬菜、仔鸡、山羊为主的四大种植养殖农业产业。矿产资源储量大，分布广，品种多，主要品种有煤及煤矸石、铁矿、高岭土矿、硫磺矿、页岩等。其中煤矸石资源是恩施市唯一国家级储量的资源。石灰石储量丰富，含钙量达98%以上。农特产品种类多，粮食作物有水稻、玉米、小麦、黄豆、马铃薯等；经济作物主要有油菜、烟叶；特产品种主要有柚子、柑橘、茶叶、板栗、蔬菜和其他水果。

龙凤镇远眺

二、退耕还林还草情况及主要做法

2013年11月，新一轮退耕还林还草工程在湖北省启动，龙凤镇在林业部门的大力支持下，以乡村振兴为契机，发展茶产业。龙凤镇的茶产业利用退耕土地，培育茶园，生产抹茶产品，拓展和延伸了茶叶产业链条，使之成为当地经济社会发展的重要产业，走出了一条适合自身条件的发展道路。

(一)退耕还林还草选择茶产业

在上级林业部门的指导下,到 2017 年底,龙凤镇已经完成了新一轮退耕还林还草任务 37000 亩,25 度山坡地全部退耕还茶。涉及退耕户 4464,全部完成确权发证工作。市林业局先后派出 40 多名林业技术工作人员,组成调查组,参与龙凤镇退耕还林作业,涉及、规划、调查等工作。

龙凤镇退耕还茶是深思熟虑的结果。龙凤镇所在的恩施市是世界茶叶原产地云贵高原的东延尾部,是川、鄂、湘、黔隆起皱褶带的结合部,属武陵地域,是中国古老茶区之一。同时,恩施市又地处北纬 30°黄金分割线上,贡茶经济带海拔在 400~900 米之间,这里雨量充沛,年降水量 1400 毫米左右,年均相对湿度为 82%,气候具备雨热同季、冬少严寒、夏无酷热、温暖湿润、雾雨日多的特点,十分适宜茶叶的生长,有利于茶叶中芳香物质氨基酸等成分合成和积累。

(二)引入龙头企业

恩施市在"退得下、还得上、不反弹"的原则下,做好退耕还林还草和产业发展有机结合工作。利用东西部帮扶项目,在浙江杭州市政府的帮助下,引进 6 家知名茶企业,发展 9 家专业合作社,按照"公司+专业合作社+农户+基地"的退耕还林还草模式,发展了具有地方特色的茶树 19720 亩、漆树 8005 亩、杉树 8780 亩,实现了生态和经济效益双增长。先后实行套种、套养方式,建成魔芋、金银花等种植基地 5000 亩,发展林下养殖户 1000 多个。为广大农户创建了具有稳定经济收益的经营体系。

2018 年,恩施龙马新果实业有限公司在龙凤镇龙马村建立茶叶基地 487 亩,新建厂房,安装 4 条产业生产线,以茶叶加工、茶叶精深加工、差率融合产业建设为主线,实现订单签约,对附近茶农开展标准化种植规范的宣传与推广,带动茶农进行规范化经营管理,提高茶园产量和适量,制定合理的保底收购价,增加茶农与合作社的收入,每亩增收 1000~2000 元不等,直接带动 174 户农民(其中贫困户 7 户)脱贫和致富。

(三)建立专业合作社

龙凤镇积极引导农户以山林、土地入股参与经营分红,4555 户农民通过实施退耕还林、以土地入股的方式加入专业合作社,实现了农民向股东的转变。为了让管护的长效机制建立起来,根据"谁经营、谁受益、谁管理"的原则,把管护工作纳入先行村镇管护体系,优先从贫困户中聘用管护责任人,健全管理制度和管理办法。

为让新型农业经营主体更好发展,龙凤镇在 2015 年试点组建专业合作社扶贫互助联合社,从扶贫专项资金中拿出 2000 万元注资入股,并组织需融资的 40 家专业合作社注资入股。注资入股的专业合作社可以按照 1∶5 向金融机构申请贷款,也可在互助社内部拆借、过桥,解决融资难题。

2014年,龙凤镇引进恩施花枝山茶叶公司,成立了龙凤花枝茶专业合作社。采取"公司+合作社+农户+基地"的经营模式,发展退耕还林茶园2000亩,发展社员500人,结对帮扶贫困户31户,通过茶产业链将农户连接起来,扶持合作社帮扶贫困户,连续对茶农提供无偿扶持资金40万元,解决了部分困难茶农的茶园经营管理资金缺乏难题。

(四)发展观光旅游业

在退耕还林还草项目区充分利用退耕还林还草政策,推进美丽家园建设,在保扎片区投入2万元资金,围绕茶产业建设"茶园+旅游+民俗+休闲"为主要内容的茶旅融合的新型示范点。

三、退耕还林还草成效

退耕还林还草让龙凤镇变成了金凤凰。田间,茶叶泛着绿光;道旁,绿树织成绿篱;河岸,漆树连成绿海;山上,柳杉铺出绿毯。全镇植被覆盖率由不到40%跃升至80%以上,村民年人均收入由几百元跃至万元。

(一)生态效益

龙凤镇的退耕还林工作在绿色发展中助力乡村振兴。到2017年底,龙凤镇已经完成了新一轮37000亩退耕还林还草任务,还加大了生态建设力度,改造低产林1.5万亩,荒山造林1500亩,封山育林2万亩。退耕还林试点区的森林覆盖率提高了7.8%,达到了67.3%。

龙凤镇退耕还茶,生态环境越来越美,人们来到这里可以呼吸清新的空气,享受美丽的环境,欣赏本地美食,品尝地道的山区香茗,还可以看到大片现代化的茶产业基地和加工企业,以及在此基础上衍生出来的乡村旅游、茶食品、土特产加工和农家乐等产业。

(二)经济效益

在20世纪90年代,龙凤镇还是一个典型的边远落后、少数民族聚集的山区小镇。

退耕还林还草,是龙凤镇贫困户换穷业的一大抓手。当地按照"公司+专业合作社+农户+基地"模式,大力发展茶叶、漆树、小水果等高效经济林,先后引导4500余户贫困户以山林、土地入股的方式加入专业合作社。仅2014年新一轮退耕还林还草的4464退耕户中有1691户贫困户,户均退耕7.4亩,退耕还林还草总面积达到12483.5亩,分别占退耕还林还草总户数的37.9%和实施退耕还林还草总面积的33.7%。贫困户获得补助资金0.48万元。

龙凤镇龙马村保扎组实施退耕还茶

如今龙凤镇建成茶叶、烟叶、蔬菜、小水果等特色产业基地6.2万亩，引进农业龙头企业25家，培育农民专业合作社141家，全镇80%的耕地实现集中规模经营，70%以上的农户融入产业链。

(三) 社会效益

生态环境的改善，茶产业和旅游业的发展，使广大农民能够通过农事体验、民宿、餐饮等享受到退耕还林还草和乡村振兴带来的实际效益，并通过政府的各种帮扶政策与措施脱贫和致富。

20多年来，在党和政府一系列政策支持下，在杭州市的对口帮扶下，特别是实施退耕还林还草工程，今天的龙凤镇已经发生了天翻地覆的变化，原来老、旧、穷、乱、差的山区小镇已经变成了一个美丽山区镇。所辖的乡村也发生了巨大的变化，成群的城里人来到山村租房、办实业和旅游。

四、经验与启示

因地制宜、发挥本地资源优势，通过科学合理的管理将党和国家的各种政策变为能够看得见的生态、经济和社会效益。龙凤镇充分利用本地资源优势发展适合的茶产业，并通过合理的管理措施将资源、政策、农民在茶产业发展这个点上演变成农民—合作社—企业—茶产品—旅游、休闲等各业协同发展的模式，管理成为其关键点，将资源优势变为绿色发展的优势。在党和国家推出各种政策的环境条件下，如何发挥经营管理的主观能动性，变为本地可持续发展的综合效益，值得人们认真思考。

案例2 宣恩埃山村退耕还白柚富民治贫

宣恩县地处湖北省西南边陲,隶属恩施土家族苗族自治州,文化资源独特,八宝铜铃舞、侗族大歌、成年礼仪式等国内有名。宣恩的贡水白柚驰名中外,是湖北省四大特色果品之一。

一、埃山村概况

宣恩县地处云贵高原延伸部分,武陵山和齐跃山交接外,是低山区,属中亚热带季风湿润型山地气候。气候条件四季分明,冬暖夏热,雨热同步,年均气温15.8℃,无霜期294天,年降水量1491.3毫米。

宣恩县辖4个镇、5个乡。共有3个居委会、279个村委会。全县辖1个自然保护区(正县级)、1个工业园区(副县级)、2698个村(居)民小组。埃山村是该县高罗镇下辖的一个村。

埃山村位于高罗镇中部,距镇政府所在地5.9公里,土地面积10.6平方公里,辖13个村民小组661户2176人。

宣恩县高罗镇的埃山村

由于山区环境条件的限制,埃山村经济和社会发展的基础条件较差。但同时,埃山村还有一些条件成为经济和社会发展可以借助的优势。该村在土地革命时期曾经是革命老区;当地的自然条件在经营和发展传统农作物时经济效益不高,但可以借助当地的环境条件,在政府和林业部门的积极支持下发展特色林产品。

二、退耕还林还草情况及主要做法

2003年,埃山村在县委县政府的领导下,在县林业局的指导下,在陡坡地开展退耕还林还草工作,退耕1183.5亩山地,先营造生态林,随后在地方政府的支持下,在巩固退耕还林还草成果项目的支持下,发展1106亩贡水白柚基地。白柚产业的发展,成为该村农民脱贫致富奔小康的"希望工程"。

(一)选择当地良种贡水白柚

埃山村的地理和气候条件适合多种水果的生长,当地气候和环境条件下生长有著名的贡水白柚。这种水果原称"宣恩白柚""李家河白皮柚",俗称"白皮柚"。贡水白柚原产于宣恩县李家河镇波洛河村,果肉脆嫩多汁,浓甜化渣,酸甜适度,品质优良。

湖北恩施的贡水白柚

贡水白柚是一种地方优良柚类品种,属酸甜型中熟柚类良种,较同类品种具有皮薄肉厚、易剥皮无苦涩口感等优点,深受大众的喜爱。贡水白柚是由恩施州农业局经济作物科、宣恩县特产局、李家河农特站等单位从地方柚类种质资源中,经过近十年的选优与试验观察而选育出的地方良种柚。

贡水白柚多次荣获国家级、省级评比大奖,2001年8月宣恩县被国家林业局命名为"中国白柚之乡"。贡水白柚作为宣恩农村种植结构调整的重要品种,现已建成以高罗镇为中心的"宣南百里贡水白柚走廊",全县累计推广面积达12万亩。

(二)政府部门加强指导

宣恩县林业主管部门抓住机遇,树立典型,高位推动,具体指导。2004年,湖北省林业厅根据中央有关文件精神,在全省选择有代表性的品种,建立8个"富民产业基地",埃山村的贡水白柚就是其中之一。省林业厅派出专业人员常驻埃山,在退耕还林还草工程中着力发展贡水白柚项目。

在退耕还林还草培育白柚产业的过程中,县林业局派出干部对口支援村实施退耕还林还草工程,政府和林业部门积极联络脱贫对口单位,联络经营企业支持产业发展。高罗镇按照县政府办公室下发的文件要求,对退耕还林补助政策、退耕对象、应坚持的原则、组织管理、工作程序、种苗准备与供应等具体环节都提出明确要求;乡镇林业站工作人员进村入户,组织村民召开村组会议,宣传退耕还林还草相关政策;村委会健全了村级公示制度,避免暗箱操作,杜绝违规行为和腐败现象的发生。

(三)鼓励龙头企业带动

随着退耕还林还草工程建设的不断推进,贡水白柚的种植规模不断扩大。为适应白柚果品做强做大的强劲势头,引进以贡水白柚生产加工为主的宣恩县富源有限责任公司为龙头,采取"公司+基地+农户"的产业化经营模式,建立起农技农资服务、鲜果储藏经销、水果加工多位一体的多层次、全方位白柚产业格局,带动贡水白柚走出大山,打进北京、武汉等大中城市。

龙头企业宣恩县富源有限责任公司通过村合作社组织,采用"公司+基地"等形式,引导退耕农民参加白柚产业基地建设。在各级领导的支持和当地村党支部与村委会的支持下,退耕农民积极参与,产生了10个科技示范户。

(四)创新机制推广合作社

埃山村在发展白柚产业中,组建贡水白柚专业合作社,林业部门和公司通过合作社对参与白柚种植和管理的农民进行技术培训和指导。埃山村有两家白柚合作社,带领农民种植白柚,抱团生产,统一管理,规模化经营,规范化销售。埃山村贡水白柚专业合作社除管理白柚外,还开展柚下养鸡、乡村旅游采摘、农家乐餐饮等多种经营。

村党支部在老支书廖和庭的带领下,组织村民建立了合作社,协调企业、合作社、扶贫单位的关系,带领村民积极落实国家退耕还林政策。在埃山村走向美丽山村的过程中,村党支部村委会是一个特别重要的因素。

三、退耕还林还草成效

由于实施退耕还林还草工程,埃山逐渐在退耕地上发展了白柚产业,各种"三农政策"、扶贫等资助工作有了抓手,得以全面展开。原来一个处于山区的贫困山村,经过建设已经发生了深刻的变化。今天的埃山村，远山近水，环境优美；路净房亮，设施齐全；村民喜悦，村风纯朴，在埃山村看到的是一派美丽山村的景象。

(一) 改善了项目区生态环境

退耕还林还草工程的实施，增加了林业用地面积。埃山村在陡坡耕地退耕还林还草1183.5亩，有效增加了全村的植被覆盖度，为生态环境的整体改善打下了坚实的基础。

(二) 退耕农户的经济收入明显增加

埃山村在实施退耕还林还草工程、发展特色产品的过程中，民俗旅游、美丽山村建设也产生了明显效果，退耕还林还草工程下形成的白柚产业已经成为埃山村农民脱贫致富奔小康的"希望工程"。2017年，全村白柚产量达到152万斤，销售金额达到304万元，户均白柚收入4600元，人均增收1400元。

老支书廖和庭高兴地说，退耕还林还草工程让我们村找到了种植柚子这条路，现在村里的很多乡亲都脱贫了。他指着自己库房中的柚子说："这些柚子还要再储藏一些日子，那时候会更好吃。"在埃山，贡水白柚树下还开展了林下养殖，林下鸡已经开始让当地农民发现了另一个致富的门路。

(三) 促进了农村产业结构的调整

随着退耕还林还草工程和巩固成果后续产业建设等项目的实施，优化了农村产业结构。退出低产田，建设白柚园，白柚最高亩产可达5000元；同时埃山村周边的万寨、椒园、晓关、珠山等乡村借助退耕还林打造"贡茶经济带"24万亩。

四、经验与启示

在政府和林业部门的技术指导和直接帮扶下，埃山村这样一个贫穷的山区，通过实施退耕还林还草工程和发展特色白柚产业在山区乡村脱贫致富和建设美丽乡村方面已经发生了明显的变化。乡村振兴是一个系统工程，退耕还林还草是基础性工程，是这个系统工程中关键的一环。

(一) 上级重视是基础

发展白柚前期，湖北省林业厅在埃山村建设富民产业基地，在政策、技术、资金上给予一定的支持；之后，为落实李克强总理视察恩施州并就退耕还林还草做出的重要指示，各级林业部门先后多次组织人员到村组及农户家调研，了解基层干部群众对实施退耕还林还草工程的需求和建议。由于各级政府、林业主管部门的指导和帮扶，才能够将国家重点工程、"三农政策"和社会各界的力量等有利因素调动起来，产生综合性的效果。

(二) 利益保障是前提

退耕还林还草工程不仅是一项生态产业工程，也是一项惠民工程。在退耕还林还草工程建设中，必须将产业结构调整与退耕还林还草结合起来，大力发展适合当地的果品、茶业、药材等经济效益高的品种，不仅要调整产业结构，而且要增加老百姓的收入，实现社会效益、经济效益和生态效益的共赢。

(三) 盘活市场是关键

新一轮退耕还林还草和前期退耕还林还草相比有较大的变化，特别是政策补偿标准比前期少，这对相关部门做群众思想工作和发展产业产生了阻力。基于此，必须积极探索转变经营理念、发展经营模式，借助市场主体功能的作用，激活市场各类要素，带动更多的农户利用自身资源发家致富，使绿水青山真正变成金山银山。

案例 3　长阳榔坪镇退耕还木瓜花开幸福来

长阳土家族自治县（以下简称长阳县）地处鄂西南武陵山区、清江中下游，是长江流域古文明的发源地，是19.5万年前"长阳人"的故乡、巴人故里和800万土家族的发源地。全县总面积3430平方公里，总人口39.89万人，农业人口343581人，其中土家族约占65%，是集老、少、山、穷、库于一体的特殊县份，是国家扶贫开发工作重点县和武陵山扶贫攻坚片区县。

一、榔坪镇概况

榔坪镇隶属于湖北省长阳县，北邻秭归县，西接恩施土家族苗族自治州巴东县，东靠贺家坪镇，南与资丘镇接壤，地理坐标范围为东经110°26′—110°39′，北纬30°34′—30°46′。素有"宜昌西大门"之称。榔坪镇土地面积530平方公里，下辖榔坪村、社坪村、茶园村、关口垭村、梓榔坪村、马坪村、长丰村、文家坪村、秀峰桥村、八角庙村、沙地村、乐园村等12个行政村，总人口4万人。

榔坪镇地处武陵山东部余脉，全镇海拔落差大，高山、次高山、低山并存，地势总体上呈东高西低的特点。榔坪镇属亚热带季风气候区，夏热潮湿，光照充足，热量丰富，雨量充沛，雨热同季，四季分明，大陆性气候特征明显。因地处山区，立体气候特征明显。椰坪镇山区本地主要植物有珙桐、水杉、银杏、木瓜、黄柏、厚朴、大力子、天麻、茶树、核桃树、板栗树、白果树、五倍子。椰坪镇耕地面积 7 万多亩，林地面积 1.5 万亩。农作物以小麦、油料、蔬菜为主。当地属于山区，土地资源、人均土地面积和土地的农业生产力均比较低。因此，以前的椰坪镇经济和社会发展受到山区地形气候的限制，长期处于贫困状态。

椰坪镇是中国重要的药用木瓜产地和中国合作医疗发祥地，先后获得"全国药用木瓜之乡""中国高山蔬菜起源地""中国长阳山歌之乡"等荣誉称号。

二、退耕还林还草情况及主要做法

椰坪镇自 2001 年开始实施退耕还林还草工程以来，特别是新一轮退耕还林还草工作开展以来，多措并举共促退耕，助力乡村振兴战略，把带动农民脱贫致富作为工程建设的出发点和根本目标。椰坪镇党委政府在县委、县政府的领导下，在县林业局的技术指导和大力支持下，依托资源优势，提出打造"全国药用木瓜第一镇"的工作目标，将木瓜产业作为富民强镇的主导产业、农民脱贫致富的金饭碗工程来抓。

（一）选择当地优良品种长阳木瓜

椰坪镇的木瓜是一种药用木瓜，也叫长阳木瓜、药用皱皮木瓜、资丘木瓜、番木瓜等。早在 20 世纪 80 年代，这里的木瓜就通过水路集中到资丘码头，因此也叫资丘木瓜。长阳木瓜原产地在长阳县椰坪镇的马坪村四组关口垭村。该品种是中国最大医药企业——北京同仁堂唯一指定的木瓜品种。该企业多次建议国内发展木瓜品种选择资丘皱皮木瓜。

椰坪是闻名全国的木瓜之乡，其所产的木瓜早已销往国内外。不同于其他各地的木瓜，这儿的木瓜是皱皮、矮杆的，既可以作为水果或蔬菜瓜类食用，也可以入药。

享誉药界的椰坪木瓜

(二)兼顾生态与经济效益

木瓜产业符合当地农民传统种植习惯,上有木瓜,下有农作物,既解决温饱,又挣了票子,显著提高了单位面积经济效益,符合农民脱贫需求。2000年以来,榔坪镇抓住国家退耕还林还草机遇组织发展了3万亩木瓜,辐射带动全镇形成了7万亩木瓜基地,深度调整了榔坪农业产业结构。每年春暖花开时节,游人如织,成为湖北森林观光的新亮点。

榔坪镇的关口垭村和长丰村等是木瓜主要产地。关口垭村位于榔坪镇西部,全村土地面积27.4平方公里,距县城110多公里。现辖7个村民小组,农户840户3025人,耕地面积4440亩,林地面积37257亩。全村实施第一轮退耕还林还草1697.95亩,木瓜面积5500亩。

榔坪镇关口垭村木瓜花开

长丰村位于榔坪镇东部,全村土地面积59.77平方公里,距县城110公里。现辖9个村民小组,农户1174户3297人,耕地面积7687.69亩,林地面积69862.25亩。全村实施第一轮退耕还林还草1595.8亩,实施新一轮退耕还林还草1733.82亩,木瓜面积5000亩。涉及566户,其中贫困户248户,面积699.52亩,补助资金104.928万元。

(三)坚持科技引导

榔坪镇依托"资丘木瓜"商标优势,抢抓国家"中药现代化科技行动计划"和退耕还林等机遇,引导农户改老园、建新园,在八角庙、马坪等村各建了100亩高标准示范园,还编制了《皱皮木瓜栽培技术规程》,组织科技服务队"三送"下乡,通过普及标准化的种植模式,使全镇木瓜单产提高了30%以上。2003年"资丘木瓜"被纳入国家GAP示范基地。安徽省中医学院药学院彭华胜教授称,榔坪的皱皮木瓜,是国内野木瓜中品质最高且没有变异的品种,乃最理想的药用木瓜。

长阳县对木瓜产业发展注入强大后劲,专门成立了长阳木瓜研究所,先后争取并实施各级科技项目16个，投入项目经费300多万元，已开发出木瓜果醋、木瓜冰酒等生态饮品，俏销内地和香港。提取木瓜活性成分开发啤酒澄清剂、养颜护肤品等高端产品"增值套餐"计划已进入实验攻关阶段。

（四）鼓励龙头企业带动

新一轮退耕还林还草实施以来，榔坪镇坚持探索"农户+基地+龙头企业"的多赢模式，与江西汇仁集团、三九集团、省中医药研究院、华中农业大学等单位攀亲，指导农民成立了长阳俊梅木瓜专业合作社、长阳汇丰生态农业种植专业合作社、长阳乐园李子专业合作社等一批专业合作社，首批168个专业大户"抱团"闯市场，带动关口垭、马坪等4个千亩基地的3000多农户科技增收，引进培育了湖北长阳仙莱山木瓜科技有限公司等深加工企业，带动农户发展木瓜、茶叶、李子等特色产品，促进退耕还林还草工程的实施。

为让木瓜产业在精准扶贫上发挥更大作用，长阳县扶贫办和榔坪镇人民政府确定由木瓜深加工龙头企业——湖北山尔农业开发有限公司牵头，制定全镇木瓜产业精准扶贫实施方案，并聘请农业专家逐村进行"产业扶持到户实用技术培训"，以提升木瓜产业整体水平，促进贫困户通过木瓜产业脱贫。

（五）与精准脱贫相结合

榔坪镇在退耕还林还草工程中，严格坚守国家有关退耕还林还草政策，牢固树立"一个战场同时打赢脱贫攻坚和生态建设两场战争"的理念，把退耕还林还草与产业建设、精准脱贫结合起来，大力发展经济效益较好的特色产业，推广木瓜、茶叶等生态、经济共赢的退耕还林品种，仅退耕还林木瓜就发展3万亩，2019年已有2万亩进入盛产期。

榔坪镇还广泛开展"栽下摇钱树，致富贫困户"活动。2018年春，榔坪镇响应上级号召，将符合退耕还林还草工程建设要求的造林地纳入项目进行验收，将不符合要求的通过产业扶贫予以支持，该项活动将持续开展三年，促进了新一轮退耕还林工程的实施，助推了地方产业发展和乡村环境美化绿化。

（六）发展文化旅游产业

目前，在榔坪关口垭形成了一个400万株木瓜的榔坪木瓜花都景区，木瓜花都位于关口垭318国道旁，是一个以木瓜花为背景的旅游区，宜昌城区从沪蓉高速公路1小时即可到达景区。景区内连片的1500亩木瓜花，形成了一道独有的风景线。2013年3月，景区正式开放。木瓜花海景区内有农家乐数十家，旅游者可赏木瓜鲜花、闻木瓜花香、观生态农业、品田园风光、吃土家山珍、购木瓜产品，感受乡村生活。通过"文化搭台、产业唱戏"平台，助力区域经济发展和文化繁荣。

通过举办"木瓜花节""栀子花节"等形式，推动生态文化旅游发展。榔坪镇退耕还林栽上木瓜后，倾力打造木瓜花都旅游景区，通过综合措施，新一轮退耕还林持续发力，乡村产业结构调整步入良性发展轨道，村庄环境进一步绿化美化，新一轮退耕还林还草助力乡村振兴成效初显。

榔坪关口垭村木瓜花都景区

三、退耕还林还草成效

地处长阳县西大门的榔坪镇，通过退耕还林还草工程的带动辐射，大力发展以木瓜为代表的经济林树种，打造了远近闻名的榔坪木瓜花都景区，带动了贫困农户脱贫致富，取得了比较显著的生态、社会和经济效益。

(一)荒山绿化，带来生态效益

昔日的榔坪，恶水穷山，坡田严重瘠薄、石漠化，农民经常连种子、肥料钱都收不回来。退耕还林工程实施以来，榔坪镇以7万亩木瓜林为代表的林地面积得到快速增加，林地质量得到有效提高，部分低产品种也被优质高产的新品种所替代。站在山顶，看着榔坪镇如今夏季有花、秋季结果的木瓜林海，心情无比舒畅。

(二)药材产地，带来经济效益

木瓜不仅有"百益果王"之称，还有"水果之皇"之说，"百寿果"之名，"长寿瓜"之誉，华佗称之为"百宜之药"。同时，民间流传"杏一益，梨二益，木瓜百益"的古老说法。

每当秋季，榔坪皱皮木瓜上市，安国、亳州等药材集散地的客商带着现钞，领着工人，开着货车云集榔坪，采摘装车，一片繁忙景象。榔坪镇常住人口3.2万人，人均1.2亩木瓜树，亩产6000元左右，仅此一项，榔坪镇就已经摘掉了贫困的帽子。榔坪木瓜，年年丰产，俏销海内外，木瓜成了金瓜银瓜，绿水青山变成了金山银山，可以说，是退耕还林还草发展木瓜加速实现了群众"两山"梦。

(三)发展旅游,带来社会效益

在榔坪镇关口垭村建有木瓜花都景区,景区内设有木瓜花都广场。该景区是中国第一个以野木瓜花为背景的旅游区。景区有连片野生木瓜树 3200 多亩。盛花时节,木瓜花竞相开放,把群山染成红色,间有油菜黄花、梨树白花。木瓜树枝条怪虬,花似海棠,每朵木瓜花虽只有拇指大小,却开得极为张扬,花朵从树兜开到树顶,满身的花朵,密集度超过梅花。每年春天,榔坪镇 400 多万株木瓜树花开成海,是观赏的最佳时节。榔坪镇关口垭村由于木瓜花都景区的盛名而被誉为"中国木瓜第一村"。

当地农民以木瓜花都景区为依托开展生态旅游产业,仅处于景区核心位置的关口垭村就已发展农家乐、民宿 35 家,2018 年接待游客 2 万余人,带来旅游收入 2000 万元。

四、经验与启示

榔坪镇抓住国家实施退耕还林还草工程的有利时机,在省、地区、县党委、政府和林业主管部门的帮助下,在国家一系列"三农政策"的支持下,在乡村振兴的大环境下,大力发展以木瓜为主的经济林特色产业,带动当地贫困农户脱贫致富,实现生态经济双赢。同时,依托木瓜资源,旅游拓展,带动山区农民致富,发展绿色一届接着一届干,把乡土树种——皱皮木瓜这一千年道地药材品牌打造成新时代退耕树、摇钱树、民心树的经验典型,成功打造了"全国药用木瓜第一镇"。当前榔坪的木瓜产业正在努力利用网络平台销售,加快木瓜产业的发展,提高经济效益。

抓住当地特点,发挥独特优势,选择对路品种,借助退耕还林还草政策等外力的推动使特色产业做强做大。榔坪镇历史上就有栽植木瓜的传统,目前该镇还零星分布着木瓜古树,所以说木瓜是当地的原生树种。选择了该品种,意味着选择了中国木瓜最好的遗传基因。该品种是中国第四季冰川唯一没有变异的木瓜品种,意味着该品种的医药用价值相对较高。这也是榔坪木瓜在中药材领域成为百年畅销的木瓜品种而负有盛名的原因所在。

第七章
广西案例

广西壮族自治区位于中国华南地区，属亚热带季风气候区，孕育了大量珍贵的动植物资源，尤其盛产水果，被誉为"水果之乡"，主要品种有火龙果、番石榴、荔枝、金橘、蜜橘、龙眼等，发展林业产业有独特优势。2001年，广西被纳入全国退耕还林还草工程试点并于2002年全面实施。20年来，国家累计下达广西退耕还林还草中央补助资金141.653亿元，退耕还林还草建设任务1536.67万亩，其中退耕地还林402万亩、荒山荒地人工造林975.67万亩、封山育林159万亩。工程建设涉及全区14个设区市100个县（区、市）1148个乡镇1万个行政村102万退耕农户510万农民。

案例1 东兰隘洞镇退耕还板栗三乌鸡强强联姻

东兰县隶属广西河池市，地处桂西北，云贵高原南缘，红水河中游。东兰板栗是享誉全国的"广西名牌产品"，注册了"东兰板栗"地理标志商标。东兰三乌鸡是中国特有的肉用、药用、观赏兼用型地方优良家禽品种之一，因产于东兰县，且羽、肉、骨呈乌黑色而得名。东兰县在退耕还林还草工程中，充分挖掘当地优质资源，大力发展东兰板栗，同时拓展林下经济，养殖三乌鸡，让优质资源强强联合，取得了良好的生态经济效益。

一、隘洞镇概况

隘洞镇位于东兰县东部，全乡总面积314.8平方公里，折合47.22万亩，其中耕地面积29650亩，辖21个村378个村民小组4.2万人。隘洞镇地处东兰东大门、红水河畔，水陆交通四通八达，红水河流经7个行政村，过境约30公里，国道323线（东九二级公路）贯穿4个村，过境里程约45公里，河百高速公路贯穿而过。隘洞镇是东兰县面积最宽、农村人口最多的乡镇。

隘洞镇地处亚热带，气候温和，雨量充沛，水、土、生物资源十分丰富，共有林地面积26.97万亩。主要农作物有水稻、玉米、红薯、黄豆、旱谷等。林木以杉、松为主；经济林以板栗、油桐、油茶为主，是东兰板栗、油桐的主要产区。同时隘洞镇处于山区，除东部的香河、华龙、板开、旱洞村及中部拉社村有石山外，其余均为土山。地势自东向西南倾斜，山高谷深，有"两山能对话，相会要半天"之说。

隘洞镇土坡连绵，属南岭山系凤凰山脉，海拔超千米以上的山峰有牛洞坡、羊角山、卡勤山、巴华坡、坡牙买山、拉对山、拉摩山。其中牛洞坡为东兰第二高峰，海拔1209米，位于隘洞镇东北20公里，处于东兰、南丹、金城江三县（区）之交；坡牙买山为东兰第四高峰，海拔1189米。

隘洞镇境内河流有板老河、坡拉河、纳乐河、板买河，其中集雨面积40平方公里以上的有板老河，由东向西流经香河、拉板、同乐至板老注入红水河，全长24.5公里，流域面积151.8平方公里，年径流量9639.3万立方米，年均流量3.06立方米/秒，河流深切，河床陡峭。

二、退耕还林还草情况及主要做法

2001年，国家开始实施退耕还林还草工程，东兰是第一批试点县。隘洞镇在上级的领导和支持下，在前一轮退耕还林工程中实现了将山地农田3万多亩退耕，种植竹林、板栗、松树等。2001年以来，隘洞镇累计完成退耕还林还草工程建设任务55401.67亩，其中退耕地造林1963.38万亩，荒山造林31888.9万亩，配套封山育林3650亩，是全县退耕还林面积最大的乡镇。

（一）整合资金发展板栗

东兰板栗浸染红水河谷气候，颗大、油亮，肉质粉糯绵甜，驰名大江南北。2001年8月，东兰县被国家林业局授予"中国板栗之乡"。水陆两便的隘洞镇是东兰县主要的板栗集散地，每年中秋节前后，便有栗商云集该镇采购。

在东兰县委、县政府的大力支持下，隘洞镇通过整合国家扶贫资金、退耕还林还草资金、农业项目等资金投入东兰板栗生产，以"相对集中、连片开发、规模生产"的模式，大力开展板栗种植，通过"统一技术指导、统一苗木供应、统一管理"的方式，加大对板栗的管护，并整合各部门工作人员投入生产一线进行全面指导。到 2017 年，隘洞镇栗种植面积达 10 万亩，占全县板栗总面积的 30% 以上，隘洞因此成为东兰县最大的板栗集散地和板栗大镇，板栗已成为该镇最大的支柱产业之一。连片集中的板栗果园达到全镇果园面积的 70% 左右。

(二) 林下经济选择当地优质三乌鸡

东兰乌鸡又名"三乌鸡"，盛产于革命老区东兰县，是中国特有的肉用、药用、观赏兼用型地方优良家禽品种之一。东兰于 2001 年 8 月被授予"中国三乌鸡之乡"，东兰乌鸡于 2013 年获得国家农产品地理标志登记保护。

东兰三乌鸡

东兰乌鸡个小性野，一直以来在山区环境中生长，特别喜欢食青草嫩叶，加上本地特产火麻、饭豆、稻谷、玉米等饲料，因此，其肉味独特，具有十足的"野味"。三乌鸡体型适中，羽毛亮丽，耐粗饲，觅食力和抗病力强，成熟早，产蛋性能好。东兰三乌鸡肉质细嫩，肉味鲜美可口，营养价值高，是餐桌上的美味佳肴。经科学测试，鲜肉中含有 18 种人体必需的氨基酸。此外，还有丰富的钙、锌、铁等微量元素和维生素 A、B_1、B_2、B_{12}、C 及维生素 E。国家农业农村部畜牧兽医管理部门、中国科学院、华中农业大学、华南农业大学、广西农业大学以及自治区畜牧部门的有关领导和专家曾多次来到东兰对三乌鸡进行考察，给予了高度的评价。

(三) 推广板栗改良技术

在板栗产业与退耕农民之间还有一个优质板栗嫁接和培育技术推广的问题。退耕还林还草创造了良好的生态环境，政府鼓励种植板栗，还制定了各种优惠政策，但还需要解决政策、经济和科技扶持的最后一个环节,那就是如何让当地的农民能够感受到退耕还林还草政策和当地政府鼓励种植板栗政策,积极投入到退耕还林还草和板栗种植中,从中切实得到经济实惠与心理的获得感。

经过嫁接的板栗树

为了提高板栗树木的培育获得更好的经济效益,就要对原来的乡土树种进行改良,采用更受市场欢迎、抗病虫害、生产量高、效益更好的新品种。而改良品种的工作技术性强,需要培训大量技术农民,这种技术推广性的工作难度较大,在很多地区都难以开展。东兰板栗采用无公害生态技术栽培,产品通过广西农产品优质中心"无公害产品"认证。1991年以来,经过科技人员的努力,东兰县又引进全国有名的"九家种"板栗与本地板栗嫁接,培育了具有矮化、早熟、高产、果粒大、结果快等优势的杂交板栗。

(四)推广专业合作社

隘洞镇建立了很多经营板栗园的合作社,其中隘洞镇牛角坡板栗林下综合养殖合作社占地面积1000亩,由党员陈勇和韩建在2012年共同出资40万元兴建。基地建成后,由7位社员共同出资65万元,成立东兰县牛角坡板栗林下综合养殖专业合作社。基地采取"合作社+基地+贫困户"的经营模式,建成鸡舍7栋,面积4000多平方米,常年存栏东兰乌鸡近万羽,年出栏东兰乌鸡5万~10万羽,产值达500万元以上,300多户农户从中受益。

东兰县牛角坡板栗林下综合养殖专业合作社是目前全县规模最大、辐射最广、带动能力最强的乌鸡养殖合作社。合作社主要做法:通过抓养殖龙头带基地,以"合作社+基地+农户"的产业发展路子,实行规模化生产、产业化经营。

一是实行股份合作。合作社社员以现金入股,每股10000元,共募集社员个人股65股,股金65万元。二是统一标准化生产。合作社采取"五统一",即统一供鸡苗,统一育雏,统一免疫,统一技术,统一销售。饲料以粮食为主,合作社实行略高于市场价的保护价统一收购,按平等互利的分配原则,解决了社员发展林下生态三乌鸡的后顾之忧,降低成本、提高质量，确保了社员的经济效益。三是无偿提供技术服务。合作社以市、县畜牧局为技术支撑，吸引农技人员、大中专毕业生到合作社任职、兼职或担任技术指导，同时每月定期召开社员大会，免费对社员进行一次技术培训和技术指导，包括入户辅导和现场培训，讨论研究技术、鸡苗、兽药、饲料、防疫和经营销售方面事项。四是争取政府扶持。政府制定出台系列扶持合作社政策，对修建标准鸡舍的户给予10元/平方米的补助，对林下养鸡300羽以上养殖户给予每只鸡苗1元补助。五是坚持"以林养禽，以禽肥林"原则。严格"放牧式"放养方式，减少粮食成本。

1976年5月出生的陈勇，现为东兰县隘洞镇牛角坡种养基地合作社社长、党支部书记。这位村支书说："我们采取'党支部(合作社)+党员能人+贫困农户'的经营模式吸收贫困户入社，实行合作社与贫困农户'双向联动'经营，实现合作社和贫困农户长期合作、互惠互利。"

(五)成立技术推合作社

在隘洞镇众多经营板栗园的合作社中，其中一个名为"绿地板栗专业合作社"，是以板栗嫁接技术推广为主要业务的板栗生产基地合作社。这个合作社的负责人韦先生是这个县最早接触本地板栗改造技术的几个技术人员之一。

韦先生的合作总社在经营自己板栗园的过程中，引进的新品种通过嫁接技术，对于板栗园的乡土板栗树进行改良。在这个过程中，吸收周边板栗园主作为合作社社员，加盟合作社参与技术推广工作。加盟合作社的退耕户均可在县林业部门的扶持下，在合作社学习嫁接技术，县林业局为扶持合作社的技术培训工作，每人提供120元的经济扶持，合作社社员在学习了技术后，可以为其他板栗园提供有偿嫁接技术服务，每株嫁接付费20元。

这种政府扶持合作社，合作社通过学习方式培训社员，社员学习技术，进行有偿服务的方式得到了当地退耕户和板栗种植者的欢迎，现在合作社的成员已经发展到300人。这300人都是种子，不仅将科技扶持带到每一个家庭，同时也提高了板栗园的经济收益。

三、退耕还林还草成效

实施退耕还林还草工程后，东兰县及隘洞镇取得了生态改善、农民增收、农业增效和农村经济可持续发展的巨大综合效益。

(一)生态环境明显好转

通过实施退耕还林还草工程，当地的自然灾害逐年减少，生态环境明显改善。退耕还林还草工程实施以来，全县新增林地面积45.6万亩，全县森林覆盖率由2000年底的62%

提高到现在的80.15%，提高了18个百分点。石山灌木平均盖度由原来的22%上升到35%。全县19.5万亩25度以上的陡坡耕地得到了有效保护。山体滑坡、崩塌、泥石流等地质灾害明显减少，退耕还林还草已经发挥了径流调节、保持水土的良好作用。全县水土流失和石漠化严重状况得到了有效遏制，生态环境得到明显改善。

（二）经济效益明显

为确保退耕还林工程"退得下，还得上，稳得住，能致富，不反弹"，让退耕农户在粮食补助期满后有稳定的经济收入，东兰县从本县实际出发，科学确定退耕主栽树种以板栗为主，受到全县群众的拥护和支持，使全县板栗面积由原来的8.9万亩发展到32.5万亩。

如今东兰成为"中国板栗之乡"和广西最大的板栗交易集散地，带动了收购、加工、销售、运输、餐旅等行业，有效地促进农民增收。在新一轮退耕还林中，东兰县大胆决策、主动作为，按"先退后调"的办法，额外自筹6150万元扶持群众在石山区耕地上种植6.4万亩核桃，得到了上级部门的认可与肯定，如今6.4万亩核桃林全部纳入新一轮退耕还林范围内。目前，早熟核桃品种已开初花结初果。实现了群众得经济、国家得生态的目标。

隘洞镇退耕地、荒山荒地造林以板栗为主要栽培树种，板栗面积由原来的3.0万亩，增加到现在的9.8万亩，占全县板栗总面积的30.6%以上，年产板栗0.98万吨，年产值达5880万元。

到2018年，地处隘洞镇板栗交易市场"中心"地段的纳就村，全村板栗种植面积4113亩，年产量预计达600吨。该村已经计划新建上万吨位果品冷藏保鲜库1座、加工车间6000平方米、果品生产线2条、8000立方米凉果晒场2个及25立方米的果坯腌池若干个。开发的产品有糕点、罐头、速食粉、果酱、果脯、糖果、面条、板栗酒、板栗饮料等。

（三）多种经营得到发展

在隘洞镇，由于实施退耕还林还草工程，解放了大片山地，形成了良好的生态环境，为各种经济林作物和林下经济的发展创造了条件。板栗、山油茶、核桃、富硒墨米、八角、珍珠李、百香果等特色产业规模不断扩大，总种植面积超过15万亩。三乌鸡每年达30多万羽，专业合作社发展50多家，带动1万户农户。山上遍植经济林木，树下经营特色养殖，猪粪鸡粪又能提供有机肥料，经济价值远超以往单一的粮食作物。

2017年2月，东兰县与企业签订精准扶贫"互联网+东兰乌鸡养殖"项目，把分散的产业由点连线成片，提高产业标准化、规模化、市场化程度，实现乌鸡"产—供—销"一条龙，有力整合东兰县的特色产业资源，提升产品品质和市场竞争力，扩大销售渠道，助推东兰乌鸡更好地"走出去"，带动产业增效、农民增收，加快贫困人口脱贫致富步伐。

四、经验与启示

隘洞镇响应政府退耕还林号召,在东兰县委县政府领导下,发展板栗产业,形成了退耕还林还草—板栗种植—林下经济—板栗全产业链构建的发展模式,这种发展模式形成的板栗、三乌鸡、生态淡水鱼、林副产品经营在隘洞镇成为乡村振兴的平台,在这个平台上行政村和自然村林业、林下经济、农业和养殖业得到更好的发展。其中退耕还林还草和板栗产业是这种乡村绿色经济发展的主线,在这个主线中以技术推广为主要内容的板栗经营合作社,在政府扶持下,为农民走上绿色发展道路解决了实际问题。科技推广在农民参与退耕还林还草和绿色发展之间架起一座桥梁,让党和国家的政策在实践中发挥更大的作用,让农民通过绿色发展获得更多的实惠。

东兰县水产畜牧兽医局局长韦礼延说:"东兰生态环境良好,森林覆盖率高,是天然的绿色氧吧。当地农民有饲养小家禽的传统。传统养鸡大多采用圈养方式,但东兰乌鸡全部采用生态放养(林下放养)的方式,以蚂蚁、蚯蚓及杂草为主食,农民自配的五谷杂粮为辅食,是真正的绿色环保食品。"

政府实施退耕还林还草工程,鼓励农民在维护生态环境和增加经济效益两个方面获得实惠,技术和管理就成为推动绿色发展的两个车轮。在政府的政策和经济扶持到位以后,如何完成从政府到农民经营活动的最后一座桥也是一个需要解决的实际问题。东兰县隘洞镇的这个以技术推广为主要内容的板栗经营合作社是在退耕还林工程实施过程中出现的新事物。实践证明,这种政府扶持,为农民走上绿色发展道路,搭建了关键的一座桥,解决了实际问题。

案例2 平果龙板村退耕还任豆绿化石山

平果县位于广西西南部,隶属百色市,为百色市东大门。平果县具有优越的区位优势,处于中国—东盟自由贸易区,是大西南出海的重要通道,是右江河谷经济开发带的重要组成部分。曾多次入选广西经济发展十佳县和中国西部百强县。

一、龙板村概况

龙板村位于平果县坡造镇西北部大石山区,全村辖有9个自然屯13个村民小组,共

278户1228人,劳动力641人,其中外出务工305人。村委会驻地位于龙何屯,距镇政府4公里,全村耕地面积781.32亩,其中旱地650.64亩。

一百多年前,瑶族人民从湘贵等地迁来,为躲避战乱,长期以来一直住在深山之中。新中国成立以来,在国家扶贫工作得到大力开展的背景下,当地政府通过建立移民新村、分配移民指标、发放建房补助扩大了移民规模,加快了移民步伐。在政府政策支持和鼓励之下,村民搬出深山、搬下山顶,形成现在的基本村落布局。

由于这个村所辖的屯(自然村)分布在大石山区,属于喀斯特地貌,自然地理状况是地势高、多石山、森林覆盖率低,这也就导致了"山上无水沟,山下没溪流",水资源紧缺。在多年雨水的冲蚀下,山上的土地土壤瘠薄,山下的农田四周都由石山团团围住。雨季多雨水,石山排水不畅,积水可长达好几个月,无法种植农作物;旱季水资源缺乏,不利于农作物生长。石漠化的山地和山脚下的水淹地粮食产量都不高。

除了位于山下的龙何、感笔和坡因三个移民新屯有电有水以外,一直到21世纪,当地仍然有8个屯没有通电,人们只能靠着修建水柜,在雨季收集储蓄一些雨水,在一年的其他时间使用,并且大部分水柜在2—4月的时候会经常出现断水。没有电,人们只能用煤油灯,部分家庭在夏季还能用上一段时间的沼气;只有很少几户人家有电视、音箱等简单家电,通过使用蓄电池带动。

在历史上当地的瑶族群众就在山地种上一些苞米,作为基本口粮。人均耕地0.75亩。农作物以玉米、水稻和黄豆为主,同时兼种一些饭豆或木薯等。这种传统生产和生活方式使得当地的生态环境进一步恶化,山上的土地经过不断的雨水冲蚀,地表土壤日益减少,山上和山下的旱季严重缺水,就连当地村落的生活饮水都会发生困难,建水柜也是扶贫工作之一。

龙板村属于国家级贫困村,有60多人享受着国家低保,还有家庭未能解决温饱问题。一般家庭都以外出打工作为最主要的经济来源,打工主要去往广东、海南。有的还会种植一些甘蔗、剑麻之类的经济作物来增加收入。

二、退耕还林还草情况及主要做法

石山曾经是当地农民生产生活中难以跨越的坎,是他们心中的痛。在广西,石山分布的几个县,都是贫困县,山上光秃秃,家里穷得叮当响。自从2002年国家实施退耕还林还草工程以来,这些背负"地球之癌"恶名的石山,竟然慢慢地变绿了。龙板村从2002年开始实施退耕地还林还草工程,有退耕农民112户783人,退耕地面积542.35亩。造林模式以山地培育任豆树纯林为主。

（一）强化领导落实责任

平果县在退耕还林还草工程中，建立落实党政"一把手"负总责的原则，引起各乡镇、各单位的高度重视，将任务层层分解落实到村屯，落实到具体责任人，逐级立下军令状，确保领导到位、人员到位、措施到位、责任到位，确保各项目标任务如期完成。龙板村按照国家、区县有关退耕还林还草政策要求，将退耕还林还草任务落实到退耕农户。

（二）精选石山造林树种任豆

任豆树是一种高大乔木，也是当地的乡土树种，树根可以固氮，冬季落叶，具有自肥能力。任豆树全身是宝，树叶是牛羊饲料，枝丫是薪柴，树干是高档家具用材。过去在缺少薪柴的岁月，当地人在任豆树长到4~5米高时，砍掉树顶端，断口处很快就会长出很多枝条，像一把伞，年年砍年年长，枝条会越砍越多，故称为"砍头树"。

实施退耕还林还草以来，当地村民在林业部门的推动下，石漠化裸岩地都种上了任豆树。在石山退耕还林中，关键是找对树种。树种对了，石山一样能变成绿水青山，给乡亲们带来财富。在种什么什么不长、栽什么什么不活的石山，退耕还林应该选择什么树种，当地政府动了不少脑筋、花了不少心思。最终定下任豆，正是考虑到适地适树和任豆可以给村民带来的诸多好处。任豆的根非常顽强，为了在石头缝里找到仅有的土，它们在石头上穿下穿上，许多裸露在石头上的根，如此粗壮，像蛟龙出水，令人震撼。任豆不负众望，真的在石山上成活了，而且成活率超过95%。

退耕还林任豆用材林

（三）龙板村退耕还林还草改善民生案例

坡造镇龙板村龙何屯韦文健，是最早加入退耕还林还草的村民。退耕前他家里有五口人，其中有三个劳动力全部在家务农，从事种养业。其中种植玉米20亩，每亩产量1200

斤，按市场价 1 元/斤算，玉米一年总收入 24000 元；养猪每年可出栏 20 头猪，年收入 1 万元左右；家庭总收入 34000 元，年人均收入 6800 元。自从 2002 年实施退耕还林以后，他家退耕了 20 亩，每年享受国家补助 4600 元。减少 20 亩农地的耕作后，家里的劳动力大半可以从事其他事业，使家庭收入每年不断增收，年收入增加到 112500 元。其中有一个人长期外出打工，年收入有 3 万元；有三个人在家养猪、养蚕，每年出栏 50 条左右肉猪，养猪年收入最高达 4 万元，种桑养蚕 11 亩左右，年收入 4 万元。退耕后比退耕前家庭年总收入增加 78500 元，增长 230%，家庭达到小康水平，房子也从草房变成了二层半的砖瓦房。

三、退耕还林还草成效

平果县 2002 年开始实施退耕还林还草，全县已实施退耕还林还草 35.6 万亩，涉及 12 个乡镇 1.7 万户农民，共获得退耕还林补助资金 3.8 亿元。通过退耕还林，全县新增森林面积 35.6 万亩，当地较为严重的水土流失得到了有效的遏制，自然灾害少了，生态环境改善了，野生动物也逐年明显增多了。退耕还林还草还极大地增强了平果人的生态环境保护意识，为生态文明建设打下坚实基础。

龙板村石山退耕还林

龙板村一直是平果县最贫困的瑶族聚居行政村之一。在龙板村与贫困抗争的过程中，退耕还林还草工程的实施起到了至关重要的作用。首先在政府退耕还林政策扶持下，山地的绿化工程取得了显著的生态效果，森林覆盖率明显提高，森林资源蓄积量增加到原来的 3 倍；第二，退耕还林还草工程的实施缓解了当地石漠化带来的严重水土流失和其他生态环境问题,使得山下农田和村庄的安全得到保护;第三,由于生态环境改善,自然灾害减少,当地政府的各项扶贫措施得以实施,并能够取得明显效果;第四,在生态环境得到改善的同时,山下的多种经营项目得以开展,为村民致富创造了良好条件。

村民们说,他们的石山变绿了,山上的泉水也咕咕地往外冒,长年不断,给他们提供了清甜的水源。过去,他们用水很困难,只能靠老天下雨,村民们在村里修了个大池子,用来贮藏降水,以备旱季用。现在,由于泉水一年到头不断流,他们不仅不用担心生活用水,还能在山下种桑养蚕,养牛养羊。

四、经验与启示

在贫困的石漠化地区实现脱贫攻坚是一项系统工程,良好的生态环境是基础性的工作。退耕还林还草工程在改善生态环境的同时,还兼顾了退耕还林还草参与者的口粮和现金补助,受到当地老百姓的普遍欢迎。

同时由于退耕还林还草工程是重要的生态工程,具有公共服务效益,因此如果能在乡镇和行政村整体规划中,充分考虑退耕还林还草工程的生态环境建设基础作用,优先发展山地林下养殖项目,让退耕户从参与退耕还林还草工程中得到现实的利益,有助于巩固退耕还林还草成果。在交通便利、灌溉方便、土壤肥沃、适于种植业发展的条件下,退耕还林工程的实施创造了利用少量土地进行集约经营,建立富民产业,在大面积山地实行退耕,创造良好生态环境的范例。

案例3 右江百兰村退耕还林芒果飘香

百色市右江区位于广西壮族自治区西部,属珠江流域西江水系,右江上游是云南、贵州、广西三省(自治区)结合部、交通枢纽和边境物资集散地,直面东盟市场,是大西南出海的重要通道。右江是革命老区,建立了中国西南边疆最早的革命根据地——左右江根据地,为中国革命写下了光辉灿烂的一页。

一、百兰村概况

百兰村位于右江区四塘镇中部,距镇政府28公里,辖区总面积29.43平方公里,林地面积6670亩。该村全部可耕种土地约有12000亩,大部分种植了芒果,剩余700亩为村落、水田、道路、农田和不适宜种植的荒地，几乎是一个芒果种植村。全村辖6个自然屯(自然村)，11个村民小组，共475户1761人。

二、退耕还林还草情况及主要做法

在百兰村，大部分农民都是通过2001年实施退耕还林还草工程开始种植芒果的。到现在家家都在种芒果，全部山林都种上了芒果，属于集体林的6000多亩林地绝大部分种植了芒果。在芒果种植开始的时候，农民参与退耕还林还草工程，获得苗木和退耕补助是发展芒果产业的基础。在发展芒果产业的过程中政府还为农民提供技术、市场和其他各种免费服务。

百色市右江区四塘镇白兰村

(一)选择当地优质品种百色芒果

百色芒果是百色市特产，中国国家地理标志产品。百色芒果具有核小肉厚、香气浓郁、肉质嫩滑、纤维少、清甜爽口等特点，在百色种植历史已有三百多年，是当地脱贫致富奔小康的希望品种。

芒果是当地林业部门根据水热条件选择的退耕还林树种。现在看来，这个树种选得太英明了。芒果是热带水果，对水热条件要求非常高。每年春季芒果开花时节，不能遇到冰冻灾害，气温必须在21℃左右，而且必须干旱，芒果树才能成功授粉、开花结果。而挂果时又不能遇到台风暴雨。百色市右江区、田阳县、田东县等地处右江干热河谷。右江干热河谷是全国三大"天然温室"之一，属南亚热带季风气候区，日照时间长，气候湿润，降水充足，具有得天独厚的芒果种植条件。只要到广西走一走就会发现，走出这条干热河谷，几乎看不到其他地区产芒果，就算有零星种植，也成不了气候。

百兰村芒果园中的青果

(二) 当地政府多方引导

1985 年,中共百色地委、百色地区行署做出了在右江河谷建立芒果商品生产基地的决定。1993 年 4 月,全国政协领导视察百色时提出了"右江河谷要建成全国最大的芒果生产基地"的战略性构思。到 2016 年,完成芒果新种面积 54 万亩,全市芒果面积扩大到 108 万亩;到 2020 年芒果年产量达到 100 万吨,实现面积百万亩、年产量百万吨"双百万"目标。

百色市委和市政府重视芒果产业发展过程中的产业体系建设,努力解决当地芒果发展面临的问题,在田阳建立了示范区。截至 2016 年 6 月底,示范区已累计投入建设资金 3000 多万元,建设内容主要包括核心区道路建设 10.4 公里、芒果高效节水灌溉系统和休闲观光亭、展示厅、芒果品种展示园及"农家乐"等观光农业旅游配套设施。

(三) 林业部门精心指导

在林业部门的支持下,退耕还林形成的芒果产业推动了当地脱贫致富工作。在退耕还林还草工程中,林业部门组织百兰村以家庭为基础,通过政府免费供应芒果苗木等方式大力发展芒果产业。对于种植芒果的农户,在其符合政策要求的情况下,区林业局亦给予相应的造林补助。

三、退耕还林还草成效

现在,百兰村已成为右江区芒果种植的主要基地之一,2017 年,该村芒果种植总面积达1.2万余亩,产量5036.96吨,农民人均纯收入为13343元,绝大多数来自芒果种植。百兰村在退耕还林还草和政府的支持下大力发展芒果种植业,迅速脱贫致富,成为当地精准扶贫的典型村。

根据调查,百兰村的果农平均每户有25亩芒果园。按照当时的市场价,品质好的每亩可以获得2万~3万元的经营收益,平均收益也可达1.3万元/亩,经营芒果比退耕还林还草前种植甘蔗的收益高2~3倍。果农参与了退耕还林还草工程,获得了政府的优惠政策,同时又赶上经营芒果的大好时机,退耕还林还草给当地带来良好生态环境的同时,也为在当地自然环境条件下获得较高的经济收益创造了条件。

百兰村果农周利英种植芒果树有100多亩,她心直口快地说,是退耕还林还草给她家带来了第一笔钱。退耕还林还草之前,她家主要靠种甘蔗为生,天还没亮就得起床上山干活,耕地、除草、施肥、剥皮,一年到头总有干不完的活。她家2002年参加退耕还林还草种芒果,第四年就有了收成,第一次就赚到9万多元。种芒果每亩的收入,是种甘蔗的好几倍。

四、经验与启示

退耕还林还草、林农(果农)脱贫致富和持续稳定发展是一个系统工程,不仅需要国家、各级政府和领导帮助解决遇到的困难和问题,还需要解决在这个过程中的技术支持和经营管理服务问题。新一轮退耕还林还草将退耕还林还草、农民致富和绿色发展联系在一起。当地农民在最初认识芒果产业、经营芒果产业,到形成全国知名的热带水果产业链,退耕还林还草工程为绿色发展创造了坚实的生态环境和资源基础,也提供了强大的科技和管理扶持,使这个产业得到了持续和健康发展。

芒果经营可以获得较高的经济收益,芒果经营还需要解决规模经营,小规模的家庭经营方式日益面临多方面的考验。通过建立适度规模经营,或引进龙头企业,或加大村级合作经营,在聘请社会帮扶机制的情况下,能够缓解果农面临的各种问题,保持果农的经营活动和退耕还林成效持续发挥作用。

第八章
四川案例

四川地处长江上游,生态区位十分重要。四川位于中国大陆西南腹地,自古就有"天府之国"之美誉,是中国西部门户,大熊猫故乡。四川省地形以丘陵和高原山地为主,可分为四川盆地、川西北高原、川西南山地等三部分,地势西高东低。境内河流多属长江水系,有金沙江、岷江、沱江、嘉陵江等著名大河,湖泊以西昌邛海较有名。四川省是长江上游重要的生态屏障和水源涵养地,肩负着维护国家生态安全格局的重要使命。1999年,四川与陕西、甘肃在全国率先启动实施退耕还林还草工程。20年持续推进,全省累计完成工程造林种草任务3683.5万亩,中央和省级财政投入558.66亿元。工程取得了显著的生态、经济和社会效益,"退"出了绿水青山,"还"来了金山银山。

案例1 纳溪梅岭村退耕还林助推早茶产业

纳溪区地处四川南缘、长江之滨,自南宋建县至今已有780余年。先后荣获"全国生态文明先进区""中国特早茶之乡""中国名茶之乡""中国特色竹乡""2014年度全国重点产茶县"等一批国家级名片。纳西区由于独特的降雨、气温等气候条件,每年茶叶采摘时间比全国主要产茶区早30~40天,比四川省内其他茶区早7~10天,故被誉为"中国特早茶之乡"。纳西是四川省重要茶叶产区,茶叶种植面积达34.5万亩,成功培育了纳溪特早茶、古蔺牛皮茶、叙永金花茶等多个品牌。

一、梅岭村概况

梅岭村属于泸州市纳溪区护国镇,位于护国镇北部,距泸州城区43公里,距321国道3.5公里,海拔400~650米,土地面积9.14平方公里,其中林地面积4788亩,耕地面积8336亩。梅岭村目前有16个村民小组,全村人口为2637人,有农户719户,2018年全村居民年人均可支配收入22500元。

二、退耕还林还草情况及主要做法

梅岭村茶叶种植历史悠久,茶叶产业是该村主导产业。在当地政府和林业部门的组织引导下,梅岭村大力发展茶叶产业,取得了良好成效。目前,梅岭村已经发展成为中国特早茗茶之乡、凤羽茶基地,是一个集旅游观光、休闲娱乐、采茶品茗于一体的好地方。在

(一)依托退耕还林还草工程,大力发展茶产业

纳溪种茶历史悠久,唐代陆羽所著《茶经》中可见"纳溪梅岭产茶"之句,《宋代名茶》中也有"纳溪梅岭茶"曾为贡茶的记载。纳溪区则是泸州市产茶第一大县,是全国重点早茶之乡。目前全区茶叶种植面积达34.5万亩,产量2万吨,综合产值55亿元。据查证,纳溪区护国镇在唐代就有产茶的历史,且宋代的"贡茶"便产于梅岭山脉。

梅岭村茶叶产业大发展始于20世纪80年代,随着国家退耕还林工程的推进,梅岭村茶业种植规模逐步扩大。2003—2005年该村实施退耕还林面积1096亩,其中种植茶叶1034亩,占退耕还林面积的94.3%,配套荒山造林种植茶叶2000亩,涉及农户500余户。在退耕还林还草工程的带动下,梅岭村积极发展茶产业,目前全村茶园面积已经达到近1万亩,已经发展成远近闻名的茶叶专业村、富裕村和文明村。

(二)引进优质茶种,提升茶叶品质

在历史茶树资源的基础上,早在20世纪90年代,梅岭村就开始引进和推广无性系有机良种茶。无性系优质良种如乌牛早、福选9号、福鼎大白、平阳特早等已经得到广泛推广。近几年,梅岭村努力选育适合当地的特殊经济品种,经过多次品种试验后,新引进黄金芽、中黄2号、安吉白茶等多个品种,不断丰富茶品种类,逐步提高茶品质量。

(三)加强基础设施建设,提高生产效率

梅岭茶叶基地是纳溪特早茶核心基地之一,也是历史记载的"纳溪梅岭茶"的原产地,基地现有种植面积1万余亩,基地内设施完善,是纳溪区重要的茶旅游基地之一。茶区内有凤岭公司、梅岭集团、荣龙茶厂、天绿茶厂等一批加工企业。

梅岭村退耕还林纳溪特早茶基地

(四)发展茶文化与茶山景观相结合的乡村旅游

梅岭村在上级政府的支持下,逐渐加强基础设施建设,提升产业机械化程度。目前已建设辅助茶产业的道路达9.58公里,建设游客游憩的观光步行道路8公里。同时大力推动水资源优化布局,改善水资源的优化利用,实施喷灌全覆盖系统,茶产业机械化水平相对较高。

梅岭村采用配套间种特色树种的布局,实施了高标准茶园香化彩化工程,主要在茶园区15公里道路和2125亩核心区茶园间种桢楠、香樟、桃树、美国紫薇、满园红桃等树种。依托便利的交通条件和特早茶独特的优势,在发展茶产业的同时,大力发展茶文化与茶山景观相融合的乡村旅游和休闲农业。

(五)加强宣传,提升纳溪特早茶知名度

依托"中国特早茶之乡"的称号,从2012年起,梅岭村特早茶基地连续举办了五届"中国·四川省茶叶开采活动周暨茶叶采摘技能比赛",通过开采活动周及茶叶采摘比赛等活动,宣传并肯定了梅岭村种植茶树的发展模式,提高了"纳溪特早茶"的品牌知名度,促进了纳溪区茶产业的发展。

2018年2月11日,在人民大会堂举行的"纳溪贡茶·等您回家"的2018年新春新茶媒体见面会上,取材梅岭茶山制作而成2018新春第一盒"纳溪贡茶"现场售得18.88万元高价,足见其品质之优。

在人民大会堂举行纳溪贡茶推介会

(六)成立专业合作社推动茶产业健康发展

为促进茶产业健康稳步发展,梅岭村特成立了泸州市纳溪区高优茶业专业合作社。该合作社成立于2007年,合作社社员共计219人,其中农民成员超过82%,退耕还林还草农户121人。目前,该合作社共有标准茶叶基地1万亩,其中涉及退耕还林还草和配套荒山造林茶叶面积1000余亩,辐射带动周边村社种植茶叶3.1万亩。合作社还包括5家加工企业,其中2家为省级龙头企业,3家市级龙头企业。该合作社的主要职责是为社员提供市场信息、采购生产资料、引进新品种、新技术,组织技术辅导和培训,推行无公害标准化生产和品牌化经营,组织社员从事产品贮藏、加工和销售等,同时建立产业链利益共享机制,推动纳溪区茶产业快速、健康发展。

三、退耕还林还草成效

梅岭村结合自身特色和优势,积极响应国家退耕还林还草政策,大力创建生态茶园,促进了生态效益、经济效益和社会效益的协同发展,取得了明显的成效。

(一)生态效益

梅岭村万亩茶园连片打造发展,并间种40000余株满园红桃、6000余株美国紫薇,一方面形成了壮观的香化彩化带,形成了良好的景观效益;另一方面,茶树根系发达、枝繁叶茂、生长旺盛,也达到了良好的水土保持、土壤改良、改善生态环境的目的。

(二)经济效益

大力推动茶产业与景观统筹发展,提升土地生产效率,带动周边农户走向富裕。据初步统计,梅岭村种植茶叶面积近 10000 亩,盛产面积 8000 亩,2018 年初春茶的总产量 6000 吨,总产值 5650 万元,年人均收入 12000 元以上,带动周边茶农种茶超过 1200 户,帮助茶农人均增收 4000 元以上,帮助贫困户脱贫致富。

(三)社会效益

茶产业的发展促使农民掌握了茶树栽培和加工等多种生产技术,通过高优茶业合作社对人力、资金、技术等生产要素的优化配置,显著提高了茶园效益,促进了资源的充分利用,创造了丰富的增收渠道,推动了梅岭村的经济发展,为外出务工的农民回乡创业、就业营造环境,维护了社会的稳定。

四、经验与启示

中国是世界上最重要的产茶国,茶园面积、茶叶产量和茶叶产值等均居世界首位。四川是我国主要的茶树种植区,全省茶园面积居全国第三位,茶叶产量居全国第四位,茶产业得到了国家和各级政府的高度重视,纷纷出台政策促进茶产业高质量发展,助力乡村振兴战略实施。泸州市是四川省茶叶重要产区,著名品牌"纳溪特早茶"具有早、鲜、老的特点。早是指纳溪是全球同纬度茶树发芽最早的区域,比全国主要产茶区早 30~40 天,比省内其他地区也要早 7~10 天;鲜是指纳溪新春上市的鲜茶叶外形扁平挺直,色泽鲜活,黄绿隐毫匀净,汤色黄绿明亮,香气浓郁持久,滋味鲜醇爽口;老是指纳溪种茶、制茶、饮茶的历史源远流长,最远可追溯至周武王时期,唐宋典籍也多有记载。

在退耕还林还草工程的带动下,该地区充分挖掘茶叶种植历史,取得了丰厚的经济效益、生态效益和社会效益,带动周边群众脱贫致富,促进了当地茶产业迅速发展。同时,巩固退耕还林成效,延长当地茶产业链,实现乡村振兴还面临着一些问题。退耕还林区大多位于我国的农村和山区,人才素质水平不高,因此,从梅岭村经验看,在发展茶产业时,一要注意大力引进专业人才,提高茶叶生产加工水平;二要扶持专业合作社,实现统一管理、统一病虫害防治、统一生产、统一供销,建立"市场+专业合作社+农户"的模式;三是利用现代科技,大力引进现代化管理设备,推进标准化生产,提高产品质量和生产能力;四是加强基础设施建设,推动茶旅一体化融合发展。

案例2 纳溪回虎村退耕还竹节节高

泸州市是四川林业重点市,也是省内第一个被评为"国家森林城市"的地级市。回虎村位于泸州市纳溪区白节镇,地处长江上游生态屏障核心区。

一、回虎村概况

回虎村距离白节镇8公里,土地面积1.34万亩,呈扁担形,辖区东至云台边界,西至罗通边界,南至合江边界,北至高峰边界。回虎村有6个村民小组,有农户344户,全村人口1260人,耕地面积2548亩,林地面积7000多亩,流转土地1000多亩。全村森林覆盖率90%以上,是名副其实的天然氧吧。

二、退耕还林还草情况及主要做法

(一)集中土地资源发展竹产业原料林

国家实施前一轮退耕还林还草期间,回虎村退耕还林面积493.2亩,全部种植楠竹,涉及农户227户。在退耕还林还草工程的带动下,该村竹林面积迅速扩张,林分组成已由原来的杉树、楠竹、其他树种混交演变成以楠竹为主。楠竹的迅速成片和可循环采伐利用为竹产业中游和下游产业链形成提供了可靠稳定的资源保障,楠竹采伐、竹产品粗加工与林下种植业成为回虎村的支柱产业。

(二)村社干部带头发展林下产业

依托成片的楠竹林,回虎村发展楠竹粗加工以及冬笋、竹荪、林下中药材种植、林下养鸡等种植、养殖特色产业。村干部积极钻研林下菌种植技术,带头发展林下菌种植,回虎村村社干部种植的竹荪已经达到了120亩,每亩竹荪投资大约10000元,每亩产值大约25000元。在村干部的带动下,已经有20户林农跟着干部学习种植竹荪的技术,计划继续扩大种植规模。目前,回虎村已经成立了两个专业合作社,主要从事林下经济。

(三) 与中下游竹加工企业协同助力脱贫

回虎村及周边乡村大规模种植楠竹及发展林下经济，为中下游加工企业提供了优质廉价的原材料，周边竹加工企业迅速发展，通过收购周边乡村楠竹与竹荪等竹初级产品、购买当地劳动力等方式，与周边乡村林农及竹资源形成了良好的互动局面：一是竹加工企业面向农户制定收购保护价，购买楠竹、竹荪等产品，确保农户收益；二是企业通过雇用劳动力，让农户获得务工收入；三是企业与政府通过对残疾人、精准扶贫户、再就业人员及居家灵活就业者等的技能培训，帮助劳动能力低下者实现就业。

(四) 通过精耕细作提高竹笋产量

竹笋是回虎村民林地收入的另一大来源，随着竹笋价格的提升，收入占比超过采伐楠竹的收入，但是因未能实施科学有效的竹笋培育技术，导致单位面积产出能力远低于浙江等发达地区水平。目前浙江竹笋产业发达地区每亩竹笋产值近万元，原因是实施了高效科学的培育技术，达到了按棵抚育的精细度。当地政府正在与浙江有关专家协商引进相关技术，把回虎村及周边竹笋发展成为除了楠竹原料林之外的支柱产业。

三、退耕还林还草成效

(一) 为川南竹海区域形成完整的竹产业链提供了坚实的资源保障

据纳溪区林业部门统计，全区现有竹林面积 77 万亩，占林地面积的 82.6%。其中，退耕还林、配套荒山造林、退耕还林后续产业种植竹林面积 18.88 万亩。杂竹蓄积 487 万吨，年可采伐 60 万吨。楠竹面积 12 万亩，年可采伐 380 万株。区内拥有四川银鸽纸业、竹韵家具等林竹加工企业 30 余家，企业所需楠竹等原材料均来自当地。据调查，一家小规模的初级加工企业对楠竹日均消耗量在 40~60 吨，相当于近 100 亩竹林的采伐量。由于竹初级加工利润较低，没有当地就近楠竹资源的支持，是无法支撑这些企业的原材料需求的。

(二) 吸引了大量资本和企业入驻当地从事竹产品加工制造

丰富的竹资源优势吸引了大批企业入驻，在当地建厂从事竹产品加工制造业，产品涉及 80 多个种类，包括造纸、竹炭、竹酒、竹笋、竹编、竹纤维、竹压板等，竹子资源得以充分利用。涌现了一批坚持技术创新、发展当地产业的企业家和社会组织。例如，活之酿酿酒公社有限公司自 2002 年成立以来，坚持产品创新，依托退耕还林还草以及林业造林项目实施的成片楠竹林,研发生产"生态健康酒",成为发扬当地酒文化、解决社会就业的特色企业,为此,还特意修建了全国第一座以竹酒为主题的博物馆。

活之酿酿酒基地

(三)大幅提升农户收益

据回虎村所在纳溪区林业部门统计,回虎村退耕还林种植楠竹493.2亩,3年成林后每年收入1000多元/亩,全村增加收入约50万元,同时林下种植竹荪120亩,每亩竹荪投资大约10000元,每亩产值大约25000元,收入150多万元。同时,退耕还林还草使以种植业为主的农业生产不断向林果种植业以及二、三产业过渡,促进了农村产业结构的调整和农村劳动力的转移。回虎村实施退耕还林还草后,300多名青壮年有的进城务工,有的就地进厂上班,剩下劳力发展林下种养业,实现了减地增收。同时,退耕还林还草工程的实施,促进了大量资金和先进技术流向山区,一些公司或个人采取租赁土地造林,提供种苗、技术以及部分资金并回收产品等形式,实行"公司+基地+农户"联合经营,提高了农业产业化经营水平和土地产出。

(四)对防止长江上游水土流失,改善生态环境具有重要作用

成片的楠竹四季常绿、根系发达、生长旺盛,对水土保持、水源涵养、土壤改良、生态环境改善、阻隔森林火灾蔓延等意义重大,生态效益明显。据统计,通过退耕还林还草的带动和促进,全区森林覆盖率提高了10.9个百分点,达到了57%,对防止长江上游水土流失发挥了重要作用。退耕还林还草后,全区水土流失面积逐年减少,自然灾害发生频率呈逐年下降趋势,特别是旱情、滑坡等灾害缓解明显,龙车镇阳坡、白节镇加鱼等昔日滑坡区,通过实施退耕还林还草,已成为生态良好示范基地。

四、经验与启示

竹子是我国极具特色的重要森林资源,竹产业也是绿色富民产业,加快竹产业发展是实现生态扶贫与乡村振兴战略的重要举措。四川是我国竹资源非常丰富的区域,是全球最适合竹类生长的区域之一,目前全省竹资源面积排全国第一位,竹产业得到了国家和各级政府的高度重视。习近平总书记在四川视察时指出:"四川是产竹大省,要因地制宜发展竹产业,发挥好蜀南竹海的优势,让竹林成为四川美丽乡村的一道亮丽风景线。"2018年四川省出台《关于推进竹产业高质量发展建设美丽乡村竹林风景线的意见》,把竹林作为筑牢长江上游生态屏障,实现竹兴农富的重点任务。四川发展竹产业也是现实的需要,乡村人口主要集中在山区,林地是他们赖以生存的主要土地资源。因此,要实现乡村振兴,发展竹产业是必由之路。

泸州市累计实施退耕还林还草61.47万亩,工程的实施在该市影响较大,不但筑牢了长江上游生态屏障,也为乡村找出了一条绿色可持续发展之路,解决了那些受教育程度低、劳动能力弱化的劳动者脱贫和获得稳定收入问题,这些群体是乡村产业振兴的最大受益者。同时,中华民族的优秀传统文化得以传承,这对维持社会团结稳定意义重大。但是,巩固退耕还林还草成效,发展后续产业,实现乡村振兴还面临着诸多挑战,如:受教育程度、收入等的影响,竹产业对年轻人吸引力不足,乡村仍存在空心化的可能;楠竹采伐、林下竹笋等利润不高,林地单位产出能力弱;科技支撑不足,三产融合程度不高等。要在巩固生态建设成果的基础上,大力扶持龙头企业,加工制造业的健康发展才能促进乡村振兴;吸引先进技术和人才,扎根乡村,提高林地单位产出能力。

案例3 叙州区隆兴乡退耕还油樟助推乡村振兴

宜宾是世界独有的油樟原产地,素有"油樟王国"的美誉,全市现有油樟林47万亩,樟油年产量1.4万吨,占全国70%以上,占全球的50%左右。2017年宜宾被国家发改委等九部委批准为首批中国特色农产品优势区,"宜宾油樟"获中国地理标志认证。隆兴乡位于岷江以北,距离宜宾市中心40公里,处于叙州区腹心地带,岷江支流越溪河横贯全乡,被称为生态之乡、油樟之乡和旅游之乡,樟竹资源十分丰富。

一、隆兴乡概况

隆兴乡地处叙州区北大门,全乡土地面积 142 平方公里,有隆兴、越溪两个场镇,辖 20 个行政村、187 个村民小组,共 8186 户 27838 人。现有耕地 2.313 万亩,林地 12.2 万亩,其中竹林栽种面积 3 万余亩,竹片年产量 4.5 万余吨,产值达 2500 万元以上;油樟种植面积约 8 万亩,年产樟油 2000 余吨,产值达 2.2 亿元以上。

油樟特色乡镇——隆兴乡

二、退耕还林还草情况及主要做法

1999—2015 年,隆兴乡共计实施退耕还林还草 2186.4 亩,涉及 14 个行政村 31 组 619 户,共计兑现政策补助金 572.48 万元。其中 2003 年实施退耕还林油樟、竹林 1500 亩;2006 年实施退耕还林油樟 520 亩;2015 年实施新一轮退耕还林油樟、竹林 166.4 亩。2011—2015 年共实施巩固退耕还林成果专项建设后续产业项目 2862.8 亩,共补助 57.3 万元。总的来说,隆兴乡通过退耕还林还草及成果巩固项累计发展油樟约 3000 亩。

(一)领导重视为樟竹产业发展营造良好氛围

依托退耕还林还草工程,乡党委、政府及时成立现代林业产业园区和特色农产品发展区工作领导小组,建立机构,明确职责,切实加强组织领导。坚持"绿水青山就是金山银山"的发展理念,充分利用会议、街头宣传、LED 等群众喜闻乐见的形式,给群众算好账,积极引导群众转变传统的种植观念,自发退耕还林,种植油樟,形成了保护和发展林业的良好风气。同时,积极争取退耕还林、造林补助及低产林改造等林业发展项目,增强农民积极性。近年来,全乡新增油樟种植面积6000余亩,其中退耕还林还草发展油樟3000多亩。此外,还建立健全考核机制,明确林业发展任务到村,并作为村年终综合考核指标,进一步助推樟竹产业发展。

(二)选择当地独特的乡土树种宜宾油樟

油樟系樟科樟属的珍贵树种,中国除台湾地区外,仅分布于宜宾,因此油樟亦称"宜宾油樟"。油樟是常绿乔木,高达50米,胸径3米,具有生长速、萌蘖强、载叶多、病虫少、树形美观、姿态雄伟、木质柔韧、纹理致密的特点,寿命长达千年,是成片造林和四旁绿化的首选树种。

油樟是宜宾原生乡土树种,樟叶含油率高。油樟枝、叶、干、皮均可提取芳香油,但以叶子含油率最高。樟油主要成分桉叶油素占58.55%,在国际贸易中被称为"中国桉叶油",畅销日本、新加坡、西欧、美国等50多个国家和地区。

(三)创新发展模式大力发展樟树加工业

在退耕还林还草营造大面积油樟和竹林的基础上,隆兴乡通过创新发展模式大力发展樟竹第二产业,帮助林农致富增收。一是大力引进与樟竹产业发展相关的企业。如:成功引进宜宾宸隆林业,该企业投资3000余万元建成了占地30余亩的油樟集中蒸煮场和实木板加工厂;成功引进宜宾鑫隆香料有限公司落户区工业园区兴建油樟精深加工厂;引进农森公司流转集体林地2000余亩。二是大力培育新型经营主体。如:发展小鱼窝竹业专业

隆兴乡油樟基地

合作社等林业经营主体4个；充分发挥岷江林场原职工经营示范带动作用，大力培育林业产业经营管理职业农民，通过林地流转、转变服务方式，扩大了种植面积和规模；组建油樟专业合社，开展技术服务和经营服务等。

（四）依托樟树景观大力发展乡村旅游

在退耕还林还草工程的推动下，隆兴乡以建设旅游强乡为总体目标，科学规划，统筹推进。坚持群众自愿，遵循市场法则，因地制宜实施"山樟沟竹"的发展布局，原则上以发展油樟为主、竹类为辅，在补植上以生产便捷为主，优先发展交通便捷的地方，在此基础上再向纵深发展。在发展上，始终坚持乡村振兴旅游的发展方向，既考虑群众家庭经济收益，也考虑到全乡旅游业的可持续发展，切切实实地打造"世界樟海"。以越溪河旅游开发及"世界樟海""中国油樟小镇"等建设项目为抓手，积极建设发展油樟康养基地、油樟别院、野外露营基地、油樟蒸馏水洗浴体验中心等服务设施和内容，大大促进了农户就业和增收。

（五）全力打造"世界樟海"乡村振兴战略示范园区

党的十九大吹响了全面实施乡村振兴战略号角，叙州区委、区政府依托中国特色农产品优势区宜宾油樟资源优势，决定全力打造"世界樟海"乡村振兴战略示范园区，促进区域产业融合。隆兴乡和丰村成为第一轮园区示范核心区，迎来乡村振兴新一轮机遇。

为谱写"世界樟海"这篇大文章，隆兴乡编制"世界樟海"乡村振兴战略示范园规划方案，以和丰村为核心精心编制项目23个，涉及建设内容66个，总投资1.98亿元，围绕

隆兴乡依托乡村振兴规划建设的油樟旅游景点

特色油樟产业建基地、创品牌、搞加工，推动一二三产业融合发展。

(六)创新利益联结机制提升全乡经济效益

依托"世界樟海"首个乡村振兴战略示范园，隆兴乡采用"公司+基地+农户""公司+专合社+基地+农户""地租+分红+劳务收入"等模式，编制项目23个，已完成农田整治、水利工程、水稻创意农业、油樟补植、旅游开发等7个项目，完成投资1.98亿元，预计将实现综合产值10亿元以上，利税1.5亿元以上，带动周边农户及外来务工人员就业2000人以上，成为宜宾县乡村振兴发展的典型。竹产业发展上，由政府牵线搭桥，采取"公司+专合社+农户"的联结方式，隆兴乡率先与宜宾纸业合作，签订了《竹产业发展及经营管理合作协议》，专合社实现了年销售量4万余吨、产值2000余万元。竹农入社后，享受保护价收购，仅此一项，人均增加收入超过100元，提振了隆兴乡竹产业发展的信心。

(七)强化技术指导，增强林农抵御风险能力

隆兴乡为了增强林农抵御风险的能力，一是大力开展技术培训，林业部门科技下乡举办农民夜校，大力开展对樟农、竹农的技术培训，提高种植户技术水平；二是大力实施技术改良，通过对苗木改良、栽植、管护、收集等环节的技术改良，提高了产量和效益；三是加强病虫害防治，减少农户损失。

三、退耕还林还草成效

油樟这个宜宾特有的树种经济价值高，当地群众称之为"摇钱树"。隆兴乡作为宜宾油樟最佳分布区，抓住国家退耕还林还草机遇，大力发展油樟，取得了显著的生态、经济和社会效益。

(一)为集中连片发展油樟产业提供资源保障

宜宾是油樟的原生资源地，叙州区油樟基地面积达37万亩，年产樟油超过1万吨，樟油产量占全国70%以上。叙州区加快推进现代林业产业发展省级综合试验区建设，大力推进油樟产业集中连片发展，油樟产业园区一期已落实建设用地710.4亩，隆兴乡樟油粗油集中加工点建成投产。2018年，油樟综合产值超23亿元，樟农人均从中获得收入超6000元。2017年，宜宾县先后荣获"油樟名县"称号，获得"宜宾油樟"国家地理标志证明商标，被认定为宜宾油樟中国特色农产品优势区、全省首批林业"双创"示范基地。2018年，油樟基地被评为"四川省十佳农业供给侧结构性改革示范基地"。

(二)吸引大量资本发展樟竹第二产业

丰富的油樟和竹林资源吸引了大量企业到隆兴乡进行投资建厂，发展油樟和竹制品加工制造业，产品主要包括油樟加工产品、实木板、竹制品等，油樟和竹林资源得到了最大效益的利用。在隆兴乡出现了一批发展本地产业的企业，包括宜宾宸隆林业投资监理的油樟集中蒸煮场和实木板加工厂、宜宾鑫隆香料有限公司建立的油樟精深加工厂等，还培育了信息经营主体，发展了油樟专业合作社和竹业专业合作社。

(三)对农民增收促进作用明显

据叙州区统计数据显示，实施退耕还林还草20多年以来，经济效益逐渐体现，叙州区油樟每亩收益达到3000元。隆兴乡3000亩退耕油樟年经济收入可达900万元。同时通过"林+茶""林+油""林+果"等退耕还林还草治理模式，香料、芳香油收益不断提升，使当地经济效益不断提升。大力吸收企业入驻建厂，也为隆兴乡农民提供了更多的工作机会，解决了农民就业问题，使农民收益增加，对社会稳定起到了极大的促进作用。

(四)对改善当地生态环境发挥重要作用

退耕还林还草工程实施后，原本垦复指数较高、水土流失较重的耕地上种上了集中连片的油樟和竹林，这对水土保持、水源涵养、土壤改良和生态环境改善，以及减少自然灾害的作用明显，具有明显的生态效益。据统计，退耕还林还草工程实施以来，全市森林覆盖率从34.30%增长到47.04%，年均增长率为0.64%。此外，退耕还林还草实施以来，宜宾市净增林地面积144.54万亩，其中退耕还林还草工程中退耕地造林贡献为96.68万亩，占新增林地面积的67.1%。退耕还林还草工程实施以来，当地珍稀鸟类、蛇类、野猪、野兔等野生动物种群数量不断增加，林下植被群落和数量也逐年增加，生物多样性明显提高。

四、经验与启示

油樟树干及枝叶均含芳香油，是重要的林产工业原料，发展油樟产业是实现生态扶贫与乡村振兴战略的重要举措。宜宾是油樟的原生资源地，全市油樟资源丰富，素有"油樟王国"之称。目前当地政府高度重视油樟产业发展，坚持"山樟沟竹越溪河谷"的发展理念，利用行政引导和市场促进方法，充分调动广大群众积极性，大力培育壮大油樟和竹类基础产业，资源优势不断凸显，形成了"一乡一品"产业格局，为乡村振兴奠定了良好的产业基础。据统计，宜宾市2017年农村人口235.02万人，占全市常住人口的51.88%，乡村人口主要集中在山区，林地是农民赖以生存的主要资源。

退耕还林还草工程在宜宾市的实施不但改善了当地的生态环境，也为乡村找到了致富增收的绿色可持续发展道路。在20世纪80年代，隆兴乡农民仍然以耕地为生，林地以杉木为主，来自林地的收入极低。在退耕还林工程的推动下，改种油樟，但是受市场影响，产业发展缓慢。近几年，随着人民对环保绿色产品的追求，油樟提炼产品价格不断提升，使得该地区的油樟种植加工成为林农的主要收入来源之一。以油樟等为代表的经济林加工提取的林化产品由于其天然的环保性正受到越来越多的市场认可，政府应组织力量，创新发展模式，大力发展油樟加工产业，依托资源优势，形成完整的油樟发展产业链，提升产品附加值。

案例4　筠连春风村退耕还林富村富民

筠连县隶属于四川省宜宾市，位于四川盆地南缘，云贵高原北麓川滇结合部，古为南丝绸之路的重要驿站，今为出川入滇的重要门户。筠连县史称筠州，唐武德七年置，以地产筠篁得名。筠本指竹子的青皮，后也指竹子。历史上，筠连县是一个竹林连片的竹子王国。筠连素有"川南煤海""中国苦丁茶之乡""中国奇泉之乡"之称。

筠连县春风村

一、春风村概况

春风村地处筠连县城东南，距县城约6公里，土地面积5200亩，其中林地面积3300亩，森林覆盖率63.98%。春风村是一个典型的喀斯特地貌的石漠化小山村，石漠化土地占了全村总面积的50%以上，土壤瘠薄、干旱缺水、资源缺乏。全村辖3个组，有农户203户、人口869人。2010年，春风村被评为"全国生态文明村"，2011年6月又获评"四川最美乡村"熊猫奖。

二、退耕还林还草情况及主要做法

1999—2015年期间，春风村以退耕还林还草工程建设为基础，逐渐形成了以林果、林茶、林花为主的特色产业，并促进了生态旅游蓬勃发展。

(一) 依托退耕还林还草实行生态综合治理

在村支部书记王家元的带领下，春风村坚持"科学实干、顽强苦干、创新巧干、共同致富"的春风精神，积极探索发展之路。从1999年开始，在县林业部门的帮助下，村支两委与林业工程技术人员一道深入春风村开展调查研究和规划，科学制定出了"山上植树戴帽、山中山脚种植李子"的生态综合治理方案。在退耕还林还草工程上，政府给予春风村重点倾斜，全村退耕还林还草总面积达到351.4亩，巩固退耕还林还草成果后续产业1697亩，共投入退耕还林还草政策资金121.2万元。

(二) 规模化发展多种特色种养殖业

依托退耕还林还草工程，根据自身特点，春风村基本形成了以林果、林茶、林花及林下套种和养殖为主的特色产业模式。目前，春风村已建成李子园1820亩，花卉苗圃基地1000亩，栽种以桂花、茶花为主的各种花木20余万株，投资260多万元。同时，全村发展立体种植、养殖，李子园集中连片的果树下配套发展菊花600亩；建成优质无公害良繁茶园1800亩，在茶园套种金银花600亩；李子林下套种黄精、砂仁等中药材300亩；林下养殖特色"桂花乌鸡"5.82万只。通过招商引资，在市、县林业部门的大力支持下，成立了"筠连县佛来仙居花卉园林有限公司"和"筠连县昕星果业有限公司"，以"公司+农户"的形式，进行花卉苗木栽培、种植，为城市绿化、公路绿化提供花卉苗木。

春风村退耕还林工程治理效果显著

(三) 依托退耕还林还草发展生态旅游

通过退耕还林还草工程的实施,春风村的生态环境得到了明显改善,也形成了丰富的旅游资源。春风村退耕还林种植李子,在不同的季节展现出不同风景,在村支书的带领下,利用春风村临近县城的区位优势,春风村开始逐步发展乡村生态旅游观光。在李子成熟的时节,许多游人到处游玩采摘李果,近年来,以李子果树为依托,通过举办"李花节""果品节"等活动,春风村生态旅游观光和农家乐发展十分活跃。2006年,春风村第一家农家乐——刘家花园诞生,经过十多年的发展,春风村已修建农家乐40多家,年接待旅客人数达5万人,旅游接待能力大大增强,全村旅游业收入迅速提高。

(四) 制度保障退耕还林还草成果

为巩固退耕还林还草成果,确保筠连县巩固退耕还林成果专项建设工作顺利推进,筠连县制定了《筠连县巩固退耕还林成果专项建设项目管理办法(暂行)》《筠连县巩固退耕还林成果后续产业发展(种植项目)实施办法》《筠连县巩固退耕还林成果后续产业发展(种植项目)施工技术方案》《筠连县巩固退耕还林成果后续产业发展(种植项目)检查验收办法》,指导全县巩固退耕还林成果专项建设。

三、退耕还林还草成效

春风村秉承着"科学实干,顽强苦干,创新巧干"的春风精神,依托退耕还林还草工程,在上级领导和村干部的带领下,积极发展特色产业和生态旅游,在生态效益、经济效益和社会效益方面均取得了显著成效。

(一)生态效益

在退耕还林还草工程实施过程中，春风村共建设李子园1820亩，花卉苗圃基地1000亩，良繁茶园1800亩，当地生态环境得到了较大改善，主要表现在：①水土流失明显减少，退耕还林还草植被有效地改善了土壤质地和结构，蓄水保土能力大大提高；②森林植被的增加，使当地水源和空气得到净化，小气候得以改善；③丰富了当地的生物多样性，野生动物增多。这得益于退耕还林工程在造林时，选择的是多种树种，增加了林地物种多样性，同时为野生动物提供了栖息地。

(二)经济效益

依托退耕还林还草工程，在村干部的带动下，春风村因地制宜发展特色经济林、林下种植养殖、生态旅游等后续产业，有效带动退耕农户增收致富。规模化的发展特色产业，采用"林+茶""林+竹""林+油""林+果"等退耕还林治理模式，使各类产品收益大幅提高，农民收入显著增加，同时通过发展生态旅游，不断壮大、升级产业，也使全村收入大幅提高。

2018年全村年产值达到1500万元以上，农民年人均收入从2004年的1800元增加到2018年的24100元，增幅达1200%。

(三)社会效益

退耕还林还草后，在村干部的模范带头作用下，春风村村民纷纷种植李子、茶树，发展林下种植养殖、开办农家乐等，将资金、技术、土地以及劳动力等生产要素优化配置，显著提高了林地产出率，促进了社会资源高效利用，解决了当地农民就业问题，从而对社会稳定起到了极大的促进作用。

四、经验与启示

筠连县是少数民族政策比照县，又曾是乌蒙山片区中的一个省级贫困县。筠连县春风村是一个典型的喀斯特地貌的石漠化小山村，"科学实干，顽强苦干，创新巧干"的"春风精神"发源于此，并引起了中央高度重视。

在村干部的带动下，春风村依托退耕还林还草工程，在实行生态综合治理的基础上，积极发展规模化特色种植、养殖等退耕还林后续产业，协同发展生态旅游，全面致力于实现乡村振兴，同时也取得了很好的社会、经济和生态效益。由于自然条件等因素限制，在通过退耕还林还草后续产业实现乡村振兴方面还存在一些问题：一是退耕还林还草大多面积小且比较分散，基础设施如水电路等较差，退耕还林还草多以单户经营为主，规模效应有待提高；二是农村劳动力大量输出，在发展后续产业方面，存在缺劳动力、缺技术等现象；三是产业发展层次不高，产业链较短，多以供给原料为主，相关企业数量较少，且实力较弱，产品精深加工能力不足。今后，在巩固现有退耕还林还草成果的基础上，政府部门应进一步加大对退耕还林还草后续产业发展的支持力度，如制定一些农民工返乡创业的相关优惠政策，同时鼓励退耕还林还草延长产业链，大力发展下游产业，提升企业技术水平，培育一批龙头企业及精深加工企业。

第九章
贵州案例

贵州省是国家生态文明试验区，内陆开放型经济试验区。贵州境内地势西高东低，全省地貌可概括分为高原、山地、丘陵和盆地四种基本类型，高原山地居多，素有"八山一水一分田"之说，是全国唯一没有平原支撑的省份。贵州是中国石漠化面积最大、类型最多、程度最深、危害最重的省份，生态环境极其脆弱。而贵州又地处长江和珠江上游，生态的好坏，直接影响到两江中下游中国经济最发达地区的可持续发展。贵州省从2000年到2019年，国家累计安排退耕还林任务3408.385万亩。其中前一轮退耕还林还草任务2003万亩（退耕地造林657万亩、荒山造林1123万亩、封山育林223万亩）；新一轮退耕还林还草任务1405.385万亩（退耕地造林1395.055万亩、荒山造林10.33万亩）。

案例1 湄潭大庙场村退耕还茶成效好

湄潭县，隶属于贵州省遵义市，位于贵州省北部。作为贵州茶产业第一县，湄潭在"全国重点产茶县"中排名第二，是"中国名茶之乡""中国十大最美茶乡"，所产"湄潭翠芽""遵义红"茶叶屡获国家级和国际名茶金奖。湄潭茶业的井喷式发展，以2002年启动退耕还林还草为标志，茶叶种植面积从此前的4.5万亩，发展到现在的60万亩，全县50万人口，有35.1万人从事茶产业，成千上万退耕农户靠种茶摆脱贫困，走上致富之路。

一、大庙场村概况

大庙场村属于湄潭县兴隆镇，距离县城8.6公里，为湄水河发源地，全村山地居多，大量山地为 25°~32°陡坡，2005 年以前多为低产梯田，水土流失严重。

大庙场村位于兴隆镇西南部，距离兴隆镇 16 公里，土地面积 146.7 平方公里，全村辖 15 个村民组（大庙场、桂花、云坝、丁家沟、沙坝、学堂、上中坝、龙井、上坝、东方红、鄢家寨、朝阳、小泥坝、杨秀丫、罗家坝），全村 1572 户 6292 人，其中劳动力 3027 人。全村耕地面积 7454.8 亩，主要农作物有水稻、玉米、茶叶、烤烟、油菜、辣椒。

大庙场村附近有"天下第一壶"茶文化公园、湄潭茶海生态园、龙泉山森林公园、湄潭浙江大学旧址、金桥宋墓等旅游景点，有"遵义红"、"湄潭翠芽"、茅贡米、湄江茶、湄窖酒等特产。云蒸霞蔚的云贵山就坐落在大庙场村。云贵山因山高林密，晴天仍有雾气环绕，故名云贵山。登上高高的云贵山顶，一幅气势宏大的山水画卷收入眼帘，层层叠叠的山峦如波涛汹涌的大海，人们不禁惊呼："大美自然！"

坐落在大庙场村的云贵山

二、退耕还林还草情况及主要做法

湄潭县境内森林资源丰富，森林覆盖率达 63.59%。当地奇特的喀斯特地貌、湿润多雨的气候条件以及优质土壤为茶树生长创造了条件。湄潭县茶产业有悠久的历史，也是目前湄潭经济和社会发展的支柱产业。湄潭县的退耕还林还草工作始于 2002 年，到 2017 年实施退耕还林还草 15.58 万亩，其中退耕还茶 5.15 万亩。

（一）退耕还茶情况

大庙场村依托国家退耕还林还草工程，在市县林业部门的引导下，积极发展当地知名茶叶产业，退耕还茶总面积 9984 亩，涉及人口 6292 人，人均退耕 1.5 亩。退耕还茶是这个村经济发展的亮点。过去这一带苦哈哈穷兮兮的，没有姑娘愿意嫁进来，光棍汉特别多。后来，国家退耕还林还草政策春风吹到了云贵山，家家户户退耕种茶树，几年的工夫就甩掉了穷帽子，云贵山的光棍汉们也迎来了人生的春天。

大庙场村山间茶园

（二）扶持龙头企业

2017年湄潭县投产茶园48万亩，全县茶园面积已达60万亩，茶叶产量5万吨，产值35亿元，茶叶综合收入87亿元。全县的茶叶生产、加工、经营销售、经营大户528家，注册企业385家，产值500万元以上的企业350家，涉及绿茶、红茶、黑茶及茶叶籽油、茶多酚、茶树花等12类综合开发产品。

贵州湄潭沁园春茶业有限公司创立于2006年，注册资本1200万元，是一家集开发、生产、销售为一体的省级龙头企业。湄潭沁园春茶业公司把生产与加工基地建在了大庙场村。公司以利益为纽带，采取土地流转返租的模式，与退耕还茶农户签订合同。公司拥有无公害茶园基地7000多亩，其中核心有机茶园611亩，从农民手中租用流转的茶园土地3000亩。公司年生产"湄潭翠芽"50万斤，茶树花20万斤，已实现茶园24小时在线参观。

（三）创新机制返租倒包

大庙场村在退耕茶园经营中，普遍采用"返租倒包"的做法。湄潭沁园春茶叶公司除了自己拥有600多亩有机茶园作为经营基础之外，还采取了"返租倒包"的方式，通过资源流转机制租用农民手中的退耕茶园3000多亩，平均流转费用为每亩500元，这叫"返租"。当地农民流转土地后，可考虑按照沁园春的经营方式承包已经流转的土地，从事茶树培育和抚育管理活动，这叫"倒包"。"返租"的目的是盘活资产，"倒包"的目的是激发农民参与经营的积极性，形成利益共同体。

在"倒包"过程中,沁园春提供种苗、肥料,派员指导栽种和抚育工作,为茶农提供的各种成本支出平均为每亩 1000 元。"倒包"以后,原来的农民变成茶农,经过 4 年培育期以后,收获的鲜叶按照承包合同,由公司统一收购,最好的"独芽"鲜叶,可生产 50~120 斤/亩,公司按照不低于市价的价格从农民手中收购鲜叶茶。"二叶一芽"的一般鲜叶,可得 400~500 斤/亩。

(四)发展林下经济茶园鸡

每亩茶园能放养 20 只鸡,一只茶园鸡市场上至少能卖 100 元,一亩茶园又能增加净利 1000 多元。目前,大庙场村已有数十户村民通过饲养茶园鸡增收致富。

(五)全力打造茶叶品牌

湄潭县有茶叶商标 150 个,其中"湄潭翠芽""遵义红"为全省"三绿一红"重点品牌,均获百年世博中国名茶金奖,"湄潭翠芽"获"中国驰名商标"和国家农产品地理标志保护,品牌价值 16.38 亿元,在贵州具有较高的知名度。

常年在大庙场村耕耘的湄潭沁园春茶业公司注重品牌打造,公司品牌主要有"常相守""湄潭翠芽""遵义红""名花仙子"等。

(六)积极发展旅游业

茶叶值钱,风景更值钱。赏心悦目的茶乡美景吸引了大量海内外游客,也为大庙场茶农带来了新的生财之道。大庙场村附近已经形成了包括田家沟、云贵山等连接在一起的系列景区,在大庙场村能够远眺山地森林、万亩茶海、桃花江、云贵山等,喀斯特地貌、云

云贵山上的退耕还茶纪念碑

雾、茶园和本地的民居，形成了丰富的景观以及茶文化。当地建设了良好的乡村旅游公路，各地游客可以自驾来到兴隆镇的乡村、户外山地和茶园，登临茶楼，远眺青山绿水，品茗弈棋，浅酌低饮，其乐无穷。

2012年，湄潭沁园春茶业公司依托大庙场村的生态有机茶园，实现茶业旅游业融合发展，沁园春茶庄年接待游客在4万人次以上，并以此延伸了茶园养鸡项目。2012年7月，中央电视台七套《乡村大世界》栏目组走进田家沟，录制了一期名为《喜迎十八大，我们的新农村》的节目。

（七）私人定制茶园兴起

随着大庙场村茶旅一体化的兴起，创客茶园、茶庄等新业态不断植入，"定制茶园"种茶、制茶、卖茶、卖风景，开启了一种全新的茶园经营模式。这种"私人订制"模式，客户只要每亩支付一定的费用，就可以拥有一片茶园，成为"茶园主"，可以每天24小时视频观看茶园的经营情况，每年可获得一定数量的个人"专属定制"茶叶。至于是加工成绿茶，还是要红茶，客户说了算。

大庙场村沁园春茶业有限公司总经理赵吉伟说："以前是茶叶采摘时找销路，现在是茶园根据客户要求生产；以前茶叶是按斤卖，现在是按亩卖。"

目前这种"私人订制"模式在湄潭、在贵州茶区方兴未艾，因为这种模式的茶园每亩收入要高出1000元左右，附近的茶农都希望把茶园流转给公司，按照"私人订制"模式来经营打理。

三、退耕还林还草成效

大庙场村利用国家退耕还林还草机遇，大力退耕发展茶叶，取得了良好的生态、经济和社会效益。

（一）生态效益

通过退耕还林还草，发展茶叶产业，湄潭县把原本粮食生产低而不稳的坡耕地变成了郁郁葱葱的森林茶园，全县森林覆盖率增加到63.59%，每年减少水土流失22.3万吨，全年空气质量优良天数率达100%。

大庙场村通过打造茶产业文化旅游，生态旅游景观日益丰富。曾经闭塞、贫困的云贵山，变成了黔北小江南，这里冬无严寒，夏无酷暑，云贵山水，鬼斧神工，如诗如画。

（二）经济效益

湄潭县林业局同志说："退耕还茶，老百姓获益最大。前一轮退耕还林还草中，全县通过退耕还茶全面脱贫的人口就达 31359 人，其中 70% 的贫困户盖起了黔北民居，过上了小康生活。"

大庙场村支书鄢吉伦告诉调查组："云贵山海拔 1200 多米，2002 年之前，老百姓都在山坡上种玉米，收成很低，肚子勉强填得饱，但手里没得钱花，也留不住水土。实施退耕还林还草后，山上 9984 亩耕地都种上了茶叶，全村人均种茶 1.5 亩，不仅改善了生态，而且优化了种植与产业结构，每亩茶园一年收入可达 6000 元，村民的日子越过越红火。"

（三）社会效益

在退耕还林还草的过程中，种植茶园和退耕后为了旅游业积极进行保护森林的活动，当地云海、茶园、喀斯特地形，以及各种旅游基础设施建设，在当地为农民经营民俗户、餐饮住宿、土特产买卖等经营活动提供了多种选择和良好经营环境。这些经营活动对于生态环境的要求较高，要依赖环境才能开展经营活动，因此也形成了自觉保护环境的意识。

在当地种植粮食一亩地也就是 200~500 元的收益，种植茶叶远比种植粮食要划算得多。由于茶叶和旅游产业的发展，在外打工的人不断回乡，全村有 200 多人参与了与茶有关的生产活动，产生了较大的社会效益。

四、经验与启示

农民从开始参与退耕还林还草，领取政府的补助，到近年参与茶叶经营企业的"返租倒包"，成为茶农，这里面要经过几次转变。第一次是自愿参与退耕还林还草，将农地退下来，变成林地；第二次是经过土地流转，让茶叶公司租用经营权；第三次是农民成为茶农。第一次有政府和林业部门宣传党的政策，能获得实实在在的退耕补贴；第二次和第三次是一个进一步的利益权衡过程。

大庙场村的"返租倒包"是随着新一轮退耕还林还草工程刚刚发展起来的，而这种方式在农业领域已经出现了 10 多年的时间，近几年在名特优新农产品的经营活动中具有较大的影响。退耕还林还草工作中，能够将农户的退耕土地和名特优新林产品的经营活动结合起来，具有应用型创新意义。这样的模式下，农民省心，可以节省时间和精力做一些力所能及的活，比如发展旅游、进城务工等来赚钱。农民不用把自己绑在土地上，灵活性和自由度加大了，经济收益更高。

从目前开展"返租倒包"方式的实践来看，主要适用于经营条件比较好的区域，由龙头企业带农户合作开展经营活动。资源禀赋优越才会有企业愿意承担风险，开展经营活动。同时企业的商业经营行为与要求长期管护的退耕还林还草工程联系在一起，就有一个如何让企业的经营行为既能够激活资源综合效益，又能够长期经营降低风险，还需要森林保险和相应的协调机制。"返租"的目的是盘活资产，"倒包"的目的是激发农民参与经营的积极性，形成利益共同体，这就需要很好地解决政府、林业主管部门、林农以及公司之间相互关系的协调问题。

案例2 赤水华平村退耕还竹脱贫成效好

赤水市位于贵州省北部，赤水河中下游，与四川省南部接壤，历为川黔边贸纽带、经济文化重镇，是黔北通往巴蜀的重要门户，素有"川黔锁钥""黔北边城"之称。赤水山川秀丽，风景优美，全市森林覆盖率82.85%，居贵州省第一位。赤水风景名胜区是国务院唯一以行政区命名的国家级风景名胜区，素有"千瀑之市""丹霞之冠""竹子之乡""桫椤王国"的美誉。赤水因美丽而神秘的赤水河贯穿全境而得名，更因中国工农红军"四渡赤水"以及赤水丹霞世界自然遗产而扬名中外。

一、华平村概况

华平村属于遵义市赤水大同镇，位于赤水市西，气候温和、温润，年均降水量1280毫米，海拔228~1280米，具备亚热带生物生存繁衍和活动的优越条件。华平村总面积31.5平方公里，其中公益林面积1.38万亩，商用林0.8万亩。华平村辖15个村民小组、1个街道，952户3395人，人均纯收入达1000多元。从2003年以来修建组、村公路80多公里，其中块石路面40多公里。主要产业是竹业和旅游业，杂竹林发展2.5万亩，楠竹0.8万多亩。

华平村旅游资丰富，附近有四洞沟旅游景区、四洞沟瀑布群、红石野谷（杨家岩）景区、大同古镇、月亮湖景区等旅游景点。

二、退耕还林还草情况及主要做法

2001年，国家退耕还林还草工程在赤水启动，推动了竹产业快速发展。2000年前，赤水市竹林面积只有53.2万亩，到2017年全市竹林面积飞速发展到132.8万亩，居全国第二；农民人均种竹面积达6亩，居全国第一。

华平村附近的森林景观优美

(一)政府引导优先发展竹业

从 2001 年开始,赤水市委、市政府经过广泛深入的调查研究,提出了"退耕还竹"的发展线路,大力培育竹林发展竹产业。截至 2017 年底,赤水市竹林面积达 132.8 万亩(其中毛竹林 52.8 万亩,杂竹林 80 万亩)。毛竹年采伐量可达 1200 万株;杂竹年采伐量可达 80 万~100 万吨,鲜笋产量可达到 5 万吨。

大同镇退耕还林还草 1.52 万亩,主要是退耕还竹,森林覆盖率近 90%,有竹林 11.16 万亩,其中,年采伐杂竹 8 万吨、楠竹 60 万根。

华平村在退耕还林工程中,村党支部书记李洪刚积极响应市委、市政府发展竹业的号召,领着村民退耕还林栽竹子 5000 多亩,建起了农民专业合作社,鼓励、引导村民办竹林客栈,搞乡村旅,取得了良好成效。

华平村的竹林

(二)龙头企业带动

目前,赤水市全市林产类注册加工企业83家,其中年加工产值在1000万元以上7家,5000万元以上3家,1亿元以上的2家。全市竹材加工利用率85%以上,竹笋加工利用率达到了60%。赤水市开始进入了"以竹产纸、以纸兴工、以工辅农、以农护竹"的循环经济轨道。

华平村退耕还竹生产的竹材主要用于黔北20万吨竹浆林纸一体化项目——贵州赤天化纸业股份有限公司竹纸企业造纸提供原材料。赤天化纸业股份有限公司成立于2003年10月18日,注册资本7.24亿元,主厂区占地面积1200余亩,现有员工563人,公司投资"黔北20万吨/年竹浆林纸一体化工程"。2017年,公司经营再创佳绩,收购竹原料81.2万吨,生产浆板23万吨,完全实现产销平衡,企业利润大幅增加,上缴税收3700多万元。

贵州赤天化纸业股份有限公司

赤天化纸业股份有限公司每年能"吃"掉上百万吨的竹子,直接带动赤水竹木加工企业60多家。以赤天化25万吨竹浆林纸一体化项目和30万吨生活原纸制品项目为龙头,赤水形成了造纸、建材、竹地板、竹纤维、竹工艺品、竹生态食品等涉及10多个领域近300个品种的竹产业链条,花样繁多的赤水优质绿色竹产品纷纷走出大山,俏销20多个省(自治区、直辖市),以及欧美17个国家和地区,竹加工业产值占全市工业总产值的40%。

(三)依托竹林发展旅游业

华平村所在地旅游资源泉丰富,区域内分布着四洞沟、燕子岩国家森林公园、赤水竹海等著名景区,竹林不仅是重要的绿色物质资源,还是很好的景观资源。旅游业的发展在助力当地农民脱贫走上绿色发展道路方面发挥了基础性作用。

华平村从2001年开退耕还竹,是赤水最早参加退耕还林还草工程建设的村庄。华平村一方面努力经营竹林,一方面依托竹林资源发展旅游业。多年来伴随退耕还林还草乡村周边形成了沿河谷地带丰富的旅游资源,华平村由原来的贫困村开始融入旅游事业和竹产业的发展进程中,建设了竹林旅游步道,村里建设了停车场、旅馆和餐饮店。在华平村的竹产业发展进程中,旅游业的收益占到全部收益的30%左右,与竹产业的收益相当。

(四)发展林下经济竹林鸡

在丰富的竹林资源下,华平村还发展了竹林鸡养殖业。村支书李洪刚带领村民在竹林下散养乌骨鸡,一亩竹林能够散养乌骨鸡20只,一只竹林乌骨鸡能卖到100多元。目前已经有200多户村民开展相关的养殖业。

三、退耕还林还草成效

华平村退耕还竹不仅增加了森林面积,森林覆盖率达90%,改善了生态环境,而且竹林也是优质景观资源,华平村依托竹海资源和附近丰富的旅游资源,大力发展乡村生态旅游,促进了乡村事业全面发展。

(一)生态效益

赤水市自2001年实施退耕还林还草工程以来,退耕还竹20多万亩,竹林面积从退耕前的53.2万亩,到2017年全市竹林面积飞速发展到132.8万亩,森林覆盖率从退耕前的63.4%增加到2017年的82.85%,居全国第二,生态环境明显提高。华平村通过退耕还竹5000多亩,改善了生态环境,森林覆盖率高达90%。

(二)经济效益

赤水市退耕还竹促进了竹业大发展,全市农民人均种竹面积达6亩,居全国第一。华平村通过退耕还竹,目前有竹林33000多亩,总人口3395人,人均约10亩竹子,全村竹林总收益达520万元,人均竹子纯收入达1500多元。华平村贫困发生率曾高达27.6%,被列为省级三类贫困村。通过退耕还林栽竹子,建起了农民专业合作社,鼓励、引导村民办竹林客栈,搞乡村旅游,在山上散养乌骨鸡,实现了脱贫。2017年10月底,国务院扶贫办公布全国26个贫困县脱贫摘帽,赤水成为贵州省和乌蒙山集中连片特困地区首个脱贫出列县。

华平村通过竹产业增加农民收入有四个途径:一是竹原料,一个勤劳的家庭一年能收入1万元以上；二是竹笋，竹笋不同品种和不同季节均可以出售，每年收入1000元以上；三是楠竹，楠竹经济价值高，种植有楠竹的家庭，一根竹可卖10元钱；四是竹产品加工，如竹编、竹雕等，极大地提高了竹的价值。

（三）社会效益

华平村在山上种植了大量竹林，在林下发展了竹林鸡和森林康养业。花坪村周边有漂流、瀑布、竹海等旅游资源，每年都有数十万游客，或自驾或组团来到华平村及其周边村落旅游。这也为停车场、住宿和民俗小吃产业的发展创造了条件。

四、经验与启示

在林业产业的发展进程中，如何保障基层林农的利益，如何让经济发展与旅游业和林下经济协同发展，这是一个系统工程。在华平村的实践中，退耕还竹—竹浆林纸一体化—林下经营—生态旅游形成了一条乡村绿色发展、脱贫致富的道路。

在赤水脱贫和绿色发展的进程中，退耕还林还草工作作为坚实的基础性产业作用，发挥了巨大的积极推动作用。在近20年的退耕还林还草工作中，华平村党支部和村委会在党委和政府带领下，根据上级领导的总体发展战略以及周边环境的变化，坚持绿色发展，将退耕与资源产业发展联系在一起，努力让森林资源的经营给林农带来实实在在的利益，并通过龙头企业带动、科学管理产生综合效益，使得退耕还林还草工作的成果能够得到保持，让当地林农参与到经济和社会大发展的热潮中，取得了巨大成功。

在竹农、与企业经营之间，竹农利用退耕还竹培育的竹子资源，在山上创造了巨大的资源培育基地，保障了竹加工产业能够持续不断生产基于竹林资源的纸张、竹产品，使得山地的竹林资源能够找到市场出路，退耕还林和主产品经营形成了上下游产业链。包括造纸、竹地板、装饰板、旅游竹屋等。这些企业的经营活动为竹林培育业创造了需求，部分竹片加工机器就设置在通往山区竹林的路边，随时加工随时运往加工厂用于加工木浆。

在这样的生产链中，"林区变车间""竹农变工人"，竹林管理、培育、采集、加工延伸到林区，竹林变为纸业公司"第一车间"；竹农通过合作组织，参加林道修建、竹林抚育管理、竹林采伐和前端加工，解决就业。

第十章
云南案例

云南省位于中国西南的边陲，素有"动植物王国"的美誉，生物多样性丰富，生态保护任务艰巨。云南省历史文化悠久，山河壮丽，自然风光优美，再加上众多的历史古迹、多姿多彩的民俗风情、神秘的宗教文化，旅游资源丰富多彩。云南省地势呈现西北高、东南低，自北向南呈阶梯状逐级下降，有高黎贡山、怒山、云岭等巨大山系和怒江、澜沧江、金沙江等大河自北向南相间排列，三江并流，高山峡谷相间，地势险峻。云南省河川纵横，湖泊众多，分属长江、珠江、红河、澜沧江、怒江、伊洛瓦底江六大水系，生态地位突出。云南省自2000年开始退耕还林还草以来，累计完成退耕还林还草2968.93万亩，其中前一轮退耕还林还草任务1813.93万亩（退耕地还林533.1万亩，荒山荒地造林1060.33万亩，封山育林220.5万亩），新一轮退耕还林还草任务1155万亩。

案例1 隆阳下麦庄村退耕还核桃奔小康

隆阳区隶属云南省保山市辖区，地处怒江山脉尾部、高黎贡山山脉之中，镶嵌于澜沧江、怒江之间。隆阳区素有"滇西粮仓"之称，被国家和云南省列为"香料烟生产基地""小粒咖啡生产基地""国家糖料基地""芒果生产基地"等。

一、下麦庄村概况

下麦庄村隶属于保山市隆阳区瓦窑镇，属于山区。位于瓦窑镇北边，距离该镇31公里。土地面积4.71平方公里。

下麦庄地处深山区，最高海拔2600米，是典型的山村，年平均气温16℃，年降水量380毫米，在山沟的台地适宜种植水稻、玉米、大豆等农作物。共有农户120多户500多人口，农民收入主要以农、林、牧、副业为主，该村曾一度属于贫困村，人均土地半亩左右。

进出山村沿一条十分陡峭的土路。村民祖祖辈辈居住在山村的木屋内，将大山上生长的树木砍下来建造房屋，旧房屋为土木结构，山上的石头和木头就是基本的建筑材料。

在山坡较平的地方，开片地种上玉米，等待收获是这里村民传统的生活方式。当地山民收获的农产品，除了自用外，还会跋涉数十里到镇上的市场销售，来回一次十分不便。由于山高、江宽，交通不便，很长时间与外界联系较少，是典型的贫困山村。

曾经计划整村搬迁的下麦庄村

二、退耕还林还草情况及主要做法

2002年，下麦庄村开始实施退耕还林还草，按照当时的政策，村民退1亩地，国家给补300斤粮食、50元种苗费、20元补贴。这样的退耕还林还草政策对于小麦庄村民维持生计有一定的帮助。按照当地村民的说法："山上种苞谷，一亩地能收200斤就不错了，享受退耕还林还草政策，基本解决了吃饭问题。"前一轮退耕还林还草政策，对于下麦村的村民来说解决了在不开荒、退出山地农田情况下的温饱问题，实施退耕还林还草总面积793.3亩。

(一)退耕还林种核桃

在林业主管部门的指导下,下麦庄退耕还林还草选择种植优质核桃。经过10多年的培育,下麦庄村里的核桃已经到了收获的季节。2016年,下麦庄被国家林业局评为"第二批国家级核桃示范基地"。为了适应电子商务发展的新形势,下麦庄村的核桃合作社还办起了"枣夹核桃"加工厂,生产了核桃油、核桃干等系列产品,注册了"云庄核桃""枣夹核桃"商标品牌,并在电商平台成功上市。在2017年底昆明举办的核桃博览会上,下麦庄村的核桃加枣产品获得了银奖。

下麦庄的主要种植和养殖产品:核桃、枣夹核桃、黑山羊和魔芋

(二)发展林业经济养殖山羊

为进一步提高退耕还林还草的经济效益,2014年,在保山市扶贫办的支持下,下麦庄村引进了黑山羊养殖业。隆阳区林业和农业部门派技术人员进行指导,在退耕还林核桃林中间作了魔芋作为食品原料,间种了黑麦草作为黑山羊的饲料,种植的其他粮食作物中的一部分也作为饲料用于黑山羊饲养。

(三)成立专业合作社

为进一步提高退耕还林还草核桃经营水平,下麦庄村在发展种植和养殖业的过程中采取了"合作社+农户"的经营模式。2014年下麦村成立了核桃专业合作社,入社农户占全村农户数的95%。村里的核桃种植由合作社按照统一技术标准、进行统一科学管理、统一采收销售,有效解除了农户对核桃种植、培育、加工和销售的技术和管理困扰,提高了农民对市场风险的防范能力和市场竞争力。

(四)成果巩固专项完善配套设施

下麦庄村伴随着退耕还林成果巩固专项、国家实施的"三农"政策和"扶贫"政策实施，先后实现了路面硬化、村村通等目标，已实现通水、电、路、电话。

下麦庄建设的新民居

三、退耕还林还草顾成效

按照党中央和国务院的部署，通过积极开展退耕还林还草、落实"三农"政策、实行精准扶贫等综合措施，下麦庄村从一个落后、封闭、贫困的小山村变成一个充满活力、走绿色发展道路、实现脱贫致富的新农村。

(一)生态效益

下麦庄退耕还林还草近800亩，提高了森林面积，目前全村森林面积25174.5亩，森林覆盖率为92.3%，曾经陡坡种植的玉米，如今变成了一排排核桃林。目前全村核桃年产量300吨，是"国家级核桃示范基地"和"森林云南"建设省级示范基地。

如今的下麦庄村，坐落在半山腰，村里一间间小楼房依山而建，房前屋后种着一排排核桃树，树下栽有魔芋、牧草，屋外有羊舍和牛棚，鸡、鸭丝毫不畏行人地在道路上随意游走小憩，充满了乡野农趣，好一个世外桃源。

(二)经济效益

下麦庄村通过退耕还林还草种植核桃，带动了全村经济大发展。到2017年，下麦庄发展核桃 8500 亩,户均 80 亩,人均 18 亩,全村户均收入 5.76 万元,人均年收入从退耕还林还草前的不足千元增加到 1.32 万元,过去有名的贫困村一跃成为瓦窑镇 25 个行政村中人均收入最高的富裕村。

据瓦窑镇扶贫办主任介绍,脱贫以前,下麦庄村是瓦窑镇最偏远、最贫穷的一个山区村,与现在是截然不同的面貌。以前村里每家每户就在陡坡上种几亩玉米、小麦,一年下来一家也就挣到 2000~3000 元。直到 2002 年,赶上退耕还林还草政策,全村开始种植核桃树,村民们也才能靠散卖核桃鲜果获取收入。

村民的家里已经有了大量的电器,生活安宁

(三) 社会效益

下麦庄村在退耕还林种植核桃奔小康的过程中,党群关系、干群关系、社会治安等都发生了积极的变化。在这个过程中地、县、乡以及村集体都发挥了重要作用,特别是村里的党组织发挥着积极的作用。在村里的黑板报上,清清楚楚地写着党的十九大报告相关信息,村里还经常召开相关政策的学习会,村里与外界保持着充分的沟通。村支部领导村民积极执行党和国家有关农村发展的各项政策,将相关企业的技术和知识引进封闭的山村,完成由贫到富的转变。

四、经验与启示

在一些资源禀赋并不丰富、交通条件并不方便的深山村,退耕还林还草工程实施以后,会出现什么变化?如何保证山村村民从传统刀耕火种、砍树为生的低水平生活方式中解放出来,保护环境,同时又发展经济?这些成为一个个令人关注的问题。下麦村的实践有重要启示。

第一是关于生态承载力的话题。原来的下麦村主要依靠采伐山上的森林获得木材，依靠在山上开荒种植玉米、土豆等，村民的生活极为贫困。为了赚几个零花前还要起早贪黑，到几十里外的瓦窑镇做买卖，卖完土特产后还要摸黑回家。就是这样也赚不了几个钱。那个时候人们把自己的山羊放到山上，养活一只羊要用10亩山坡土地。山里也没啥草可吃，羊也长不肥，卖不出好价钱。现在利用核桃林下间作饲料，一亩地再配以一些饲料可以养活3只黑山羊，原来一只羊卖一两百元，现在的新品种受到市场的欢迎，可以卖到1000多元一只，有专业公司提供种羊种和负责收购。按照这样来算，土地的承载力就是原来的30倍。

第二是关于山区土地经营的循环经济。现在养黑山羊实行的是圈养，不破坏生态环境，羊粪还能作核桃树的饲料。在村里还建设了垃圾焚烧设施，生活垃圾及时处理，焚烧后的生活垃圾不危害环境，部分还能作为草木灰施到田里，增加土地肥力。

第三是实行经济林的间作。在核桃林中间作魔芋和饲草，形成了复层植被结构，有利于保护地表，不至于造成裸露，降低了经济林生产对于环境可能存在的负面影响。

在保山地区的大山深处，党和政府的各项政策指导山村的经济和社会发展，离不开生态环境作为基础。生态环境保护着一方水土的平安，在一个环境良好、社会进步的环境下，即使是大山深处的山村也与飞快发展的现代社会同脉搏，共发展。

下麦庄村还有一个特别值得注意的现象，就是在实施退耕还林还草工程中，基层党组织发挥了战斗堡垒作用。在有知识、有能力和具有丰富管理经验的村支部一帮人领导下，将村民团结在党组织周围，利用国家退耕还林还草政策改善环境、发展经济、繁荣文化，为乡村振兴打下了坚实的群众基础。

案例2　红河齐心寨村退耕还沃柑奔小康

红河哈尼族彝族自治州红河县，是全国最大的哈尼族聚居县，创造了令世界惊叹的"红河哈尼梯田"。在退耕还林还草等惠民政策的吹拂下，红河谷开始热潮涌动，当地村民发现，自己脚下干旱贫瘠、广种薄收的土地，一夜之间变成了能改变生活与命运的投资筹码，土地入股，农户成为股东。干热河谷虽然又干又热，却是发展热区林果业极其宝贵的资源，但过去由于干旱缺水、林农无资金、缺技术，单家独户缺乏组织能力等因素制约，广大林农也只能望山兴叹。随着退耕还林还草工程的开展，一些农业经营公司利用干热河谷地带能栽培热带水果的环境优势，在当地政府的支持下，来到干热河谷，进行经济林栽培，开发热带水果经营项目，将当地自然环境条件的经营潜力发挥出来。

一、齐心寨概况

迤萨镇齐心寨位于云南省南部,红河上游南岸,属亚热带季风气候类型,典型的红河干热河谷环境,立体气候十分明显。全年平均气温20.9℃,年降水量945.3毫米,有"一山分四季,十里不同天"的地理环境特点。常出现冬春少雨易干旱,夏秋多雨,时有山洪发生的现象。

红河县迤萨镇齐心寨村委会

迤萨镇齐心寨村共有11个自然村,山地面积较大,全村的土地都挂在山坡上。齐心寨所在的地区处在山顶的部位。向下望去就是红河,河谷地带年降水量为700~900毫米,南部山区为1500~2000毫米,全县年均降水量1340毫米。齐心寨附近的山上森林资源丰富,林木种类繁多,主要树种有云南松、思茅松、油杉、桦木等。

二、退耕还林还草情况及主要做法

云南红河县在2002年开始退耕还林还草,在前一轮退耕还林还草工程中,齐心寨也积极参与了相关的工作,当时的补助政策解决了村民的温饱问题,对于这些,村民记忆犹新。2014—2016年,红河县在13个乡镇启动实施新一轮退耕还林还草4万亩,农民直接获得国家政策性补助资金3200余万元,受益农户1708户7686人,其中建档立卡贫困户750户3201人。

（一）加强政策引导

2014年，在党和国家新一轮退耕还林还草等惠民政策的推动下，红河县委和政府开始考虑利用干热河谷的自然环境条件，通过发展现代种植和养殖业，让脚下干旱贫瘠、广种薄收的土地变成乡村和农民致富的资源。在县委和县政府的领导下，齐心寨党支部带领村民响应政府的号召，在村两委的组织协调下，全村160多户村民与多家合作社及多家公司顺利签订了土地流转合作协议。通过建立和完善管理机制，退耕还林还草的优惠政策和政府的关怀改变了退耕户的生活方式，参与退耕还林还草也成为一种新的投资活动，受到当地村民的欢迎，当地的村民和地方负责同志都表示，感谢党和政府的政策。

（二）推广新品种无核沃柑

近几年，无核沃柑开始在国内部分地区试点种植，其中以广西、云南居多，四川、重庆等地区有部分区域开始种植。沃柑果质好，卖价一直居高不下，成为果农的种植新宠。沃柑和普通晚熟柑橘比起来，挂树期可以延长到次年6月左右，是典型的柑橘中的"晚熟大王"。不仅如此，这种柑橘的含糖量也比普通柑橘高得多。沃柑长势旺盛，一般两年就可以挂果，甚至一年就有挂果的，这样可以节省一些成本。沃柑丰产性较强，果实冬季落果少，挂树性能优良，果实采果期长。

齐心寨推广的新品种无核沃柑

（三）与精准扶贫相结合

在实施新一轮退耕还林还草中，红河县委、县政府创新模式，兼顾经济效益、社会效益、生态效益,把退耕还林与产业发展、精准扶贫和生态文明建设紧密结合,科学编制实施方案,每年的退耕还林还草建设指标都重点向贫困乡镇、贫困村、贫困户倾斜,既"输血",落实好中央直补政策,让贫困农户得到实惠;又"造血",大力发展后续产业,种植经济林果和速生丰产林,让贫困农户获得稳定收入,促进脱贫致富。

(四)推广龙头企业带动模式

齐心寨引进的红河牛多乐庄园有限公司于2014年在红河县市场监督管理局注册成立,注册资本为1000万人民币。公司主要经营水果种植、内陆养殖及销售,有好的产品、专业的销售和技术团队。红河牛多乐庄园有限公司的经营目标是创建万亩沃柑扶贫产业示范园,并以园区和百亩水产养殖基地为中心,打造一个年产超过亿元,集生态种植、农家乐、水上乐园和热带水果旅游采摘为一体的大型旅游产业综合实体。目前已在齐心寨建成了千亩沃柑标准产业园。

(五)探索合作社经营机制

齐心寨村党支部和村委会组织256户1000多名村民成立了柑橘种植农民专业合作社,在其"党支部+合作社+农户+龙头企业"的合作方式中,村党支部与集体参股农民专业合作社,签订协议,召开党员大会,推选出值得信任的党员代表,农民用退耕土地加入合作社,在村党组织的领导下集体入股,与红河牛多乐庄园有限公司共同开发,种植沃柑,公司负责技术和经营活动。

(六)推广土地入股模式

村民与合作社签订土地(租赁)合作(流转)协议书,土地流转期为30年。当地农户自愿以土地入股的方式,建立柑橘种植合作社,由合作社代表农户与牛多乐公司合作,农户的土地所有权不变,公司承包土地管理种植30年,每年每亩给合作社土地租金1000元,合作社以前4年土地租金的一半入股,即公司在前4年每年每亩支付合作社地租500元,剩余500元租金当作合作社股金入股,第5年开始公司每年每亩除支付1000元租金外,给予合作社每亩不低于1000元的利润分红。

三、退耕还林还草成效

(一)生态效益

干热河谷气候是特殊的地貌形成的一种奇特的气候。在地形封闭的局部河谷地段,水分受干热影响而过度损耗,这里的森林植被难以恢复,缺水使大面积的土地荒芜,河谷坡面的表土大面积丧失,露出大片裸土和裸岩地。在干热河谷区域的向阳面山坡,特别是较多河谷地区,往往炎热少雨,水土流失严重,生态十分脆弱,部分地区几乎寸草不生,部分地区寒、旱、风、虫、草、火等自然灾害特别突出。齐心寨通过退耕还林还草工程,让广大村民参与到红河牛多乐庄园有限公司万亩沃柑的建设,水土流失严重的坡耕地,披上了绿装,生态环境得到了明显改善。

(二)经济效益

齐心寨村民参与的红河牛多乐庄园有限公司的沃柑,现在已经挂果,鲜果很早就已经全部被预订。据测算,每亩沃柑年收益达8000元,齐心寨的千亩沃柑年收入达800万元。参与退耕的村民普遍表示,原来当地种植的甘蔗和水果产量低,质量差,卖不出价钱,经济收益很少而且不确定性太高,而通过公司经营品质好的沃柑,就能卖到好价钱,参与其中除了享受退耕还林补偿款,还能享受土地流转租赁金、到公司劳动的工资,以及未来公司经营的股东红利。

公司+合作社经营模式,保障了农民的经济收益。按照合同计算,农民退1亩坡耕地,参与合作社经营活动30年可获70000元总收益。如村民到沃柑种植园务工,每月工资收益2500元左右,加上固定土地流转年均经济收益2333元(保底1000元),月平均经济收益可达2830元。

(三)社会效益

云南省地处我国西南边陲,是众多少数民族聚集的省份,山区、边疆再加上历史和风俗习惯的原因,当地的少数民族习惯在山上开荒,撒上些苞米或苦荞养活一家人。在齐心寨,过去人们也习惯了这样的做法,靠山吃山也成为一种习俗。这种"刀耕火种"的耕作方式并没有给当地的村民带来富裕的生活,也没有带来当地经济和社会发展方面的巨大变化,生态环境恶化和干热河谷地区干旱与水土流失等生态环境问题,时刻威胁着当地的经济与社会持续发展。进入21世纪以来,当地根据国家退耕还林还草政策,让农民通过退出高山的荒地,保护生态环境,同时努力实现生产方式转型,当地的生产生活方式发生了巨大的变化。

四、经验与启示

在政府推动退耕还林还草,追求经济、社会、经济效益的过程中,必须妥善处理企业、农户等利益相关者之间的关系。村党支部"红色股份"机制在当地退耕还林还草工作平台中,将两个主要利益相关者联系起来,介于龙头企业与农户之间,发挥了缓冲和调节等积极作用,加强了农民与龙头企业间的相互信任。实践证明,这在管理过程中是一种具有积极意义的好方法,值得大力推广。

案例3 腾冲新岐社区退耕还林还草壮大集体经济

腾冲市隶属云南省保山市,位于滇西边陲,西部与缅甸毗邻,历史上曾是古西南丝绸之路的要冲。腾冲市是著名的侨乡、文化之邦和著名的翡翠集散地,也是省级历史文化名城,滇西抗战的战略要地。

一、新岐社区概况

新岐社区位于腾冲市西部,国土面积53.6平方公里,平均海拔1900多米,山多和林密是新岐社区的特色。新岐是一个有300多年历史的古村落,也是古丝绸之路的腾冲最后一站,以前的马帮将云南的普洱茶运往各地。马帮的贸易活动让这个深山里的小村庄以气候宜人、环境秀丽、风光优美、村民淳朴、村舍古朴闻名于西南边境。新岐社区下辖12个村民小组,农户1181户4604人。

二、退耕还林还草情况及主要做法

自2002年实施退耕还林还草工程以来,新岐社区抢抓机遇,村民退耕还林还草的热情空前高涨,至2012年,实际退耕还林1.2万亩,涉及12个村民小组845户农户。同时,依托巩固退耕还林还草成果、国家木材战略储备林、木本油料产业等项目,平均每年造林都在0.2万亩以上。

(一)村委会干部带头退耕还林还草

自2002年开始,新岐社区党总支充分发挥领导核心作用,抓住国家实施退耕还林的契机,广泛发动群众退耕还林还草、绿化荒山。对新岐人来说,2002年是个意义深远、不可忘却的年份。村民祖祖辈辈沿袭下来的生产生活方式、思想观念乃至村里的产业结构,从这一年开始,发生了颠覆性的改变。村里实施退耕还林还草,虽然村干部把这项政策说得都挺好,但村里还是炸开了锅:"我们新岐本身耕地就不多,好端端的山地不用来种粮食，却要用来种树。"村干部一方面挨家挨户反复宣传国家的退耕还林还草政策，给村民算种粮和种树的经济账，算眼下和长远的发展账；一方面带头退耕，村委会老主任闫生琼就把自家5亩耕地都退了下来，全部种上了树。

第二年，骡马驮着国家补助的粮食浩浩荡荡进了村，部分思想守旧、将信将疑的村民才彻底转过弯来："农民不种庄稼，就有粮食吃，村集体帮助种树，国家给粮给钱，钱粮和树还是自个的，这个政策天底下最实惠！"

在村委会干部的带头示范作用下，新岐社区从2002—2005年3年间，村民退耕还林的热情空前高涨，许多当时的"反对派"也争先恐后抢着退耕还林还草，有的还成了造林大户。退耕还林还草比种苦荞和苞谷更划算，一些村民没有补助也自发地搞起了退耕还林还草，全村6000多亩的退耕还林任务，实际退了1.2万亩。

新岐社区退耕还林，营造人工林

（二）退耕还林还草后村集体统一管理

新岐退耕还林还草以生态林为主，主要树种为秃杉、旱冬瓜、光皮桦、华山松、杉木等。考虑到获益周期较长、造林技术及管护标准高等因素，村民委员会与退耕农户签订了承包经营协议，由社区统一调苗，统一组织专业队造林，统一进行管护，退耕还林还草补助粮款归村民所有，村民参与造林管护时由社区发放工资。当林木有收益时，按"三七"分配，农户得七成，集体占三成。

为此，新岐社区在实施退耕还林还草工程中，与农民签订了《中和镇新岐社区退耕还林村集体分成部分合价收取实施方案》，合同规定到林木有收益时，除缴纳国家应收的税费外，所剩收入部分按"三七"分配，即甲方农户占七成，乙方集体占三成。

另外探索了村集体、村民小组和农户"三三制"山林权属发展模式。全村6万多亩林地，由农户、村民小组、村集体各有2万多亩林地，并由党总支牵头，成立了8个林场和

1个农民专业合作社，进行统一管理经营。

（三）退耕还林还草助力古村落文化旅游

2003—2014年，根据国务院古村落保护政策的指示精神，由住房和城乡建设部、国家文物局分批公布中国历史文化名镇名村。与此同时，云南省的古村落建设也全面开始。2011年，云南省政府了解到新岐村的情况后，安排1000万元作为进村主干道建设项目的启动资金，连接腾冲市的主干道，全长14公里的通村公路全线油路化，新岐成为腾冲山区农村通柏油路第一村。

新岐社区靠近县城，土地资源紧俏，集体经济发达，社区直接经营管理着2万多亩森林，每年社区集体经济收入约300万元。社区每年都要拿出30万~50万元，用于社区绿化、环境美化、景区改造等工作，把社区打扮得越来越美，也为古村落项目申报打下了良好基础。

退耕还林还草及其良好的森林资源，为新岐社区申报家古村落保护项目提供了良好基础。在不断建设和多方努力下，悠久的历史传统和优美的生态环境建设终于有了回报，2014年新岐入选第二批中国传统村落名录。

依山傍水的新岐社区古村落

三、退耕还林还草成效

在上级党委、政府的支持和新岐社区党总支的带领下，随着退耕还林还草及绿化事的发展，新岐走进了越来越多的人的视野，秀美的岐灵湖、青砖黛瓦的民居、冒盔山一望无垠的森林，构成了一幅人与自然和谐的图画。

(一) 生态效益

新岐这个发端于清朝康熙年间的古村落，上千户民居依山而建、错落有致，翘角飞檐、青砖黛瓦，与绿树、清溪、湖水相辉映，宛如一幅诗意山水画。深藏崇山峻岭，过去一直默默无闻，近年来却声名鹊起，除了其古朴的文化魅力，还在于这个传统村落发生的一场引人关注的绿色变革，这就是退耕还林还草。

(二) 经济效益

20 年前，新岐社区还是一个极其贫困的小山村，村民祖祖辈辈生活在这个穷山坳里，年复一年，艰难度日。这里的农民最主要的农业生产活动就是到四周的山上挖开土地，种上苦荞和玉米，然后等待那些产量极低的苦荞和玉米能多长出来点粮食，搬运东西进村都要靠人背马驮，出行是最让村民感到困难的事情。新岐曾经是原腾冲县 18 个特困村之一，以落后、闭塞著称。

退耕还林还草工程的实施，使新岐社区发生了天翻地覆的变化。到 2017 年，森林面积已发展到 6.5 万亩，林业资产总值达 4 亿元，人均 10 万元；农民人均纯收入 10860 元，社区集体经济年均收入 300 多万元。社区已经建成林场 7 个，泡核桃基地 2 个，面积 1.37 万亩；红花油基地 2 个，面积 1.13 万亩；板栗基地 1 个，面积 100 多亩；林下生态养殖场 4 个；人均商品林 15 亩，特色经济林 5 亩。

新岐社区实际退耕还林还草 1.2 万亩，涉及 12 个村民小组 845 户农户。退耕还林主要树种为秃杉、旱冬瓜、光皮桦、华山松、杉木等用材林，目前已逐步进入采伐利用阶段。从目前良好的长势看，每亩采伐木材至少 10 立方米，按市场价 800 元/立方米计算，这些退耕林木市场价值约 1 亿元。

(三) 社会效益

退耕还林还草后，新岐社区村民已经不用每天到山上开荒去种苦荞，人们可以在古村落中经营店铺，获得满意的经济收益。在新岐村中央，2007 年村集体集资 300 多万修建了新岐社区休闲广场。同时，新岐社区还修复了魁星阁、冒盔仙山、土主大庙、段氏宗祠等名胜古迹，建设了林场、卫生所、办公区等，新岐社区的公共基础设施进一步完善，有力推动了新岐社会事业的发展。以往封闭的新岐村，慢慢缩小着与城市的差距。新岐社区的现代生活方式随处可见：太阳能、节能灶、停车场、文化活动场所等。

退耕还林还草让新岐社区越来越美了。到 2017 年，新岐社区已经成为 120 个获得"全国生态文化村"称号的行政村之一，当然也是全国闻名的魅力村庄。近些年，各级领导和专家纷纷到新岐考察，形成了丰富的人流、物流、信息流。

新岐社区的休闲广场

四、经验与启示

集体林区的山林资源确权后,如何进行管理才能发挥更大的综合效益,一直是林业管理的重要课题。森林资源的管理需要实行土地适度经营,这是对大面积山地长期森林经营的要求。否则就没有办法实现森林资源的长期经营,也就不能获得较长时间内稳定的资源增长。新岐社区在集体林改过程中,保留一定集体收益权,维护集体在森林资源管理方面的话语权的尝试具有一定的积极意义。

新岐社区的退耕还林还草实践告诉我们,集体林并不是只有分林到户一条路可走。集体林只要经营得当,也能产生巨大经济价值,如新岐社区在退耕还林还草后,还保留了2万多亩集体森林,社区集经济年均收入300万元。集体经济壮大,发展乡村事业的后劲更足了,公共基础设施进一步完善,为古村落申报和旅游发展打下了良好基础。

第十一章
陕西案例

陕西历史悠久，是中华文明的重要发祥地之一，地处黄河流域，生态地位突出。1999年，党中央、国务院实施西部大开发，发出了"再造一个山川秀美的西北地区"的伟大号召。陕西全省上下积极响应，以伟大号召为指引，团结一心，认真落实朱镕基总理在延安视察时提出的"退耕还林、封山绿化、个体承包、以粮代赈"十六字措施，艰苦拼搏，发扬伟大的延安精神，率先开展试点，拉开了退耕还林还草工程建设的序幕。陕西由此成为"退耕还林的策源地"。20年来，全省累计完成国家下达的退耕还林还草建设任务4106万亩，其中退耕地还林1927.8万亩，还草6万亩，荒山造林1932.7万亩，封山育林239.5万亩，国家累计投入退耕还林还草各项补助资金395亿元，建设规模和投资额度均居全国前列。

案例1　旬阳段家河镇退耕还林特色产业富镇富民

旬阳县地处秦岭南麓，在国家退耕还林还草政策的支持下，把拐枣和油用牡丹作为全县两大特色主导产业来抓，油用牡丹发展得红红火火，拐枣产量更是占到了全国总产量的81.82%。

一、段家河镇概况

段家河镇位于安康市旬阳县城乡接合部，东临城关镇，西接汉滨区，属旬阳"西大门"。段家河镇地处汉江河谷，海拔在 185~1000 米。镇内生态资源丰富，山清水秀，气候温暖湿润，空气清新宜人。年平均降雨量 760 毫米，平均气温 13.5~16℃。

段家河镇森林资源丰富，森林面积 91754 亩，森林覆盖率 45%，其中用材林 7700 亩，薪炭林 28340 亩，次生林 19810 亩，经济林 10590 亩，绿化林 25314 亩。林木主要有岩柏、侧柏、香橼、核桃、杏、樱桃等。

段家河镇域面积 136 平方公里，辖 1 个社区、10 个行政村，共 68 个村民小组，18402 人，耕地面积 31182 亩。境内 316 国道、十天高速路、西康和襄渝铁路横贯东西，交通优势较为明显；镇内主导产业以香橼、狮头柑、樱桃、拐枣种植和生猪养殖为主，林业资源丰富。由于段家河镇物产丰富，产业特色鲜明，依托退耕还林还草政策支持发展特色产业成为当地发展经济的主要做法，为助推生态脱贫、实施乡村振兴奠定产业经济基础。

二、退耕还林还草情况及主要做法

旬阳县从 1999 年开始实施退耕还林还草工程，累计完成项目计划 67.18 万亩，涉及 22 个镇。在县委、县政府的领导下，段家河镇按照统一安排，走"抓特色、建园区、强基地、育龙头"和"区域布局、一村一品、整村推进"的模式，推动乡村振兴和产业脱贫。把油用牡丹、拐枣产业作为新型主导产业和脱贫攻坚重点核心产业。多年来，段家河镇累计退耕还林还草面积 13881.3 亩，其中新一轮退耕还林还草面积 2990 亩。主要经验做法有：

汉江对岸的段家河镇

(一)突出两个重点产业

旬阳县委、县政府通过一年多的反复调查、论证、筛选,从全县大大小小近百个农林产业类别中,最终选定油用牡丹和拐枣这两个生态经济优势品种,把它们作为新型主导产业和脱贫攻坚重点核心产业来抓。全县现已投产油用牡丹6万余亩,计划发展到15万亩。现已挂果拐枣7万亩,计划发展到25万亩。

段家河镇为深入贯彻县委、县政府生态脱贫和产业脱贫基本方略,在退耕还林还草工程中,动员全镇力量,突出油用牡丹和拐枣两大产业,按照政府统筹推进、部门分工包抓、村组织实施、新型主体引领、全民携手共建的思路,全力推进油用牡丹和拐枣建园工作。段家河镇2018年新发展油用牡丹3000亩、拐枣6000亩,培育500亩以上示范园2个,300亩以上示范园3个,20亩以上种植大户10户,千亩示范村2个,落实每个副科级领导至少抓100亩的示范点1个,确保产业建园抓出成效、抓出特色。

段家河镇弥陀寺村拐枣基地

拐枣不是枣。这种鼠李科枳椇属乔木的果实,长得曲里拐弯、奇形怪状,含有黄酮类化合物,具有独特的药用与食用价值,做成的拐枣保健饮料、功能食品颇受现代都市人青睐。目前,段家河镇拐枣栽植已达到12000余亩,以弥陀寺、文雅、薛家湾为主的高标准千亩示范园正在建设当中。

牡丹是花,也是药,还是油。牡丹根皮入药,名为"丹皮"。油用牡丹籽榨取的食用油,不饱和脂肪酸含量超过90%,其中α-亚麻酸含量是橄榄油的60倍,被誉为"液体黄金"。目前,段家河镇油用牡丹种植面积已达到8000余亩,并且以每年3000亩的速度推进。

段家河镇薛家湾油用牡丹千亩基地

（二）加大扶持力度

为把油用牡丹、拐枣培育成特色主导产业，促进农民增收，助推脱贫攻坚，旬阳县委、县政府专门出台了油用牡丹和拐枣产业基地建设奖补办法，对从事油用牡丹、拐枣种植的产业大镇、龙头企业、农民专业合作社、家庭农场、产业大户、建档立卡贫困户给予奖补。同时按照园区示范、大户建园、规模发展的要求，旬阳县建立健全土地资源流转优惠扶持措施，促进油用牡丹、拐枣产业建设适度规模经营；制定和完善投融资政策，有针对性地开发金融产品，拓宽投融资渠道；各涉农部门整合项目资金，重点发展示范园区和大户业主，实现适度规模化建园、标准化生产、集群化发展。

段家河镇依据县里出台的相关扶持政策，积极做好争取、落实、兑现等工作，对基地建设采取奖补政策，除享受国家退耕还林还草政策补助外，免费提供苗木、肥料，对管护达到县里规定标准的，每年每亩拐枣补助 100 元、牡丹补助 300 元管护费，连补 3 年。同时对产业大村和合作社给予奖励。

（三）与精准扶贫相结合

旬阳县委、县政府还将油用牡丹和拐枣作为全县精准扶贫长效产业项目、全县贫困户脱贫的重要产业，统筹利用退耕还林还草、扶贫、水利、交通等资金，打响扶贫攻坚战。在新一轮退耕还林还草计划安排上，段家河镇在县林业部门的指导下，把油用牡丹和拐枣产业建设与脱贫攻坚相结合，突出贫困村贫困户退耕，有侧重地把退耕还林还草工程项目向有条件的重点贫困村、贫困户倾斜，因地制宜、分年度推进实施，帮助贫困村、贫困户把退耕还林还草建成长效脱贫产业。全县新一轮退耕还林还草覆盖贫困村 55 个，贫困户 3595 户 12417 人，贫困户退耕还林还草 1.47 万亩，占退耕计划的 27.2%。段家河镇依托退耕还林还草工程发展特色经济林顺利脱贫 430 户 1470 人，建立一个 6000 万产值的龙头企业，实现年增收260万元，镇内人均增收700元。

（四）创新发展机制

段家河镇在退耕还林还草工作中，针对退耕户和贫困户缺劳力、缺资金、缺技术等问题，镇政府和乡村组织引导退耕户和贫困户依法自愿有偿流转土地经营权，积极探索龙头企业、专业合作社和农户之间"入股合作、雇工付酬"的利益联结机制，采取转让、合作、入股等方式参与实施新一轮退耕还林还草，促进贫困户深度融入产业发展，在产业链中共享收益，将退耕还林还草建设成为精品工程、亮点工程、富民工程。

（五）狠抓加工增值

段家河镇在山上建拐枣园，在山下建加工厂，以"企业+园区+基地+农户"的发展模式让企业、种植户实现合作共赢，农民稳步增收。拐枣含有人体必需的氨基酸和铁、磷、钙、铜等微量元素，具有解毒护肝之独特功效，除可以鲜食外，还是酿酒、制醋、制糖和食疗以及药用保健饮品的重要原料，旬阳拐枣早在20世纪80年代就开始出口韩国。油用牡丹不仅可入药，还可做牡丹花茶、化妆品等系列产品，牡丹油被专家称之为"世界上最好的食用油"。

旬阳县太极缘拐枣加工厂

经过多年持续推动，旬阳县拐枣和油用牡丹产业基地初具规模，为做大做强两大主导产业累积了厚实的资源和产业基础，为深度开发系列产品、打造绿色健康产业创造了无限商机，吸引了一批有战略眼光的企业和机构抢滩入驻。目前，旬阳县有4家拐枣深加工企业，生产的拐枣浓缩果汁、拐枣饮料、拐枣解酒口服液、拐枣降糖口服液、拐枣醋、拐枣酒等系列产品，已在市场小有名气。

安康弘元生物有限公司是目前全国最大的油用牡丹加工企业，已规划在旬阳投资5.5

亿元发展油用牡丹产业，建成年产 5000 吨牡丹籽油加工厂及牡丹花茶、牡丹化妆品、牡丹饮料等系列产品研发加工生产线，届时每天可以"吃干榨尽"100 吨牡丹籽。

安康弘元生物有限公司牡丹籽油加工厂

三、退耕还林还草成效

拐枣和油用牡丹都是生态品种，更是健康产业，也是朝阳产业，具有巨大市场潜力和开发价值。段家河镇在退耕还林还草工程中科学规划、有序发展拐枣和油用牡丹产业，对实现农民脱贫致富、繁荣区域经济、促进乡村振兴和满足人民对美好生活的期待，都取得了良好成效。

（一）生态效益

旬阳是"南水北调"重要水源区，也是秦巴山区连片扶贫开发重点县，汉江穿境而过，生态区位十分重要。自 1999 年实施退耕还林还草工程以来，旬阳县森林覆盖率由 43.6%上升到 2017 年的 55.18%，境内"一江三河"等重点区域的脆弱生态系统得到休养生息。多年来，段家河镇累计退耕还林还草面积 13881.3 亩，生态环境大为改观。

（二）经济效益

在大力发展拐枣、油用牡丹等特色经济林产业的推动下，通过退耕还林还草工程栽植的经济林逐步成林见效，段家河镇油用牡丹和拐枣产业已完成从"风景"到"钱景"的华丽蜕变，为农民带来了直接经济收入。目前段家河镇拐枣已有 12000 亩，亩产达 1500 公斤，年收入2000元/亩，产值2400万元。油用牡丹目前面积8000多亩，亩产300~500斤，进入盛产期后亩收益达到3000元，产值2400万元。仅此两项增加全镇农民人均纯收入1700元，成为农民持续增收的特色产业，加快了农民脱贫致富的步伐，为实施乡村振兴奠定坚实基础。

（三）社会效益

经过多年持续推动，段家河镇拐枣和油用牡丹产业基地初具规模，为做大做强两大主导产业累积了厚实的资源和产业基础，为深度开发系列产品、打造绿色健康产业创造了无限商机，吸引了一批有战略眼光的企业和机构抢滩入驻，取得了良好的社会效益。

四、经验与启示

在退耕还林还草工程的推动下，着力进行树种结构调整，确立主导发展的特色经济林产业，有利于产生可持续发展的综合效益。在树种的选择上，在保证生态效益的前提下，选择经济效益突出的经济林树种，如拐枣、油用牡丹等，通过重点示范、财政扶持等手段，促使产业发展，发挥最大生态经济效益。

后续加工是退耕还林还草成果巩固的有效手段。退耕还林还草是实现乡村脱贫振兴的良好机遇，在此期间重点发展地区性的特色林业产业，以特色产业为主导产业加大招商引资力度，对退耕还林还草后期效益和产业发展链条起到重要的助推和完善作用，使得退耕还林还草工程得以可持续性地生态产业化发展。

案例2　大荔小坡村退耕还冬枣奔小康

大荔县历史上就有"南荔枝、北冬枣、百果王"的盛名。近年来大荔县积极从山东引种冬枣，发展棚栽冬枣，荣获"中国冬枣第一县"美誉。

一、小坡村概况

小坡村属于大荔县安仁镇，位于大荔县城东北方向，距离黄河约10公里，位于陕西关中渭北平原东部，黄、洛、渭三河汇流地区，平川、沙苑、垆塬三种地貌相间其中，属于暖温带半干旱大陆性季风气候，年平均气温13.3℃。该地区光热资源充足，昼夜温差大，排灌设施齐全，农业基础较好，适合生长各类时令水果。全年平均降雨量372毫米，且年内分布极不均匀，6—10月份降雨量占全年降水量的60%以上。主要发生的自然灾害包括春季霜冻、大风、暴雨和雹灾等，为农业生产造成很大影响。

小坡村村委会及冬枣合作组织

小坡村共有13个村民小组970户4200人。全村耕地面积达15000亩，尽管该村耕地面积不小，但因该村紧邻黄河西岸的万亩土地高度盐碱化，"远看水一片，近看全是碱"，庄稼广种薄收，夏季暴雨冰雹灾害频发，春冬季庄稼易受冻害，土壤和气候条件严重制约了小坡村农田的收成和农民增收。

退耕还林还草工程在该村实施以来，村里开始合理开发利用土地资源，提高耕地质量，并逐渐确立冬枣为当地农民增收的特色支柱林业产业。冬枣属于抗盐碱、耐旱涝的果树，该地种植冬枣，不仅有利于减少常年种植庄稼带来的水土流失，而且因地制宜，适应于当地盐碱性土地和半干旱的气候条件。

二、退耕还林还草情况及主要做法

小坡村从2003年以来，已通过退耕还林还草工程种植冬枣150多亩，通过退耕还林还草成果巩固项目种植冬枣2000多亩。退耕还林还草工程已涉及退耕农户285户254人，其中涉及贫困人口5户22人，并成立了6个创新合作社，辐射带动本村种植万亩冬枣园，冬枣成为小坡村脱贫致富奔小康的利器。其主要经验做法如下：

（一）建立万亩冬枣基地

2003年，小坡村就开始实施退耕还林还草项目，起初退耕户摸索着种植杨树，但是生长效果不理想，后来发现枣树适合在盐碱地生长，开始种植酸枣，嫁接成冬枣，几年后效益慢慢显现，尤其2010年实施的巩固退耕还林还草成果项目，种植了2000多亩冬枣，逐渐带动本村及周边其他村发展冬枣产业，不仅使退耕还林还草成果得到有效巩固，而且给当地群众开拓了脱贫致富的新路径。目前小坡村冬枣种植面积已达到1.2万亩，曾经的盐碱荒滩已经蜕变成万亩有机冬枣示范园，成为小坡村的"摇钱树"，全村人口中80%都在种植冬枣，人均年收入达两三万元，其中仅冬枣收入占全村收入80%以上。现在小坡村几乎家家都盖起了新房，买起了汽车。

小坡村万亩冬枣现代科技产业示范园

（二）推广大棚栽植冬枣

小坡村在冬枣棚栽的发展过程中，国家退耕还林还草政策支持发挥了重要的作用。大荔县从2000年开始种冬枣。生长成熟时的冬枣最怕下雨，着雨的冬枣会开裂，严重影响品质和价格，影响经济收益。最初，当地农民下雨时就用塑料布、雨伞等遮雨，以保护冬枣免遭雨淋。后在县林业局和冬枣局技术人员的指导下，搭建简易的塑料棚，不仅起到了避雨作用，还达到了增温效果，冬枣的成熟期大大提前了，早熟冬枣的价格出奇地高，端午节冬枣价格达每斤一百元。在经过几年的摸索以后，小坡村已形成露天、简易大棚、密封大棚等冬枣种植模式，冬枣上市时间提前到5月，向后延伸到元旦。其中造价最贵的是一种钢温室，政府对不同模式的大棚给予不同的补助，补助金约占成本的1/3。2010年，在实施巩固退耕还林还草成果后续产业政策的帮助下，镇政府实施了农民自筹资金按照标准建设，政府主管部门监督管理，审批合格后，补偿农民建设温室的投资，极大调动了退耕农民参与钢温室建设积极性。

（三）加强政策和技术指导

安仁镇小坡村在大荔县党委和政府的领导下，发展冬枣产业主要有三个举措：一是合理规划布局。按照"标准化生产、规模化栽植、专业化销售、科学化管理"的思路，引进梨枣、骏枣、晋枣等品种,在退耕还林还草地区先行先试,经过选优逐步扩大规模。二是落实发展资金。以产业发展为着力点,在退耕还林还草地区,完善水电路等基础设施,补助资金发展冬枣产业;同时,每年定期入户走访调查,对克扣、挪用退耕还林还草资金进行严肃处理,确保了退耕还林还草工程及冬枣产业的健康有序发展。三是培育后续产业。因地制宜地发展与生态建设相协调的退耕还林还草后续产业,全面实施了冬枣经济林基地建设,新建冬枣示范园,改造低效低产园,建成现代化栽培示范园,提升冬枣的生产能力和经济效益。

(四)推广标准化管理

为了进一步增强大荔冬枣产业的发展能力,提升冬枣质量,增加农民收入,小坡村立足万亩冬枣园的资源优势,大力推广冬枣标准化管理技术,开展了万亩冬枣标准化示范基地建设和改造,推出"冬枣生产建设标准",主要采取了以下措施:一是采用"六统一"管理,统一规划、统一征地、统一建棚、统一结构、统一栽植、统一技术指导的栽植模式,严把冬枣苗木栽植关。二是加强土肥水标准化管理,采用增施有机肥及生物菌肥,改善土壤团粒结构,提高土壤肥力;实施滴灌、覆膜等技术,有效提高树体对水分的吸收率,达到土壤提墒、保墒、增温的目的。三是加盖棚体二膜,提高棚体保暖性能,促进枣果提前成熟。四是采取远程智能控温技术、增设植物生长补光灯等技术,为冬枣生长提供科学的光照、温湿度等有利条件,有效改善棚内冬枣生长环境,增强冬枣对病虫的抵抗力,进一步优化冬枣品质,提早成熟,提高经济效益。

小坡村标准化棚栽冬枣

(五)建立冬枣文化长廊

小坡村以万亩冬枣园为依托,在县林业局、红枣局和安仁镇的精心打造下,把冬枣产业做成"产业+文化旅游+体育"的现代田园综合体,让广大游客在采摘季节来到这里,既可品尝到脆甜的冬枣,又可品味到枣文化的知识,还能锻炼身体、开阔眼界,一举多得。据介绍,小坡村先后在冬枣园区建成了冬枣景观大门、枣园观光景台、迎宾大道、冬枣文化长廊等,把有关红枣传说、冬枣来历、药用价值、枣类美食以及红枣发展史与当地的人文历史做成上百个宣传展牌布满景区周围,让浓厚的红枣文化融入冬枣产业。

三、退耕还林还草成效

地处大荔县东部黄河古道老崖边上的小坡村,通过退耕还林还草工程的带动辐射,目前已是远近闻名的"中国冬枣第一村",全村种植冬枣上万亩,曾经一片白茫荡的盐碱地如今变成了高效丰产的万亩冬枣园,取得了巨大的生态、经济、社会效益。

(一)生态效益

国家的退耕还林还草政策带动了小坡村冬枣产业的大发展,也极大地改善了生态环境。人常说,土地就是黄金板。可守着15000多亩土地的小坡村,却在2000年被省政府确定为贫困村。由于滩下万亩耕地排碱不畅,常年积水,又无灌溉设施,靠天吃饭,没有收入,大部分被弃耕荒芜,一片荒凉。如今小坡村通过退耕还林还草及成果巩固项目种植冬枣2150亩,并带动发展1万亩冬枣,冬枣种植面积达到1.2万亩,曾经的黄沙滩变成了金蛋蛋,万亩冬枣示范园成为小坡村的"摇钱树"。

(二)经济效益

小坡村退耕还林还草冬枣产业成效显著,按目前平均价格计算,每亩冬枣收益2万元,1.2万亩冬枣的年收入就是2亿多元。近年来该村的冬枣产业已经慢慢向精品化转型,村民收入年年增加,扭转了起初当地农田收入每况愈下的经济状况,目前全村人均收入已达到15400元,村集体收入50000元。小坡村的冬枣产业收入占农民全部收入比重高达80%,已经成为全村农民增收致富的主要来源,种植冬枣的年收入人均13500元,最高的高达人均8万元左右,村里的年轻人看到了精品冬枣的产业前景,纷纷回乡创业,加入冬枣园的经营。

据当地村民介绍,原来种庄稼时年年亏损,经济状况很是不景气,国家有了退耕还林还草政策之后,对当地农民种植果树相当扶持,果树的种苗由政府提供,种植果树还有补贴收入,最后的收成全部归自己所有。自从种植冬枣后,技术上归合作社管理,2000年大荔县专门成立了红枣研究院和红枣局,有专业的科研技术人员负责种植技术等方面的指导。农民自己再通过学习和不断摸索,冬枣的收入开始逐年增加,现在有车有房,有自己的冬枣事业,日子越过越幸福。

(三) 社会效益

小坡村滩下的万亩现代有机冬枣科技产业示范园，在全县乃至全省都是一张耀眼的"名片"，成了枣农的"绿色银行"和"摇钱树"。同时，位于小坡村的万亩示范园区已建成以集现代生态农业观光体验、冬枣产业技术创新最新研究成果及冬枣产业文化展示为一体的示范园区，建设现代科技栽培示范区 3000 亩，创新示范区 6000 亩，标准化技术推广区 40000 亩，冬枣交易物流中心占地 80 亩。小坡园区已成为大荔八大旅游景点之一。

四、经验与启示

小坡村在退耕还林还草及巩固退耕还林还草成果的进程中，种植 2000 多亩冬枣，并带动本村发展了万亩冬枣产业园，推广棚栽冬枣、标准化管理等工作，产业园立足"大荔冬枣"优势特色产业，把林业产业、乡村旅游和精准扶贫有机融合，突出科技示范、新型管理示范、兴民富民示范。其重要启示有：

一是棚栽冬枣是中国枣业栽培的重要创举。棚栽大枣是近年来兴起的一种经营方式，极大地提高了中国枣业栽培水平。成熟期大枣雨淋后会开裂，严重影响品质和价格。棚栽冬枣，还有增温效果，对冬枣糖分积累、着色等影响较大，大大提前冬枣成熟期，增加冬枣经济价值。

二是标准化管理是提高冬枣质量效益的重要手段。小坡村冬枣从建棚到栽植实施统一的标准化管理模式，不仅可以提高和保证林产品的质量和收成，在经济可观的情况下也带动起农民的积极性，让农民在种植的过程中有章法、有规矩，循序渐进地将当地的特色林业产业发扬光大。这种"标准化管理"的模式推广运用到农村经济发展中，对农民脱贫、经济环境可持续发展有着重要的积极作用，值得借鉴和推广。

三是文化旅游是扩大冬枣产业影响的有效方式。小坡村滩下的万亩冬枣示范园及冬枣文化长廊建设，能让游客享受别样的文化旅游，进一步促进了冬枣产业的发展壮大。

案例 3 汉滨区谢坪村退耕还茶生态富民

安康市汉滨区地处汉江之滨，是重要水源涵养区，肩负着"一江清水送京津"的重大政治责任和使命。汉江在陕西省安康市境内蜿蜒奔流 340 公里，这一区域承担着南水北调中线工程 66% 的供水量。汉滨区又是陕西 11 个深度贫困县区之一，民生改善要求迫切，脱贫攻坚任务繁重。在保护水源与发展经济的抉择中，汉滨区创新理念机制，把退耕还林还草办成了一项生态经济主导产业,探索出了一条生态美、产业兴、百姓富的新路子,为退耕还林还草创造了一个鲜活样板。

一、谢坪村概况

谢坪村隶属于安康市汉滨区双龙镇,位于陕西省东南部,陕南秦巴山地丘陵沟壑区,居汉江上游安康市腹地,是我国南水北调工程中的重要水源涵养地,属于亚热带湿润性季风气候。气候温和,雨量充沛,四季分明,无霜期长。年平均气温15.7℃,年均降水量799.3毫米,其中大部分集中在夏秋季的7、8、9月份。该地区气候适宜,土壤肥沃,物产丰富,主要特产有茶叶、蚕桑、魔芋、香菇、生漆、木耳等。

谢坪村土地面积41.2平方公里,其中耕地面积8652平方公里,森林面积5万亩,辖29个村民小组535户2100人。曾为典型的深度贫困村,退耕脱贫攻坚任务重大。

二、退耕还林还草情况及主要做法

自1999年实施退耕还林还草工程以来,谢坪村开始转变生产方式,从传统耕种方式的自给自足逐渐转变成以特色经济林为主导的集约化产业发展方式。该村依托退耕还林还草的机遇,利用一级水源地的特色优势区位,大力发展茶叶产业基地,积极探索林业发展与乡村振兴的双赢模式。谢坪村前一轮退耕还林完成任务1663.6亩,新一轮退耕还林还草完成任务312.4亩。

汉滨区谢坪村

（一）推广良种"陕茶 1 号"

"陕茶 1 号"是 20 多年前在双龙镇选育的一个优良的茶叶品种，目前已在陕南汉滨、紫阳、平利、商南、南郑、宁强等县区示范种植，具有发芽早、抗寒性强、适应性广等特点，春茶可提前 7~15 天上市。2011 年"陕茶 1 号"被国家林业局颁发了全国植物新品种证书，"陕茶 1 号"成国家级茶树新品种。谢坪村利用退耕契机，在退耕还林还草工作中，优先选择当地的适生良种"陕茶 1 号"，建设"陕茶 1 号"基地。

谢坪村"陕茶 1 号"基地

（二）创新"三包一带"联户退耕机制

在区委、区政府的组织引导下，谢坪村推行政府包抓、企业包建、合作社包联、园区带动的"三包一带"联户退耕机制，采取"党支部+合作社+园区+贫困户"和"公司+园区+合作社+基地+贫困户"等模式，将退耕农户纳入合作社，实行成建制的组团式退耕还林，建设发展了一批林业园区，帮助贫困户土地流转得到租金、园区就业得到薪金、资金扶持得到股金、订单生产得到定金，促进贫困户稳定增收。

（三）与精准扶贫相结合

谢坪村曾是贫困村，地处偏僻、产业发展滞后，贫困人口多、脱贫难度大。在汉滨区的整体带动下，在谢坪村的退耕还茶工作中，对符合条件的建档立卡贫困户实行精准扶贫，依托退耕还林还草工程新建精品茶园。在政策扶持引导和行政高位推动下，政府部门和茶企业采取部门帮扶、包联帮建、股份合作等形式参与精准扶贫，林业部门采取无偿提供优质茶苗的方式支持贫困农户发展茶园生产，茶叶园区、农民专业合作社出资承包荒山、流转土地，连片集中发展茶园，就近安置贫困农户就业。

(四)探索大户带动模式

从部队退伍回乡创业的谢贤丙,在双龙镇谢坪村流转1000多亩土地实施退耕还林,种植茶叶500亩、魔芋800亩,建设现代产业园区,成立农民专业合作社,带动86户农户219人脱贫致富。谢贤丙感动地说:"园区的每一步发展,都离不开退耕还林还草政策和镇村用心用力真帮扶。我还想再扩大茶叶、魔芋种植规模到2000亩,新建茶叶加工、休闲观光亭和景观配套设施,加快一二三产融合发展,将园区打造成高品质的生态休闲观光园,带动更多的贫困户致富。"

三、退耕还林还草成效

近年来,汉滨区抓住国家退耕还林还草等生态建设工程契机,确定了"北山核桃、南山茶叶"的种植格局,以基地规模化、园区标准化、设施配套化、管理精细化、经营产业化的发展模式,强力推动林业产业发展,取得了良好的生态、经济和社会效益。

(一)生态效益

汉滨区是南水北调重要水源涵养地和国家深度贫困县区,具有八山一水一分田的地貌特征。近年来,汉滨区全面开展生态扶贫,当地林业部门把新一轮退耕还林与产业发展相结合,精准施策发力,让一座座荒山变成了青山。谢坪村通过扶持群众发展经济林产业,为群众致富找到了"金钥匙",实现了生态建设与脱贫攻坚共赢。退耕还林及茶园建设,使谢坪村面貌发生巨大变化,山下建社区、山上建茶园,一座座荒山绿了,一片片"大字报田"青了,多年不见的野生动物也多了,生态环境明显改观。

(二)经济效益

谢坪村整体退耕还林经济效益初见成效,截至2019年退耕林木的蓄积量达到31616立方米,茶园2000多亩,林木果品年产量9000公斤,实现脱贫农户8户25人,村年增收78000元,人均增收500元。

"陕茶1号"基地成效突出,一位从事"陕茶1号"种植的村民说:"2006年之前我们种植玉米,年收入只有2000元,扣除成本每亩玉米要亏损200元。"2006年后双龙镇开始退耕还茶,一开始种植的是"福鼎大白",投入与"陕茶1号"相同,但由于产品销路不好,农民收入很少。2014年退耕还林后开始改种"陕茶1号",茶树的种苗费用由林业局扶持2/3,汉水韵茶叶公司扶持1/3,自家投入维护成本每年平均2000元,在技术服务可靠和龙头企业的带领下,2016开始回本,年净收益6800元,到2018年的净收益已达到

11676元。

(三)社会效益

谢坪村退耕还茶,通过大力发展"陕茶1号"标准茶园、兴建标准化茶叶加工厂等举措,着力增强茶产业带动力,为汉滨区实现"以茶促游、以游兴茶、茶旅融合"发展再助力。目前,汉滨区在退耕还林还草的政策推动下,积极从生态建设、产业发展和脱贫攻坚中寻找结合点,大力发展茶产业,并创立了"陕茶1号"高端茶叶品牌。"陕茶1号"已成为汉滨区生态产业的新名片。

"陕茶1号"的精装茶叶礼盒

四、经验与启示

退耕还林还草既是生态建设工程,也是民生改善工程,更是一项经济活动。退耕还林还草的经营主体不只有企业,产业协会和农民专业合作社更是一股活力四射的力量。因此在此期间政府要积极鼓励农民加入产业协会和合作社,促进退耕还林向集约化、规模化、产业化、经营化发展,积极探索联户退耕还林还草模式。

生产要素的聚合可推动产业融合,在招商引资、扶持龙头企业、发展专业合作社以及培育职业农民的一系列政策措施激励下,积极培育新型经营主体,兴办产品加工和营销企业,可以延长退耕还林后期产业链条。

由政府创优投资环境,企业出资包建基地,合作社组织联合群众,推行部门包抓、业主包建、合作社包联的"三包一带"联户退耕模式,让生态与经济紧密地结合在一起,调动起政府、企业和农户三方之间的合作联动性,对退耕还林还草的生态脱贫效益起到高位推动作用,使得青山绿水变成货真价实的金山银山。

第十二章
宁夏案例

宁夏回族自治区，是中国五大自治区之一，地处中国西部的黄河上游地区，是中华文明的发祥地之一，有古老悠久的黄河文明，古今素有"天下黄河富宁夏""塞上江南"之美誉。宁夏深居西北内陆高原，被毛乌素、腾格里、乌兰布三大沙漠包围，干旱少雨、缺林少绿，是典型的生态脆弱区。宁夏自2000年实施退耕还林还草，截至2019年底，累计完成退耕还林还草任务1345.92万亩，其中前一轮退耕还林还草1305.5万亩（含荒山及封育项目）、新一轮退耕还林还草40.42万亩。

案例1 灵武东塔镇退耕还长枣富民

宁夏回族自治区灵武市，有着悠久的历史文明，是中华民族远古文明的发祥地之一。"灵武长枣"驰名中外，是宁夏著名品牌，是中国国家地理标志产品。

一、东塔镇概况

东塔镇地处灵武市郊，环城于四周，东靠山，西与国营灵武农场、梧桐树乡接壤，南连崇兴镇，北邻临河镇，山川共济、城乡结合。该地区的主导风向冬季为西北风，夏季为东南风，属于典型的大陆性季风气候，其特点为：春迟秋早、四季分明、日照充足、热量丰富、蒸发强烈、气候干燥、晴天多、雨雷少，年平均气温8.8℃，年均降水量206.2~255.2毫米。虽地处半干旱地区，但由于紧邻黄河灌区，加之日照充足，有着江南风光般的肥沃土地，素有"塞上江南"的美誉。全镇下辖 9 个行政村 71 个生产队，人口 21857 人，其中回族 5353 人，占全镇总人口的 24.5%。地域面积 108.7 平方公里，耕地面积 3982 亩，林地面积 25035 亩，其中长枣面积 14000 亩。

灵武长枣发源地就在东塔镇，灵武市"世界枣树博览园"也在东塔镇，东塔镇因盛产灵武长枣、玉皇李子、口外杏子、大青葡萄等名特优水果而名扬区内外，被冠以塞上"花果之乡"的称号。目前已形成了"一镇一品，一镇一业"的农业产业格局，长枣产业为全镇农业经济的主导产业。

二、退耕还林还草情况及主要做法

2003 年以来，东塔镇依托国家退耕还林还草政策，种植灵武长枣 1.4 万亩，其中退耕还枣 7446 亩，涉及 1456 户 5096 人，共享受国家退耕还林还草政策补助资金达 1400 万元。东塔镇退耕还林还草工程好的经验做法有：

(一)狠抓长枣标准园建设

东塔镇作为灵武长枣的发源地，将长红枣作为退耕还林还草后续产业的主导经济林品种，东塔镇马场湖长枣园区就是灵武市委、市政府重点培育的一个灵武长枣标准化管理示范基地。马场湖长枣园区先后被列为"自治区级灵武长枣标准化示范园""宁夏灵武长枣现代农业示范园区"，在灵武市长枣产业发展中发挥了不可替代的积极作用。

灵武市东塔镇树龄 400 余年的"长枣王"

马场湖长枣园从 2003 年开始建园，种植灵武长枣 1 万亩，其中退耕还林种植 7000 亩，有 1000 多户 3500 余人享受退耕还林还草政策补助。马场湖长枣主要种植经营灵武长枣，现已建成灵武长枣标准化生产示范园4个，面积1100余亩，设施长枣温棚100亩，保鲜库2600立方米，烘干房500立方米，包装车间1200立方米。在园区建设中，基地通过大穴培肥、冬剪夏摘、配方施肥等枣园优质丰产栽培技术的运用，实现了一年栽植、二年长树、三年挂果的目标。

园区现已形成了"合作社（联合社）+农户+基地+村党支部"的运作模式，构建了镇、村、队、户四级服务网络。园区正向集经济、生态、观光旅游为一体的生态观光园方向发展，基地的规模化种植、科学化管理、产业化经营，为周边枣农提供了技术支持，起到了很好的示范带动作用。

（二）大力推广温棚长枣

东塔镇在退耕还林还草发展长枣产业中，大力推广温棚长枣。温棚长枣不仅上市时间提前了1~5个月，而且质量也明显提高。目前东塔长枣已形成密封温棚、半密封温棚、自然长枣等多种形式，长枣上市时间从5月一直延长到元旦。在4—5月，灵武长枣每公斤售价200元左右，到8—10月，长枣市场价每公斤30元左右，到元旦时又提高到每公斤200元左右。灵武市林业局高级工程师王贵云说："温室大棚的灵武长枣，比露地栽培提早5个月，以前，灵武长枣上市的时间不到一个月，9月下旬上市，10月中旬就没有了，现在不一样了，从4月初到来年元旦，市场上都有灵武长枣。"

灵武市财政按温棚的面积，每新建1亩一次性补助1万~10万元。此外，对上市时间提前到4月初的，一次性给予研究人员10万元奖励；提前至3月份上市的，一次性给予研究人员20万元奖励；提前至春节上市的，一次性给予研究人员30万元奖励。

马场湖长枣园区的温棚长红枣树

(三)推广合作社与联合社

东塔镇马场湖长枣园区的宁夏大秦枣产业专业合作社联合社,采取多个专业合作社与公司相联合的方式进行共赢合作。该联合社于 2017 年 5 月注册成立,注册资金 3000 万元,目前发展社员 21 人,聘请高级林业工程师 2 名、林业技术员 2 名。联合社由灵武市宁茂林苗果品营销专业合作社、灵武市富成生禽养殖专业合作社、灵武市鑫瑞林果种植专业合作社、灵武市绿博惠民长枣服务专业合作社、灵武市林森俊农牧有限公司组建,下辖旺诚工贸有限公司、恒迈电子商务有限公司、宁夏绿博电子商务有限公司等。

宁夏大秦枣产业专业合作社联合社门脸

大秦枣业联合社以"诚信做人、踏实做事、扎根长枣、共谋发展"为经营理念,以灵武长枣产业科学发展、良性发展、健康发展为宗旨,投资规模达 600 万元,统一管理长枣示范园,惠及周边 200 多户群众共同增收致富。联合社计划用 3 年时间使标准化长枣园面积扩大到 5000 亩,届时可实现城镇转移剩余劳动力 600 人,解决 300 人的就业,实现经济、生态、社会效益的最大化。

联合社与一般的合作社相比,具有破除农民专业合作社经营规模和服务半径小、综合实力偏弱的瓶颈,以提升农民专业合作社的组织化、产业化、规模化水平的作用效果,发展合作联社,强化其内部运作机制是突破农民专业合作社发展瓶颈的一个有效途径。东塔镇成立的 39 家合作社共吸收农户 975 户,种植面积 14000 亩。合作社充分发挥龙头带动、统一修剪、统一病虫害防治、统一销售的作用,大大提高了长枣品质、劳动力使用效率和群众经济收入。

(四)实行品牌战略

在政府部门大力支持和合作社、联合社的成功联动作用下,东塔镇成立灵武市宁六宝果品专业合作社、灵武市东塔镇新园村水果经营合作社、东塔镇宁夏大秦枣产业专业合作社联合社等39家合作社，合作社负责人均为东塔镇长枣种植大户，并注册了"灵丹""宁六宝""灵州红"等10多个商标。其中"灵丹"牌灵武长枣荣获中国北京沙产业博览会名优产品奖和中国上海林博会银奖。2006年5月灵武长枣正式被国家质量监督检验检疫总局批准为地理标志保护产品。2010年"灵武长枣"获得宁夏著名商标，2012年灵武长枣地理标志证明商标荣获中国驰名商标。

三、退耕还林还草成效

通过退耕还林还草工程发展壮大的灵武长枣，是宁夏特色经济林品种，适应性强，长枣以个大、色红、风味酸甜适口、营养丰富而驰名，是冬枣、梨枣之后为数不多的一种达到规模化经营的鲜食枣品种，目前在当地已取得良好生态、经济和社会效益。

（一）生态效益

枣树属李科枣属，落叶乔木，比较抗旱，需水不多，适合生长在贫瘠土壤，树生长慢，所以木材坚硬细致，不易变形，适合制作雕刻品。枣树耐干旱，是退耕还林还草工程中的生态经济兼用树种，具有良好的防风固沙、保持水土效果。同时枣树树型优美，也有良好的景观效益。

（二）经济效益

东塔镇依托国家退耕还林还草政策建设的1.4万亩长枣园，特别是核心示范区马场湖万亩长枣园，建立了3个提质增效及新技术试验示范园，辐射带动周边农户种植灵武长枣，取得了良好的经济效益。据保守的测算，长枣亩产量1000公斤，亩产值达6000元，个别枣园亩收入7500元以上，其中建设的112亩设施温棚长枣，亩收入达2万元以上。温棚长枣收入更高，5月份和元旦，售价达到200元/公斤。

东塔镇农民从事灵武长枣的收入占家庭收入的50%以上，成为家庭主要收入来源。全镇共建成灵武长枣基地14000亩，设施长枣46座153亩，年产值达6829.5万元，年增收1400万元、人均增收1000元，使东塔镇农民人均纯收入增幅10%以上。

长枣种植户说，2000年退耕还林还草前，当地农民普遍种水稻，但是由于河套地区土壤逐渐盐碱化，亩收入最多就800元。退耕后大家开始种植长枣，农民收入每亩2000元以上，一下子翻了两番以上。

（三）社会效益

长枣产业的大发展，延伸了产业链，带动了相关产业的发展，如观光采摘、林下经济、交通运输、电子商务等。

东塔镇依托长枣园区建设打造农家乐，养殖枣园鸡，让消费者来东塔镇休闲、娱乐，并进一步延伸绿色产业链条，打造好绿色品牌。同时组建灵武长枣销售公司和网络销售商务平台，把东塔镇灵武长枣推向区外市场。

目前马场湖万亩长枣园区以资源为依托，先后引进投产了集长枣储运、销售、枣酒、枣醋、枣饮料生产加工为一体的龙头企业灵武市果业开发有限责任公司，以长枣嫩芽为原料生产早茶的宁夏灵武市唐韵长枣芽茶有限公司等大中型企业。目前，灵武长枣已研发生产200多种产品，有果冻、小菜、干枣片、奶茶等。

四、经验与启示

通过退耕还林还草工程建设，壮大还林后当地后续产业的发展，才是真正实现乡村振兴的关键落脚点。在发展退耕还林还草后续产业的过程中，不少地区都会以农民专业合作社为单位发展村集体经济和精准扶贫，但总体上，合作社还存在规模小、积累少、抵御风险能力弱等不足。因此成立"联合社"便成为乡村经济"抱团取暖"的一种新模式，助力后续产业的蓬勃发展。

专业合作社是大队承包制的升级版，而联合社又是农业合作社的升级版，是退耕还林还草后实现乡村振兴的创新型组织形式。据统计，全国农业专业合作社已经从2008年的10万家，到2018年初突破200万家，如今平均每个行政村有三家合作社。合作社越来越多，竞争越来越大，因此抱团组成联合社开始成为一种趋势。

合作社加入联合社的积极作用主要表现在规模效益、沟通信息、利益共享、技术服务、降低风险、提高品牌聚合力等方面，政府扶持联合社面向市场，将有助于这一新型农民合作组织的竞争能力和可持续发展能力，最终提高退耕还林还草后续产业的成效，惠及乡村经济。

案例2　银川南梁农场退耕还枸杞富民

银川地处中国西北地区宁夏平原中部，西倚贺兰山、东临黄河，是发展中的区域性中心城市，中国—阿拉伯国家博览会的永久举办地。

一、南梁农场概况

南梁农场建于1962年，是中型国有农业企业，隶属于宁夏枸杞企业（集团）公司的农业基地，宁夏枸杞集团是宁夏农垦集团的直属子公司。农场以农业、园林为主，是银川平原上的鱼米之乡，尤其以枸杞、大米、西瓜甚佳，闻名遐迩，产品畅销区内外，部分产品已打入国际市场。农场拥有枸杞基地7687亩，其中绿色枸杞基地2200亩，年产鲜果6100吨，干果1500吨，目前年产值达到8995万元。

宁夏枸杞企业（集团）公司展示

南梁农场地处宁夏首府银川北郊20公里，全场人口2751户11897人，职工1500人。交通十分便利，包兰铁路纵贯农场，新南公路直抵场部。土地资源丰富，总面积8万多亩、耕地面积3.2万亩、森林面积9687亩，以灰钙土、半固定沙丘、白僵土、盐碱土为主。农田引黄河水自流灌溉，东有农场渠、西有西干渠，灌溉便利，旱涝保收，电力充足、煤炭便利，是发展商品经济的理想之地。南梁因得黄河之利，加上日照充足、昼夜温差大，有利于各种作物的生长。枸杞栽培历史悠久，目前已形成一整套先进的种植栽培技术。南梁枸杞是名贵的中药材和高级滋补品，素以粒大、肉厚、籽少、味甜、药效高而居宁夏枸杞之冠。经过40多年的发展，南梁农场已形成了农林牧副渔综合发展体系，发展为区内外有名的农产品基地。

2003年农场开始实施退耕还林还草工程，在退耕的政策支持下，农场结合本地的气候、水情以及土壤条件，大力发展枸杞产业，当地农民开始转为枸杞种植户。在龙头企业的辐射带动与聚集效应下，产业经济效益逐渐提升，目前农场的年人均收入已达到3.4万元。与此同时，种植枸杞可以使得农场土壤的盐碱化逐年减轻，土壤肥力逐渐恢复，退耕还林还草的生态效益和经济效益逐渐显现出来。

二、退耕还林还草情况及主要做法

宁夏农垦集团自 2003 年开始启动实施退耕还林还草工程以来,2003—2005 年,共实施退耕还林还草 15.5 万亩,其中:退耕还林还草 7.0 万亩,荒山造林 8.5 万亩。工程涉及 11 个农场 88 个生产队,农户 3070 户 9440 人。

宁夏农垦南梁农场 2003—2004 年实施退耕还林还草 7687 亩,树种主要是枸杞,其中,2003 年退耕 6182 亩、2004 年退耕 1505 亩。

(一)选择优良品种"宁杞 1 号"

种植枸杞是得益于退耕还林还草的政策以及当地当时的气候、水情条件的综合考量,农场的土壤大多是盐碱地,种植别的作物几乎颗粒无收。农场领导介绍说,南梁农场选择优质品种以"宁杞 1 号"为主,主要考虑了三个背景条件:一是灌溉条件方面,正赶上 2003 年黄河缺水,适应了枸杞耐旱的生长特点;二是气候条件方面,日照充足,适应了种植枸杞要求光照强的需求;三是由于当时国家大力支持退耕还林还草的政策条件,因此大力发展枸杞产业,至今已经 15 年的历史。

南梁农场生产的精品红枸杞色泽饱满

(二)实行规模经营

由于枸杞产业是劳动密集型产业,农场面积大,光靠人工劳动力是行不通的,因此农场在土地规划上采取了"1 米株距,3 米行距"的模式,一是便于机械化作业的需求,二是采光好、通风好、透气好,使得枸杞品质优良。在管理上采取统一病虫害测报、统一技术指导、统一防治方法、统一防治时间、统一用药品种的"五统一"管理模式,这样的管理方法使得枸杞在病虫害防治这一关键问题上得到统一有效的控制和解决，生产出品质上乘的枸杞。目前农场的枸杞最高已卖到20余元一斤。

接近万亩的枸杞示范基地

南梁农场枸杞种植基地在当时是全区最大的、集中连片的标准化机械园，种植品种为"宁杞1号"，全部采取硬枝扦插苗，株行距为1米×3米，亩栽222株，硬枝扦插苗全部来源于宁夏农科院枸杞研究所，纯度达99%。

（三）枸杞园区改造

近年来，由于部分枸杞园树龄老化，南梁农场在自治区产业政策的扶持下，以及在农垦集团的安排部署和引导下，坚持增产提质相结合，大力推进良种化、标准化和机械化枸杞基地建设。对现有低产低效园通过品种改优、种植技术改良、机械化装备、标准化管理、精耕细作进行改造提升，最终将宁夏农垦打造成以南梁农场为龙头的标准化有机枸杞种植基地。

（四）培养枸杞品牌

目前，农场已形成了一整套先进的栽培技术，已建成了集科研、开发、种植、生产、加工为一体的近万亩枸杞基地，"南梁"牌和"碧宝"牌SOD富硒枸杞因各项理化成分高已获得多项国际国内金奖。2010年宁夏枸杞企业（集团）公司枸杞产品正式成为农垦农产品质量追溯系统建设单位。2013年实施的"宁夏枸杞企业（集团）公司枸杞标准化生产示范基地"项目将实现可追溯的枸杞生产面积达5000亩，从生产源头上保证枸杞产品的质量。

三、退耕还林还草成效

南梁农场在龙头宁夏农垦集团的统一管理和辐射带动下，实施退耕还林还草工程使农垦实现了"垦区变绿，社会得益，林农得利"的目标。

(一) 生态效益

退耕还林还草工程的实施，不仅大大提高了南梁农场垦区的森林覆盖率，改善了当地的生态环境和人居环境，风沙明显减少，农业生产小气候明显改变，而且进一步提高了土地生产能力，增强了土地资源的可持续发展水平。

(二) 经济效益

南梁农场退耕还林还草工程种植7687亩，使农场特色经济产业得到了恢复与发展。南梁农场以优质枸杞"宁杞1号"为主，其主导的枸杞产业自实施退耕还林还草工程以来，产业发展取得了保持与恢复，农户增产增收效果显著。

由于南梁农场标准化示范区建设及规模化种植程度较高，使南梁农场枸杞种植户经济效益明显提高，年亩产枸杞干果约265公斤，每亩枸杞产值在13250元以上，亩利润是粮食作物的4~8倍。

(三) 社会效益

由于枸杞必须由人工进行采摘，机械不能代替，南梁农场每年支出的枸杞采摘劳务费就达1200万元，为农场剩余的劳动力及周边农民提供了创收的条件，并带动了周边的农民新植枸杞3000多亩，每年产生的经济效益超过千万元，增创了比较客观的生态效益和社会效益，真正起到了示范和样板辐射带动作用。

四、经验与启示

在退耕还林还草的进程中，"企业+基地+农户"的运营模式已经在后续产业的发展中普遍应用，在这种模式中，龙头企业在产业化发展过程中处于主导地位，因此加强龙头企业的带动作用，是推进退耕还林还草后续林业产业规模化发展的关键。

退耕还林还草的产业长远发展，需要发挥龙头企业的带动作用，在龙头企业的统一管理带动下，整合退耕还林还草和扶贫的政策资源，有利于培育产业发展优势，放大后续产业投资效益，同时也有利于避免退耕户"单打独斗"的经营风险。鼓励龙头企业持续扩大规模、拉长产业链条，对于龙头企业与农户的合作模式，要在实践中积极探索创新，鼓励寻求多种渠道、多种模式的灵活性合作模式，目的是实现"富民又富林"的双赢发展。

案例3 海原田拐村退耕还杏带动乡村旅游

海原县隶属宁夏回族自治区，历史悠久，民族文化丰富，海原县因"花儿剪纸"民间艺术获得原文化部命名的"中国民间文化艺术之乡"。史店乡田拐村退耕还林万亩红梅杏基地，对当地乡村旅游贡献巨大。

一、田拐村概况

田拐村属于中卫市海原县史店乡，位于著名的西海固地区。一提起西海固，人们脑海中浮现的就是干涸、贫瘠和千沟万壑。西海固是黄土丘陵区西吉、海原、固原、隆德、泾源、彭阳六个国家级贫困县的统称，位于宁夏回族自治区南部山区。这里年蒸发量在1000~2400毫米之间，而年降雨量却不足700毫米，加上盲目垦殖造成水土流失，生存条件极差，被国务院确定为重点扶贫的"三西地区"之一。田拐村深居内陆，大陆性季风气候明显，特点是春暖迟、夏热短、秋凉早、冬寒长。年均气温7℃，年降水量多年平均286毫米，最多706毫米，最少325毫米，且年草面蒸发量878毫米。

田拐村是海原县的后花园，地域面积25.8平方公里，辖9个村组952户3492人。自2003年该村实施退耕还林还草工程以来，深受国家政策扶持发展，海原县将田拐村作为红梅杏建设基地的重要示范点进行打造，大力发展林果产业，对该村产业结构的调整起到积极推动作用。在退耕还林还草工程的努力建设下，该村以经济林、种草养畜、交通运输和劳务输出为四大主导产业，2017年全村人均可支配收入7128元，退出贫困村序列，退耕还林经济效益初现。

田拐村村委会

二、退耕还林还草情况及主要做法

在县里的领导和带动下,田拐村的退耕还林还草工作一直在积极地进行中。2003—2004年田拐村实施前一轮退耕还林还草面积115.9亩,且主要造林树种新疆杨、国槐、臭椿、垂柳,涉及36户162人,享受国家补助资金218345元,户均受益6065.14元。在新一轮退耕还林还草工程实施中,田拐村借鉴前一轮退耕还林还草工程建设的成功经验,坚持生态效益、经济效益和社会效益相结合的原则,2015—2016年引种经济效益突出的红梅杏,努力推进工程建设。据统计,2015—2016年田拐村实施新一轮退耕还林面积7106.1亩,其中2015年5633.4亩、2016年1472.7亩,主要树种为红梅杏,涉及退耕农户448户(建档立卡贫困户175户)1816人,享受国家政策补助资金636.975万元,户均受益14218.19元。

(一)建设万亩红梅杏基地

2015—2016年,海原县委、县政府依托新一轮退耕还林还草工程建设,加强林业产业规模化、产业化、示范化基地建设,重点打造了集中连片规模最大的史店乡田拐村万亩红梅杏建设基地,其中退耕还林还草工程建设7106.1亩。该基地的建成使其成为调整农村产业结构、实现精准脱贫与乡村振兴战略工程相结合的典范,起到引领示范作用。

2017年7月,史店乡党委书记杨生礼对前去采访的记者说:"田拐村共有670户种植红梅杏,其中有260户是建档立卡户,户均15亩,人均3.9亩。以后我们还要引进加工企业,通过电商销售、果脯加工、林下养殖等多种方式实现全村脱贫致富的目标。"

田拐村的万亩红梅杏产业基地

（二）推广企业加农户模式

为了提高退耕还林还草工程万亩红梅杏的建设成效，田拐村创新了工程建设模式，通过招投标方式引入企业大户种植红梅杏，企业雇用村民在自家地里务工，使得村民收入得到保障，也让贫瘠黄土变成青山绿水，这是双赢的做法。田拐村党支部领导介绍说，2014年村里将后山高低起伏不平的丘陵改为梯地。2015年退耕还林还草种植红梅杏后，林地交由企业代管三年，三年后红梅杏林再返还给农户管理。企业雇用村民务工，政府按照国家退耕还林还草政策给予村民补偿。

史店乡党委书记杨生礼介绍说："这片红梅杏林由5家招标企业于2015年开始进行种植管理，在保证95%的成活率下，三年后将全部返还给农户种植管理，等到2019年进入盛果期后亩产值将高达10000元。"

（三）加强配套设施建设

为使田拐村红梅杏基地切切实实取得成效，在县政府扶持下村里采用招标工程进行栽植，由专业的绿化公司来实施。在建设过程中选用优质壮苗，采取规范栽植、树干缠膜、树盘覆膜、截杆深栽等一系列抗旱保水措施，确保了种植成效。同时整合林业、水务、交通等部门项目资金，在项目区内打机井2眼，建设蓄水池6个，铺设浇水管道70公里，硬化主干道路1.4公里，修建作业路26公里，为生产经营活动提供了坚实的基础保障。

史店乡党委书记杨生礼介绍说："万亩红梅杏需5年才进入盛果期，已纳入退耕还林还草项目，前五年每亩享受补贴1200元。通过项目招标，5家企业不仅开拓了万亩红梅杏果园，还建造了3眼机井和5个蓄水池，可蓄水近3万方，对山上的果园进行穴灌保证灌溉便利，与此同时，还修建了上山下山的杏花路，方便日后村民种植管理和加工企业采摘运输。"

（四）发展乡村旅游

乡村游助力海原县田拐村摘掉"贫困帽"。田拐村是中卫市海原县的一个小山村，生态环境脆弱干旱，2016年之前是有名的贫困村。然而短短两年内，田拐村在海原县委、县政府和中卫市旅发委的带动下，摘掉了"贫困帽"。"红梅杏林油菜花，醉美乡游田拐村"。在乡村振兴战略的大力实施下，田拐村依托国家退耕还林还草工程，种植万亩红梅杏（其中退耕还林还草工程7000亩），红梅杏下种油菜花，田拐村已成为具有红梅杏林、油菜花海等多种特色种植业为主线的复合型观光旅游生态村。

红梅杏与油菜花相间而种

2018年7月28日,海原县乡村文化旅游节在史店乡田拐村盛大开幕。四面八方的客人来到了这个村,真可谓是热闹非凡。上午九点,各界的朋友陆续到来,随着本村花儿歌手的一首花儿《美丽海原欢迎您》,拉开了乡村文化旅游节的序幕,海原花儿艺术团的演员表演了丰富多彩的文艺节目,人民网、新华社、网易新闻等各大媒体报道了开幕式。游客们赏油菜花,观万亩红梅杏林,吃农家饭,拍照留念。下午一点半又观看了惊险刺激的汽车、摩托车河道拉力赛。这次乡村文化旅游节历时六天,还有篮球赛、花儿会等助兴。

三、退耕还林还草成效

走进田拐村,映入眼帘的是干净整齐的道路,两旁错落着新盖起的砖瓦房,还有农村社区、文化广场、文化活动中心、公园等村内公共设施建设。孩子们在广场上的健身器材上嬉笑,老人们在自家门前整理着农具,幸福祥和的景象让人难以想象之前贫困落后的样子。这一切都得益于退耕还林还草工程发展起来的万亩红梅杏,该项目为当地农业产业结构调整和生态环境改善奠定坚实的基础,达到生态、经济、社会效益三赢的目的,为乡村振兴战略发挥深远的影响。

(一)生态效益

退耕还林还草工程极大地改变了田拐村的村容村貌,现如今的田拐村早已不是当初那个贫瘠土地上的小村落,而是被漫山遍野的盎然绿意所包围起来,在艳阳高照的日子,蓝天与白云交相辉映,一排排白墙红顶的小房子在辽阔的山林田野间显得格外醒目,看到这景象，一种田园风光的幸福感油然而生。

田拐村村貌俯瞰

（二）经济效益

田拐村万亩红梅杏基地已初现效益，2017年每亩收益3000多元，预计2022年后盛果期每亩收入将达到10000元左右。待国家补助政策期满后，红梅杏也进入了盛果期，将从根本上解决退耕户特别是建档立卡户的长远生计问题。近年来，田拐村大力进行退耕还林还草工程的实施，截至2017年共脱贫283户1064人，贫困发生率低于3%，人均年增收2361元，2016年末全村人均可支配收入为7128元，已基本实现脱贫。

72岁高龄的田成岐说："六个孩子五个在外面打工，如今村里退耕还林建起红梅杏果园，以后还会引进企业建立加工厂，到时候在家门口就可以打工，孩子们就不用再出远门了。我们老两口现在每个月有近2500元的养老保险，又种了60亩红梅杏，党的政策好，才有我们现在的好生活。"

（三）社会效益

退耕还林还草后林地面积增多，还可以推动农村产业结构的调整，这是它的社会效益。生态效益肉眼可见，环境改善了，人们的居住条件和水平提高，就可以发展旅游、服务业、交通运输业等第三产业，从而加快农村的产业结构升级。

田拐村已经在红梅杏树下种植了观赏性油菜花，下一步准备围绕红梅杏、油菜花开展特色旅游观光产业，现在村里近十户已经自费将自家住宅改成了客栈，在青山绿水的环境下，村民自己创业做事的心思高涨，乡村振兴之路近在眼前。随着基础生活设施的不断完善，田拐村将在近几年内结合红梅杏的特色优势，抢抓自治区发展全域旅游的机遇，积极引导村民发展农家乐,从而带动第三产业发展,并通过电商销售、果脯加工、林下养殖等拓宽农民增收渠道,真正实现绿水青山脱贫富民的目标。

四、经验与启示

旅游扶贫是贫困地区实现乡村振兴的有效方式,是贫困群众脱贫致富的重要渠道。而退耕还林还草工程作为一项集生态、社会、经济效益为一体的大型政府惠民工程,同样也是开发乡村旅游的基础工程,因此乡村振兴和退耕还林还草的实施,需要推进生态保护、旅游开发、扶贫攻坚的有机结合,让贫困山区村民也能受益于旅游资源开发和旅游产业发展红利,将退耕还林还草的青山绿林变为村民脱贫致富的金山银山。

一颗小小红梅杏,从种植到加工再到发展全域旅游,多角度拓宽了农民增收渠道,为促进和谐稳定发展奠定了坚实的基础,引领田拐村村民们在增收致富奔小康的康庄大道上"杏"福前行。

案例4 彭阳新洼村退耕还林还草综合发展

彭阳县位于六盘山东麓,曾是伏羲、女娲等人文始祖活动过的地方。彭阳县是林业先进县,先后荣获中国造林绿化先进县、水土保持先进县、退耕还林先进县、绿化模范县、国家园林县城等荣誉。

一、新洼村概况

彭阳县草庙乡新洼村地处宁夏南部"苦瘠甲天下"的西海固地区,境内平均海拔1600米,典型的温带大陆性季风气候,年均降水量400毫米左右。该村在彭阳县草庙乡政府以南3公里,总土地面积11.7平方公里,管辖新庄、菜川、陶涂、井岔4个村民小组,总人口384户1329人。该村耕地面积9650亩,其中坡改梯田1220亩,多年生牧草3100亩。村子产业主要以林下养殖业和农林经济作物种植为主,其中农作物种植面积6350亩,现有养殖户215户,养殖牛860头、羊3500只、猪305头、鸡16000只。

彭阳县新洼村附近梯田全景图

2000年新洼村开始实施退耕还林还草工程，走山区连片开发、综合治理的退耕模式，将贫瘠的土地慢慢变得绿了起来。因气候干旱条件的限制，有些地区不适宜生长林木，便大片种植牧草，以作为牛羊等牲畜的饲料，从而进一步发展养殖业，提高村民收入。

目前新洼村的养殖业已初具规模，建设了标准化养殖棚112栋，青贮池47个，现有农用机械240辆(台、套)，打水窖450眼，注册农民专业合作社7家，2017年人均可支配收入已达到8470元。

二、退耕还林还草情况及主要做法

新洼村从2000年开始实施国家退耕还林还草工程，已完成退耕还林还草面积5401亩，其中涉及了农户384户1329人，其中贫困户97户325人。

(一)实行小流域综合治理

自2000年彭阳县实施退耕还林还草工程以来，该村坚持退耕还林还草与荒山治理相结合、治坡与治沟相结合、林草建设与农田建设相结合，采用"88542"隔坡反坡水平沟整地造林方式和"山顶林草戴帽子、山腰梯田系带子、沟头库坝穿靴子"的治理模式，连片开发，综合治理。经过多年的建设，新洼村退耕地造林5401亩，荒山荒沟造林2400亩，嫁接改良山杏574亩，森林覆盖率现已达到40%，治理程度达69%。

(二)大力发展林果业

彭阳县把发展林果业列为全县四大特色优势产业之首，通过退耕还林还草、巩固退耕还林还草成果等项目的实施，采取流域生态经济、庭院经济、设施栽培和嫁接改良"四种模式"，大力发展以杏子为主的生态经济林，建成了新洼村等流域集中连片优质高效经济果林10万亩，年产鲜杏达11.1万吨，杏干、杏仁产量达到0.6万吨，年产值达7900万元。初步形成了"企业+基地+农户"的杏产业发展体系。现有两家果脯加工厂，主要加工产品有杏脯、杏肉、甘草杏、奶油杏肉等以杏为主的系列产品20多个品种，产品远销全国各地，深受消费者的喜爱，并多次获得国内各种奖项。

（三）积极推广林下养殖

为积极培育退耕还林还草后续产业，提高综合效益，该村采取"以进促退、以退促调、以调促收、以收促稳"的路子，充分发挥区域优势，以农民增收为目标，确立了以林果、林下养殖、旅游等为主的产业格局，找准了县域经济发展的突破口和着力点。

新洼村按照县委、县政府的指导，大力发展林下生态养殖。一是推广林下养鸡。以"小群体，大规模，家家户户都饲养"的发展模式，以林区放养点、重点养殖户和规模养殖户为突破口，通过项目扶持等进一步扩大全县朝那鸡的养殖规模。通过林下生态养殖和发展，既充分利用了资源，节约了饲料，又可以防止大规模虫灾，有效地保护了林木，实现了生态环境保护与产业开发的有机结合。二是推广林下养畜。新洼村利用退耕还林还草工程隔坡种草和全县发展的种草产业相结合，按照"家家种草，户户养畜，小群体，大规模"的发展思路，大力发展养畜业，目前发展养畜业的收入，已占全村人均纯收入的30%。

新洼村林下养鸡

（四）发展生态旅游

新洼村充分利用退耕还林还草资源以及每年的"山花节"，大力发展农村生态休闲旅游、开发。随着森林旅游和生态旅游的发展和升温，森林农家乐也不断发展和壮大起来。

森林农家乐是一种新兴的经济模式,是一种新兴的微型企业,也是一种新兴的林下经济。它主要依托森林旅游或生态旅游的发展,充分利用农村自然的山水园林生态,以及农家院落的林荫优势、生态优势、花果优势、园林优势、人文优势等来发展旅游业。

(五)成立合作社

新洼村为推进退耕后续产业的发展,成立了专业合作社。新洼村草庙彩虹养殖专业合作社(草庙新洼村新庄组)成立于2010年12月,现有社员103户,该合作社以肉牛、蛋鸡养殖为主,投资200多万元,占地面积20亩,新建办公和管理房120平方米,饲草料贮藏厂房720平方米,养殖暖棚3栋1680平方米,饲料调制池2500平方米,配备饲料加工机械3台。目前,合作社有自动化蛋鸡养殖舍2000平方米,存栏蛋鸡12000只,日产新鲜蛋10800枚,存栏肉牛73头,年出栏40头以上,收入50余万元。同时结合固原市发展的"一棵树、一株苗、一枝花、一棵草"的"四个一"工程,打造200亩饲草实验基地,示范种植金银草等6大类70多个品种。

草庙彩虹养殖专业合作社

在合作社的带动下,新洼片区养殖发展势头良好,存栏牛3639头,羊9087只,鸡50700只,户均存栏33个羊单位,预计养殖业提供农民人均可支配收入2000元以上,同时也涌现出了初具规模的养殖大户,为如期实现脱贫打下了坚实的基础。这就是退耕还林还草后农民劳动力解放了出来,转向了养殖业,也是退耕还林还草后续产业发展的典型代表。

三、退耕还林还草成效

自退耕还林还草工程实施以来,新洼村取得了明显的生态效益、社会效益和经济效益等综合效益的提升。目前该村已经初步成为"产业兴旺,生态宜居,乡风文明,治理有效,生活富裕"的新型农村。

(一)生态效益

通过退耕还林工程的实施和移民迁出区生态的恢复,全村生态效益大为改观。森林资源保存面积和森林覆盖度明显提高,控制水土流失面积 8.08 平方公里,治理程度达到 69%。生物种群不断丰富,人民生产生存条件显著改善,基本达到了"水不下山,泥不出沟"的目标,初步实现了"山变绿、水变清、地变平、路畅通",生态步入良性循环的历史性转变。

退耕还林还草后的美丽乡村景象

(二)经济效益

退耕后农民直接从退耕还林还草中得到了受益,目前累计兑现退耕补助粮食及现金折合人民币 1080.14 万元,退耕农户户均享受 2.81 万元,人均享受 8100 元。同时坚持适地适树、合理布局、注重实效的原则,采取流域生态经济、庭院经济、设施栽培和嫁接改良提升四种模式,实现单一林业发展向多层次开发林业产业发展,嫁接改良了以优质红梅杏子为主的经济林,努力促进"生态型林业"向"生态经济型林业"转变;退耕还林还草使一大批农民从单一的农耕劳动中解放出来,逐步转向养殖、经商、加工、运输、劳务输出等行业,有效提高了农民的经济收入。

(三)社会效益

社会效益方面,通过退耕还林还草工程的实施,使一大批农民从原来的单一的"农耕型"农民逐步转向现在"多种经营型"农民,从而涌现出了具有一定典型的能人、富人,在这些人的带领下通过"资金跟着穷人走,穷人跟着能人走,能人跟着产业走"的良性循环,带动了整个村的发展,使退耕还林还草后续产业的发展起到一定的社会效益。

四、经验与启示

实施多种经营、综合开发,不仅可以节约土地资源,进行集约化经营,同时还能因地制宜,发展适合每个地区区情的特色经济林产业和林下经济,带动三产同时发展,力显退耕还林还草后续产业的综合效益。

在综合开发的同时,要注意做好政策引导的基础性工作,加大专业合作社的带动作用,集中精力打造精品示范点,辐射带动周围农户,积极发展林业产业,提高收入。通过各种方式积极引导农民尽快走林业专业合作社的发展道路,实现林业产业快速、健康、有序的发展。

第十三章
青海案例

青海省位于中国西部，雄踞世界屋脊青藏高原的东北部。青海境内山脉高耸，地形多样，河流纵横，湖泊棋布，是黄河、长江、澜沧江的发源地，被誉为"三江源""中华水塔"，是中国大江大河的水源涵养区，生态区位十分重要，肩负着建设长江、黄河上游生态屏障和维护长江、黄河中下游生态安全的重要使命。自2000年启动实施退耕还林还草以来，截至2019年底，累计实施退耕还林还草1154.5万亩，其中退耕地还林305万亩、还草29万亩、荒山造林636.5万亩、封山育林184万亩，中央累计投入80多亿元，涉及全省44个县(市、区、场)327个乡镇3911个行政村，涉及农牧农29.6万户135.5万人。

案例1 湟源前沟村退耕还树莓振兴乡村

湟源县位于西宁市西部，县城城关镇距省会西宁52公里。湟源县位于青海湖东岸，日月山东麓，湟水河上游，是青海东部农业区与西部牧业区、黄土高原与青藏高原、藏文化与汉文化的结合部，素有"海藏通衢"和"海藏咽喉"之称。

一、前沟村概况

前沟村委位于湟源县申中乡。地处东经108°56′、北纬38°55′之间，距县城16公里，是全县粮食主产区之一。前沟村全村共有318户1294人，共有劳动力699人，村民以汉族为主。全村共有耕地面积1560亩，林地面积6300亩。

全村经济发展长期处于较低水平，2013年底农民人均纯收入为5854元，低于全县农村人均纯收入。由于基础设施建设滞后，农业生产结构单一，是无集体经济收入的小村庄，2015年被全省确定为精准扶贫村，全村建档立卡贫困户34户，贫困人口111人。随着退耕还树莓、六盘山扶贫等项目的实施，经济状况逐步好转。到2018年底，全村人均纯收入达到15800元，贫困户全部脱贫。

二、退耕还林还草情况及主要做法

前沟村抓住国家退耕还林还草机遇，以树莓产业为抓手，大力发展"一村一品"经济。根据前沟村优势，将树莓产业作为全村产业扶贫的主导产业，集全村之力做大做强树莓产业。到2016年，前沟村树莓种植面积达6000亩，其中退耕还林还草及成果巩固种植树莓近4050亩。主要经营模式有：

（一）建设4050亩油树莓基地

青海省有经济价值的经果林特别少，县林业部门和前沟村干部通过调查研究，引入龙头企业青海树莓农业产业化有限公司，采用"公司+农户"模式，在退耕还林还草工作中大力发展树莓。截至2016年底，完成树莓基地建设4050亩，其中：2013年巩固退耕还林还草项目建设树莓1043亩，项目投资105.90万元；2014年巩固退耕还林还草建设树莓2147亩，项目投资162.00万元；2015年巩固退耕还林还草项目建设树莓500亩，项目投资553万元。

（二）创新经营模式

前沟村在发展树莓产业中，探索推广新型经营模式，以改变一家一户、分散经营、成效低下的不足。前沟村通过"公司+合作社+基地+农户"的经营模式，推动了乡村各项事业的全面发展。到2019年，前沟村树莓示范基地规模经营面积已达6000亩。主要经营模式有：

1. 企业带头农民入股

企业牵头通过协商流转林地，种植树莓，让农户参与并入股到产业当中，截至2019年底，前沟村318户农户已全部入股到产业当中。

2. 形成产业链

前沟村现在已形成集树莓种植、树莓系列产品加工销售、农业休闲观光旅游、餐饮住宿于一体的产业链，为湟源县及周边农户脱贫致富闯出了一条新路子。

(三) 龙头企业带动

前沟村在退耕还林还草种植树莓过程中,主要是引入龙头企业来经营。青海树莓农业产业化有限公司成立于2011年9月,以发展绿色无公害、高营养价值树莓产品为发展战略目标,积极引进新品种、新技术、先进的管理模式等开辟树莓产业更广的市场空间,带动当地农户走上一条特色可持续发展道路。

公司建成高原树莓标准化生产基地6000亩,直接或间接带动当地农户达500余户,农户户均增收1万元,其中,在前沟村建立红树莓标准化生产基地2000亩,自2011年陆续建设完成,已普遍进入盛果期;在湟源县申中乡莫布拉村新建种植基地2000亩;湟源县申中乡立达村建成树莓种植基地2000亩。2018年度,公司树莓鲜果产量可达800余吨,随着种植基地的苗木逐年进入盛果期,鲜果产量也将逐年增长。

目前公司主要产品有树莓鲜果及树莓饮料,近年公司计划引进树莓果酒、果酱、茶叶等加工设备,进行树莓系列产品的研发与生产,采用农业综合开发与农业经济调整相结合,科技示范推广与产业化开发相结合的优化模式,形成较长的产业链条和抗风险能力强的特色优势产业。

三、退耕还林还草成效

前沟村通过政策引导、技术指导、合作社管理,成功种植了6000亩树莓基地(其中退耕还林还草及巩固退耕还林还草成果项目种植4050亩),取得了良好的生态、经济和社会效益。

(一) 生态效益

前沟村2013—2015年巩固退耕还林还草项目实施树莓经济林总面积4050亩,通过项目的实施,明显改善了生态环境,拓展了生物生存空间,减少了水土流失、净化了空气、改善了农民的生存生活环境。

(二) 经济效益

1. 分红收益

数据显示,仅树莓分红这一项,前沟村318户农户每年可以收益12.5万元,其中34户建档立卡贫困户每年分红1000元,一般户每年分红310元。

2. 劳动收益

平均每天80人在树莓种植基地里工作,平均每天每人收益80元,再加上户均投资8

万元的5家林家乐，林下经济不光为前沟村的贫困户带来了脱贫希望，也带动了前沟村和周边4个村子农户的就业收入。

3. 成品收益

考虑到只卖原材料和半成品利润率低，前沟村还建立了树莓产品加工厂和树莓采摘基地，"现在村里的树莓不光能现摘现吃，还做成果汁、果酱和红酒卖到了西宁。今年青洽会上也有我们的树莓产品。"2018年前沟村党支部书记晁沐自信地介绍，"通过三年至五年的发展，树莓进入盛产期，前景良好，可大幅提高村集体经济和农户经济收入。"

(三)社会效益

1. 优化农村产业结构

树莓经济效益的凸显，对广大农民起着示范引领作用，激发林农种植高产树莓积极性，推动树莓产业快速发展，进一步优化了农村产业结构，真正达到农业增效、农民增收的快速脱贫致富奔小康目标。

2. 优化了人力资源结构

树莓管理从清山整地、造林、抚育、修剪、病虫害防治以及果实采收等一系列生产活动，需要大量农村劳动力，这就为农民工返乡创业、农村剩余劳动力转移就业提供了机遇，也增加了农民收入。

3. 加快科技成果转化

先进的林业生产技术，创新的营造林模式，树莓新品种应用推广等，将直接推动林业生产力提高，使林业科技成果进一步得到推广和应用。

四、经验与启示

前沟村以退耕还林还草工程及巩固退耕还林还草成果项目为契机，先后种植了6000亩树莓林，这些树莓林为组织树莓加工、开展乡村旅游、发展林下经济提供了坚实的基础。

在党的"三农"政策和富民政策指引下，前沟村依靠区位优势、交通优势和环境优势，大力发展生态农业和绿色农业，加快周边生态屏障建设，成立了青海树莓农业产业化有限公司，建成高原树莓标准化种植示范基地6000亩，通过"公司+合作社+基地+农户"的经营模式，逐步形成了集树莓种植、树莓系列产品加工销售、农业休闲观光旅游、餐饮住宿于一体的产业链，为周边农户脱贫致富闯出了一条新路子。湟源县是青海省唯一荣获"生态文明建设示范县"的县城，将着力推动"四个转变"，实施好乡村振兴战略，更加坚定走生态、绿色可持续发展的心，以青海、西藏树莓基地为起点，创建自己的树莓品牌，逐步覆盖西藏及整个西北，做西藏和西北树莓产业的龙头，将生态产业推广到更好、更高的平台，将带动周边区域经济更快的发展。

案例2 乐都李家壕村退耕还林发展大果樱桃

乐都区位于青海省东部湟水河中下游，是海东市辖区及市政府驻地，区域总面积3050平方公里，其中耕地面积62.7万亩。境内地形大致呈两山夹一川，是全省主要粮食和蔬菜生产基地县，并素有"文化县"之称，2013年乐都区获得"书法之乡"的称号。

一、李家壕村概况

李家壕村隶属于海东市乐都区洪水镇，居湟水支流虎狼沟下部，属于高原大陆型气候，无霜期较长，气候温和，年平均气温6.9℃，年平均降水量为329.6毫米，其中大部分集中在夏秋季7、8、9月份。该地区有大面积的塬地由于缺水，多年无法耕种被撂荒。

李家壕村林业用地面积3172.6亩，其中灌木林地面积953亩，耕地面积1256.3亩；全村共有144户528人。

二、退耕还林还草情况及主要做法

乐都区自2000年实施退耕还林还草工程以来，到2013年共完成退耕还林还草面积68.7725万亩（其中退耕地造林面积25.2225万亩、荒山荒地造林面积38.05万亩、封山育林5.5万亩），共涉及19个乡镇285个村30160户126334人。退耕农户人均退耕地面积1.89亩。

（一）退耕还林还草选择大果樱桃

自2000年实施退耕还林还草工程以来，李家壕村开始转变生产方式，从传统耕种方式的自给自足逐渐转变成多种产业发展方式。村后大面积的塬地由于缺水多年撂荒，村委会多方招商引资于2011年同开发公司达成协议成立海东市乐都区聚宝苗木专业合作社，合作社承包679.2亩种植大果樱桃。涉及退耕农户130户477人，其中涉及精准扶贫户5户16人。

为提高退耕还林还草经济效益，经区林业部门调查研究，树种选择当地适宜生长的大果樱桃。同时，区林业局利用巩固退耕还林还草成果项目提供了大果樱桃种苗6.72万株。主栽品种有红灯、美早、先锋、早大果、拉宾斯、雷尼等。

李家壕村大果樱桃合作社办公基地

经过北京果树研究所、大连果树研究所、山东果树研究所有关专家对李家壕村大果樱桃种植区的考察，认为乐都区独特的地理气候条件，十分适宜大果樱桃设施栽培，产出的大果樱桃糖度高、着色好、品质优于大连和山东。

(二) 加强技术指导

乐都区政府与北京果树研究所签订大果樱桃栽培技术指导合同，组织中国樱桃学会专家实地调查，制定了乐都区发展大果樱桃特色产业规划，组织60名专业技术人员进行大果樱桃栽培技术培训，然后分配到各个大果樱桃种植区进行技术指导，保证了乐都区及李家壕村大果樱桃产业的健康有序发展。

(三) 推广合作社模式

李家壕村在退耕还林还草发展大果樱桃产业中，采取"公司+专业合作社+基地+农户"的发展方式，增加了农户的就业，提高了农户的收入，还使农户在就业中学到了大果樱桃栽培技术，形成了示范带动效应。

(四) 结合精准扶贫

李家壕村在退耕还林还草发展大果樱桃产业中，结合国家扶贫政策，要求合作社积极吸纳精准扶贫人员参与到大果樱桃种植地的日常管理中，使精准扶贫人员既掌握了大果樱桃栽培技术又增加了收入。

李家壕村退耕还林大果樱桃

(五) 主要栽培技术

李家壕村大果樱桃种植区为由于缺水而多年撂荒的塬地，原有机耕道布局合理，土壤类型主要为栗钙土。栽植选择在春季，选用两年生健壮幼苗，苗高1米以上，须根发达，无病虫害，单株定植，每亩用苗56株。栽植后浇足定植水。幼苗定植要做到苗端正、根舒展、细土回填、活土盖面、定植穴面上覆膜。

由于李家壕村地块较缺水，定植后前两年按时做到了春灌和冬灌，夏季有水的条件下适当进行了浇灌。为了土壤保墒，前两年都没有除草，为了提高成活率，只是进行了查苗补苗。第三年春季采用滴水灌溉技术铺设浇灌设施，按时浇水，除去树苗周围杂草，秋季开始整形拉枝，大果樱桃整形修剪在生长季进行，包括拉枝出萌、摘心、拿枝和刻芽等方法。培育树形为自然开心形和自由纺锤形。配合磷肥、腐熟牛圈肥根际追肥。第四年进入初果期。大果樱桃开花期在乐都区易受倒春寒和霜冻，导致结果量少、产量低，生产中要采取必要的保花保果措施。

三、退耕还林还草成效

从2010年开始，按照国家林业局和青海省党委、政府的统一要求和部署，乐都区以巩固退耕还林还草成果为契机，以退耕农户为主体，提出采用公司加农户、专业合作社加农户、大户承包加农户和农户自营的多种经营方式发展百万株大果樱桃特色产业，在有灌溉条件的川水和浅山地区已栽植大果樱桃1.2万亩。以基地规模化、园区标准化、设施配套化、管理精细化、经营产业化的发展模式，推动林业产业发展，取得了良好的生态、经济和社会效益。

(一)生态效益

李家壕村通过对塬地的流转,既取得了流转收入,也为当地增加了劳务收入,为群众致富找到了门路,实现了生态建设与脱贫攻坚共赢。使多年撂荒的耕地有了稳定的收益,生态环境明显改观。

(二)社会效益

李家壕村巩固退耕还林成果种植大果樱桃,通过村民务工,使大部分村民掌握了大果樱桃栽培技术,逐步在自家的耕地中栽植大果樱桃,发展大果樱桃产业,目前大果樱桃已成为乐都区生态产业的名片。

(三)经济效益

李家壕村通过对 679.2 亩塬地的流转,每年取得流转收入 33.96 万元,村民通过务工人均增收 304 元。大果樱桃目前已经挂果,每亩每年收益达 1500 元以上,总收入约 100 万元。

四、经验与启示

生产要素的聚合可推动产业融合,李家壕村在退耕还林还草工程中,在招商引资、扶持龙头企业、发展专业合作社以及培育职业农民等系列政策措施激励下,积极培育新型经营主体,兴办产品加工和营销企业,可以延长巩固退耕还林还草后续产业发展。

参考文献

习近平,2017. 决胜全面建成小康社会 夺取新时代中国特色社会主义伟大胜利:在中国共产党第十九次全国代表大会上的报告[R]. 北京:人民出版社.

《党的十九大报告辅导读本》编写组,2017. 党的十九大报告辅导读本[M]. 北京:人民出版社.

中共中央宣传部,2019. 习近平新时代中国特色社会主义思想学习纲要[M]. 北京:学习出版社,人民出版社.

习近平,2015-10-16. 携手消除贫困 促进共同发展:在2015减贫与发展高层论坛的主旨演讲[R/OL]. http://www.xinhuanet.com/politics/2015-10/16/c_1116851045.htm.

国家林业和草原局,2020. 中国退耕还林还草二十年(1999—2019)[R]. 2020.

国家林业局,2018. 2016退耕还林工程生态效益监测国家报告[M]. 北京:中国林业出版社,2018.

国家林业和草原局退耕还林(草)工程管理中心,2019. 退耕还林在中国:回望20年[M]. 北京:中国大地出版社.

孔忠东,徐程扬,杜纪山,2007. 退耕还林工程效益评价研究综述[J]. 西北林学院学报,22(6):165-168.

孔忠东,徐程扬,赵伟,2016. 退耕还林工程的实施与产业结构调整的关系及后续政策建议[J]. 北京林业大学学报(社会科学版). 6(4):48-51.

李慧,2020-07-02. 退耕还林还草20年:绿了山川 富了百姓[N]. 光明日报,(10).

李青松,2003. 共和国退耕还林[J]. 报告文学(3).

李青松,2008. 从吴起开始[J]. 报告文学(3).

李青松,2019. 把自然还给自然[J]. 中国作家(纪实)(9).

李世东,2004. 中国退耕还林研究[M]. 北京:科学出版社.

李世东,2007. 世界重点生态工程研究[M]. 北京:科学出版社.

李世东,2007-11-28. 生态文明是社会历史发展的必然[N]. 中国绿色时报.

李世东,2016. 全球美丽国家发展报告2015[M]. 北京:科学出版社.

李世东,2020-08-07. 推进退耕还林,助力精准脱贫[N]. 中国绿色时报.

李世东,陈应发,杨国荣,2008. 老子文化与现代文明[M]. 北京:中国社会出版社.

李世东,樊宝敏,林震,等,2011. 现代林业与生态文明[M]. 北京:科学出版社.

李世东,徐程扬,2003. 论生态文明[J]. 北京林业大学学报(社会科学版),2(2):1-5.

李育材. 中国退耕还林工程[M]. 北京:中国林业出版社. 2006年.

荣兆梓，吴春梅，2005. 中国三农问题：历史·现状·未来[M]. 北京：社会科学文献出版社.

沈国舫，吴斌，张守攻，等，2017. 新时期国家生态保护和建设研究(退耕还林专题)[M]. 北京：科学出版社.

施昆山，2001. 当代世界林业[M]. 北京：中国林业出版社.

韦秀文，姚斌，刘慧文，等，2011. 重金属及有机物污染土壤的树木修复研究进展[J]. 林业科学，47(5)：124-130.

徐春，2001. 可持续发展与生态文明[M]. 北京：北京出版社.

燕连福，赵建斌，王亚丽，2019-10-16. 我国扶贫工作的历程、经验与持续推进的着力点[N/OL]. https：//baijiahao.baidu.com/s?id=1647507155894831834&wfr=spider&for=pc.

张建龙，2019-09-06. 在全国退耕还林还草工作会议上的讲话[N]. 中国绿色时报.

张美华，2005. 退耕还林还草工程理论与实践研究[M]. 北京：中国环境科学出版社.

张秀斌，陈应发，2009. 退耕还林工程管理与公共选择理论[J]. 林业经济(9)：41-43.

赵冬初，2008. 生态文明建设的基本原则和路径选择[J]. 湖南大学学报，22(2)：142-144.

附录 1
中共中央 国务院关于实施乡村振兴战略的意见

（2018 年 1 月 2 日）

实施乡村振兴战略，是党的十九大作出的重大决策部署，是决胜全面建成小康社会、全面建设社会主义现代化国家的重大历史任务，是新时代"三农"工作的总抓手。现就实施乡村振兴战略提出如下意见。

一、新时代实施乡村振兴战略的重大意义

党的十八大以来，在以习近平同志为核心的党中央坚强领导下，我们坚持把解决好"三农"问题作为全党工作重中之重，持续加大强农惠农富农政策力度，扎实推进农业现代化和新农村建设，全面深化农村改革，农业农村发展取得了历史性成就，为党和国家事业全面开创新局面提供了重要支撑。5 年来，粮食生产能力跨上新台阶，农业供给侧结构性改革迈出新步伐，农民收入持续增长，农村民生全面改善，脱贫攻坚战取得决定性进展，农村生态文明建设显著加强，农民获得感显著提升，农村社会稳定和谐。农业农村发展取得的重大成就和"三农"工作积累的丰富经验，为实施乡村振兴战略奠定了良好基础。

农业农村农民问题是关系国计民生的根本性问题。没有农业农村的现代化，就没有国家的现代化。当前，我国发展不平衡不充分问题在乡村最为突出，主要表现在：农产品阶段性供过于求和供给不足并存，农业供给质量亟待提高；农民适应生产力发展和市场竞争的能力不足，新型职业农民队伍建设亟需加强；农村基础设施和民生领域欠账较多，农村环境和生态问题比较突出，乡村发展整体水平亟待提升；国家支农体系相对薄弱，农村金融改革任务繁重，城乡之间要素合理流动机制亟待健全；农村基层党建存在薄弱环节，乡村治理体系和治理能力亟待强化。实施乡村振兴战略，是解决人民日益增长的美好生活需

要和不平衡不充分的发展之间矛盾的必然要求,是实现"两个一百年"奋斗目标的必然要求,是实现全体人民共同富裕的必然要求。

在中国特色社会主义新时代,乡村是一个可以大有作为的广阔天地,迎来了难得的发展机遇。我们有党的领导的政治优势,有社会主义的制度优势,有亿万农民的创造精神,有强大的经济实力支撑,有历史悠久的农耕文明,有旺盛的市场需求,完全有条件有能力实施乡村振兴战略。必须立足国情农情,顺势而为,切实增强责任感使命感紧迫感,举全党全国全社会之力,以更大的决心、更明确的目标、更有力的举措,推动农业全面升级、农村全面进步、农民全面发展,谱写新时代乡村全面振兴新篇章。

二、实施乡村振兴战略的总体要求

(一)指导思想。全面贯彻党的十九大精神,以习近平新时代中国特色社会主义思想为指导,加强党对"三农"工作的领导,坚持稳中求进工作总基调,牢固树立新发展理念,落实高质量发展的要求,紧紧围绕统筹推进"五位一体"总体布局和协调推进"四个全面"战略布局,坚持把解决好"三农"问题作为全党工作重中之重,坚持农业农村优先发展,按照产业兴旺、生态宜居、乡风文明、治理有效、生活富裕的总要求,建立健全城乡融合发展体制机制和政策体系,统筹推进农村经济建设、政治建设、文化建设、社会建设、生态文明建设和党的建设,加快推进乡村治理体系和治理能力现代化,加快推进农业农村现代化,走中国特色社会主义乡村振兴道路,让农业成为有奔头的产业,让农民成为有吸引力的职业,让农村成为安居乐业的美丽家园。

(二)目标任务。按照党的十九大提出的决胜全面建成小康社会、分两个阶段实现第二个百年奋斗目标的战略安排,实施乡村振兴战略的目标任务是:

到2020年,乡村振兴取得重要进展,制度框架和政策体系基本形成。农业综合生产能力稳步提升,农业供给体系质量明显提高,农村一二三产业融合发展水平进一步提升;农民增收渠道进一步拓宽,城乡居民生活水平差距持续缩小;现行标准下农村贫困人口实现脱贫,贫困县全部摘帽,解决区域性整体贫困;农村基础设施建设深入推进,农村人居环境明显改善,美丽宜居乡村建设扎实推进;城乡基本公共服务均等化水平进一步提高,城乡融合发展体制机制初步建立;农村对人才吸引力逐步增强;农村生态环境明显好转,农业生态服务能力进一步提高;以党组织为核心的农村基层组织建设进一步加强,乡村治理体系进一步完善;党的农村工作领导体制机制进一步健全;各地区各部门推进乡村振兴的思路举措得以确立。

到2035年,乡村振兴取得决定性进展,农业农村现代化基本实现。农业结构得到根本性改善,农民就业质量显著提高,相对贫困进一步缓解,共同富裕迈出坚实步伐;城乡基本公共服务均等化基本实现，城乡融合发展体制机制更加完善；乡风文明达到新高度，乡村治理体系更加完善；农村生态环境根本好转，美丽宜居乡村基本实现。

到2050年，乡村全面振兴，农业强、农村美、农民富全面实现。

（三）基本原则

——坚持党管农村工作。毫不动摇地坚持和加强党对农村工作的领导，健全党管农村工作领导体制机制和党内法规，确保党在农村工作中始终总揽全局、协调各方，为乡村振兴提供坚强有力的政治保障。

——坚持农业农村优先发展。把实现乡村振兴作为全党的共同意志、共同行动，做到认识统一、步调一致，在干部配备上优先考虑，在要素配置上优先满足，在资金投入上优先保障，在公共服务上优先安排，加快补齐农业农村短板。

——坚持农民主体地位。充分尊重农民意愿，切实发挥农民在乡村振兴中的主体作用，调动亿万农民的积极性、主动性、创造性，把维护农民群众根本利益、促进农民共同富裕作为出发点和落脚点，促进农民持续增收，不断提升农民的获得感、幸福感、安全感。

——坚持乡村全面振兴。准确把握乡村振兴的科学内涵，挖掘乡村多种功能和价值，统筹谋划农村经济建设、政治建设、文化建设、社会建设、生态文明建设和党的建设，注重协同性、关联性，整体部署，协调推进。

——坚持城乡融合发展。坚决破除体制机制弊端，使市场在资源配置中起决定性作用，更好发挥政府作用，推动城乡要素自由流动、平等交换，推动新型工业化、信息化、城镇化、农业现代化同步发展，加快形成工农互促、城乡互补、全面融合、共同繁荣的新型工农城乡关系。

——坚持人与自然和谐共生。牢固树立和践行绿水青山就是金山银山的理念，落实节约优先、保护优先、自然恢复为主的方针，统筹山水林田湖草系统治理，严守生态保护红线，以绿色发展引领乡村振兴。

——坚持因地制宜、循序渐进。科学把握乡村的差异性和发展走势分化特征，做好顶层设计，注重规划先行、突出重点、分类施策、典型引路。既尽力而为，又量力而行，不搞层层加码，不搞一刀切，不搞形式主义，久久为功，扎实推进。

三、提升农业发展质量，培育乡村发展新动能

乡村振兴，产业兴旺是重点。必须坚持质量兴农、绿色兴农，以农业供给侧结构性改革为主线，加快构建现代农业产业体系、生产体系、经营体系，提高农业创新力、竞争力和全要素生产率，加快实现由农业大国向农业强国转变。

（一）夯实农业生产能力基础。深入实施藏粮于地、藏粮于技战略，严守耕地红线，确保国家粮食安全，把中国人的饭碗牢牢端在自己手中。全面落实永久基本农田特殊保护制度，加快划定和建设粮食生产功能区、重要农产品生产保护区，完善支持政策。大规模推进农村土地整治和高标准农田建设，稳步提升耕地质量，强化监督考核和地方政府责任。加强农田水利建设，提高抗旱防洪除涝能力。实施国家农业节水行动，加快灌区续建配套与现代化改造，推进小型农田水利设施达标提质，建设一批重大高效节水灌溉工程。加快建设国家农业科技创新体系，加强面向全行业的科技创新基地建设。深化农业科技成果转化和推广应用改革。加快发展现代农作物、畜禽、水产、林木种业，提升自主创新能力。高标准建设国家南繁育种基地。推进我国农机装备产业转型升级，加强科研机构、设备制造企业联合攻关，进一步提高大宗农作物机械国产化水平，加快研发经济作物、养殖业、丘陵山区农林机械，发展高端农机装备制造。优化农业从业者结构，加快建设知识型、技能型、创新型农业经营者队伍。大力发展数字农业，实施智慧农业林业水利工程，推进物联网试验示范和遥感技术应用。

（二）实施质量兴农战略。制定和实施国家质量兴农战略规划，建立健全质量兴农评价体系、政策体系、工作体系和考核体系。深入推进农业绿色化、优质化、特色化、品牌化，调整优化农业生产力布局，推动农业由增产导向转向提质导向。推进特色农产品优势区创建，建设现代农业产业园、农业科技园。实施产业兴村强县行动，推行标准化生产，培育农产品品牌，保护地理标志农产品，打造一村一品、一县一业发展新格局。加快发展现代高效林业，实施兴林富民行动，推进森林生态标志产品建设工程。加强植物病虫害、动物疫病防控体系建设。优化养殖业空间布局，大力发展绿色生态健康养殖，做大做强民族奶业。统筹海洋渔业资源开发，科学布局近远海养殖和远洋渔业，建设现代化海洋牧场。建立产学研融合的农业科技创新联盟，加强农业绿色生态、提质增效技术研发应用。切实发挥农垦在质量兴农中的带动引领作用。实施食品安全战略，完善农产品质量和食品安全标准体系，加强农业投入品和农产品质量安全追溯体系建设，健全农产品质量和食品安全监管体制，重点提高基层监管能力。

（三）构建农村一二三产业融合发展体系。大力开发农业多种功能，延长产业链、提升价值链、完善利益链，通过保底分红、股份合作、利润返还等多种形式，让农民合理分享全产业链增值收益。实施农产品加工业提升行动，鼓励企业兼并重组，淘汰落后产能，支持主产区农产品就地加工转化增值。重点解决农产品销售中的突出问题，加强农产品产后分级、包装、营销，建设现代化农产品冷链仓储物流体系，打造农产品销售公共服务平台，支持供销、邮政及各类企业把服务网点延伸到乡村，健全农产品产销稳定衔接机制，大力建设具有广泛性的促进农村电子商务发展的基础设施，鼓励支持各类市场主体创新发展基于互联网的新型农业产业模式，深入实施电子商务进农村综合示范，加快推进农村流通现代化。实施休闲农业和乡村旅游精品工程，建设一批设施完备、功能多样的休闲观光园区、森林人家、康养基地、乡村民宿、特色小镇。对利用闲置农房发展民宿、养老等项目,研究出台消防、特种行业经营等领域便利市场准入、加强事中事后监管的管理办法。发展乡村共享经济、创意农业、特色文化产业。

(四)构建农业对外开放新格局。优化资源配置,着力节本增效,提高我国农产品国际竞争力。实施特色优势农产品出口提升行动,扩大高附加值农产品出口。建立健全我国农业贸易政策体系。深化与"一带一路"沿线国家和地区农产品贸易关系。积极支持农业走出去,培育具有国际竞争力的大粮商和农业企业集团。积极参与全球粮食安全治理和农业贸易规则制定,促进形成更加公平合理的农业国际贸易秩序。进一步加大农产品反走私综合治理力度。

(五)促进小农户和现代农业发展有机衔接。统筹兼顾培育新型农业经营主体和扶持小农户,采取有针对性的措施,把小农生产引入现代农业发展轨道。培育各类专业化市场化服务组织,推进农业生产全程社会化服务,帮助小农户节本增效。发展多样化的联合与合作,提升小农户组织化程度。注重发挥新型农业经营主体带动作用,打造区域公用品牌,开展农超对接、农社对接,帮助小农户对接市场。扶持小农户发展生态农业、设施农业、体验农业、定制农业,提高产品档次和附加值,拓展增收空间。改善小农户生产设施条件,提升小农户抗风险能力。研究制定扶持小农生产的政策意见。

四、推进乡村绿色发展,打造人与自然和谐共生发展新格局

乡村振兴,生态宜居是关键。良好生态环境是农村最大优势和宝贵财富。必须尊重自然、顺应自然、保护自然,推动乡村自然资本加快增值,实现百姓富、生态美的统一。

(一)统筹山水林田湖草系统治理。把山水林田湖草作为一个生命共同体,进行统一保护、统一修复。实施重要生态系统保护和修复工程。健全耕地草原森林河流湖泊休养生息制度,分类有序退出超载的边际产能。扩大耕地轮作休耕制度试点。科学划定江河湖海限捕、禁捕区域,健全水生生态保护修复制度。实行水资源消耗总量和强度双控行动。开展河湖水系连通和农村河塘清淤整治,全面推行河长制、湖长制。加大农业水价综合改革工作力度。开展国土绿化行动,推进荒漠化、石漠化、水土流失综合治理。强化湿地保护和恢复,继续开展退耕还湿。完善天然林保护制度,把所有天然林都纳入保护范围。扩大退耕还林还草、退牧还草,建立成果巩固长效机制。继续实施三北防护林体系建设等林业重点工程,实施森林质量精准提升工程。继续实施草原生态保护补助奖励政策。实施生物多样性保护重大工程,有效防范外来生物入侵。

(二)加强农村突出环境问题综合治理。加强农业面源污染防治,开展农业绿色发展行动,实现投入品减量化、生产清洁化、废弃物资源化、产业模式生态化。推进有机肥替代

化肥、畜禽粪污处理、农作物秸秆综合利用、废弃农膜回收、病虫害绿色防控。加强农村水环境治理和农村饮用水水源保护，实施农村生态清洁小流域建设。扩大华北地下水超采区综合治理范围。推进重金属污染耕地防控和修复，开展土壤污染治理与修复技术应用试点，加大东北黑土地保护力度。实施流域环境和近岸海域综合治理。严禁工业和城镇污染向农业农村转移。加强农村环境监管能力建设，落实县乡两级农村环境保护主体责任。

（三）建立市场化多元化生态补偿机制。落实农业功能区制度，加大重点生态功能区转移支付力度，完善生态保护成效与资金分配挂钩的激励约束机制。鼓励地方在重点生态区位推行商品林赎买制度。健全地区间、流域上下游之间横向生态保护补偿机制，探索建立生态产品购买、森林碳汇等市场化补偿制度。建立长江流域重点水域禁捕补偿制度。推行生态建设和保护以工代赈做法，提供更多生态公益岗位。

（四）增加农业生态产品和服务供给。正确处理开发与保护的关系，运用现代科技和管理手段，将乡村生态优势转化为发展生态经济的优势，提供更多更好的绿色生态产品和服务，促进生态和经济良性循环。加快发展森林草原旅游、河湖湿地观光、冰雪海上运动、野生动物驯养观赏等产业，积极开发观光农业、游憩休闲、健康养生、生态教育等服务。创建一批特色生态旅游示范村镇和精品线路，打造绿色生态环保的乡村生态旅游产业链。

五、繁荣兴盛农村文化，焕发乡风文明新气象

乡村振兴，乡风文明是保障。必须坚持物质文明和精神文明一起抓，提升农民精神风貌，培育文明乡风、良好家风、淳朴民风，不断提高乡村社会文明程度。

（一）加强农村思想道德建设。以社会主义核心价值观为引领，坚持教育引导、实践养成、制度保障三管齐下，采取符合农村特点的有效方式，深化中国特色社会主义和中国梦宣传教育，大力弘扬民族精神和时代精神。加强爱国主义、集体主义、社会主义教育，深化民族团结进步教育，加强农村思想文化阵地建设。深入实施公民道德建设工程，挖掘农村传统道德教育资源，推进社会公德、职业道德、家庭美德、个人品德建设。推进诚信建设，强化农民的社会责任意识、规则意识、集体意识、主人翁意识。

（二）传承发展提升农村优秀传统文化。立足乡村文明，吸取城市文明及外来文化优秀成果，在保护传承的基础上，创造性转化、创新性发展，不断赋予时代内涵、丰富表现形式。切实保护好优秀农耕文化遗产，推动优秀农耕文化遗产合理适度利用。深入挖掘农耕文化蕴含的优秀思想观念、人文精神、道德规范，充分发挥其在凝聚人心、教化群众、淳化民风中的重要作用。划定乡村建设的历史文化保护线，保护好文物古迹、传统村落、民族村寨、传统建筑、农业遗迹、灌溉工程遗产。支持农村地区优秀戏曲曲艺、少数民族文化、民间文化等传承发展。

(三)加强农村公共文化建设。按照有标准、有网络、有内容、有人才的要求,健全乡村公共文化服务体系。发挥县级公共文化机构辐射作用,推进基层综合性文化服务中心建设,实现乡村两级公共文化服务全覆盖,提升服务效能。深入推进文化惠民,公共文化资源要重点向乡村倾斜,提供更多更好的农村公共文化产品和服务。支持"三农"题材文艺创作生产,鼓励文艺工作者不断推出反映农民生产生活尤其是乡村振兴实践的优秀文艺作品,充分展示新时代农村农民的精神面貌。培育挖掘乡土文化本土人才,开展文化结对帮扶,引导社会各界人士投身乡村文化建设。活跃繁荣农村文化市场,丰富农村文化业态,加强农村文化市场监管。

(四)开展移风易俗行动。广泛开展文明村镇、星级文明户、文明家庭等群众性精神文明创建活动。遏制大操大办、厚葬薄养、人情攀比等陈规陋习。加强无神论宣传教育,丰富农民群众精神文化生活,抵制封建迷信活动。深化农村殡葬改革。加强农村科普工作,提高农民科学文化素养。

六、加强农村基层基础工作,构建乡村治理新体系

乡村振兴,治理有效是基础。必须把夯实基层基础作为固本之策,建立健全党委领导、政府负责、社会协同、公众参与、法治保障的现代乡村社会治理体制,坚持自治、法治、德治相结合,确保乡村社会充满活力、和谐有序。

(一)加强农村基层党组织建设。扎实推进抓党建促乡村振兴,突出政治功能,提升组织力,抓乡促村,把农村基层党组织建成坚强战斗堡垒。强化农村基层党组织领导核心地位,创新组织设置和活动方式,持续整顿软弱涣散村党组织,稳妥有序开展不合格党员处置工作,着力引导农村党员发挥先锋模范作用。建立选派第一书记工作长效机制,全面向贫困村、软弱涣散村和集体经济薄弱村党组织派出第一书记。实施农村带头人队伍整体优化提升行动,注重吸引高校毕业生、农民工、机关企事业单位优秀党员干部到村任职,选优配强村党组织书记。健全从优秀村党组织书记中选拔乡镇领导干部、考录乡镇机关公务员、招聘乡镇事业编制人员制度。加大在优秀青年农民中发展党员力度。建立农村党员定期培训制度。全面落实村级组织运转经费保障政策。推行村级小微权力清单制度,加大基层小微权力腐败惩处力度。严厉整治惠农补贴、集体资产管理、土地征收等领域侵害农民利益的不正之风和腐败问题。

(二)深化村民自治实践。坚持自治为基,加强农村群众性自治组织建设,健全和创新村党组织领导的充满活力的村民自治机制。推动村党组织书记通过选举担任村委会主任。发挥自治章程、村规民约的积极作用。全面建立健全村务监督委员会,推行村级事务阳光工程。依托村民会议、村民代表会议、村民议事会、村民理事会、村民监事会等,形成民

事民议、民事民办、民事民管的多层次基层协商格局。积极发挥新乡贤作用。推动乡村治理重心下移,尽可能把资源、服务、管理下放到基层。继续开展以村民小组或自然村为基本单元的村民自治试点工作。加强农村社区治理创新。创新基层管理体制机制,整合优化公共服务和行政审批职责,打造"一门式办理"、"一站式服务"的综合服务平台。在村庄普遍建立网上服务站点,逐步形成完善的乡村便民服务体系。大力培育服务性、公益性、互助性农村社会组织,积极发展农村社会工作和志愿服务。集中清理上级对村级组织考核评比多、创建达标多、检查督查多等突出问题。维护村民委员会、农村集体经济组织、农村合作经济组织的特别法人地位和权利。

(三)建设法治乡村。坚持法治为本,树立依法治理理念,强化法律在维护农民权益、规范市场运行、农业支持保护、生态环境治理、化解农村社会矛盾等方面的权威地位。增强基层干部法治观念、法治为民意识,将政府涉农各项工作纳入法治化轨道。深入推进综合行政执法改革向基层延伸,创新监管方式,推动执法队伍整合、执法力量下沉,提高执法能力和水平。建立健全乡村调解、县市仲裁、司法保障的农村土地承包经营纠纷调处机制。加大农村普法力度,提高农民法治素养,引导广大农民增强尊法学法守法用法意识。健全农村公共法律服务体系,加强对农民的法律援助和司法救助。

(四)提升乡村德治水平。深入挖掘乡村熟人社会蕴含的道德规范,结合时代要求进行创新,强化道德教化作用,引导农民向上向善、孝老爱亲、重义守信、勤俭持家。建立道德激励约束机制,引导农民自我管理、自我教育、自我服务、自我提高,实现家庭和睦、邻里和谐、干群融洽。广泛开展好媳妇、好儿女、好公婆等评选表彰活动,开展寻找最美乡村教师、医生、村官、家庭等活动。深入宣传道德模范、身边好人的典型事迹,弘扬真善美,传播正能量。

(五)建设平安乡村。健全落实社会治安综合治理领导责任制,大力推进农村社会治安防控体系建设,推动社会治安防控力量下沉。深入开展扫黑除恶专项斗争,严厉打击农村黑恶势力、宗族恶势力,严厉打击黄赌毒盗拐骗等违法犯罪。依法加大对农村非法宗教活动和境外渗透活动打击力度,依法制止利用宗教干预农村公共事务,继续整治农村乱建庙宇、滥塑宗教造像。完善县乡村三级综治中心功能和运行机制。健全农村公共安全体系,持续开展农村安全隐患治理。加强农村警务、消防、安全生产工作,坚决遏制重特大安全事故。探索以网格化管理为抓手、以现代信息技术为支撑,实现基层服务和管理精细化精准化。推进农村"雪亮工程"建设。

七、提高农村民生保障水平,塑造美丽乡村新风貌

乡村振兴,生活富裕是根本。要坚持人人尽责、人人享有,按照抓重点、补短板、强

弱项的要求，围绕农民群众最关心最直接最现实的利益问题，一件事情接着一件事情办，一年接着一年干，把乡村建设成为幸福美丽新家园。

（一）优先发展农村教育事业。高度重视发展农村义务教育，推动建立以城带乡、整体推进、城乡一体、均衡发展的义务教育发展机制。全面改善薄弱学校基本办学条件，加强寄宿制学校建设。实施农村义务教育学生营养改善计划。发展农村学前教育。推进农村普及高中阶段教育，支持教育基础薄弱县普通高中建设，加强职业教育，逐步分类推进中等职业教育免除学杂费。健全学生资助制度，使绝大多数农村新增劳动力接受高中阶段教育、更多接受高等教育。把农村需要的人群纳入特殊教育体系。以市县为单位，推动优质学校辐射农村薄弱学校常态化。统筹配置城乡师资，并向乡村倾斜，建好建强乡村教师队伍。

（二）促进农村劳动力转移就业和农民增收。健全覆盖城乡的公共就业服务体系，大规模开展职业技能培训，促进农民工多渠道转移就业，提高就业质量。深化户籍制度改革，促进有条件、有意愿、在城镇有稳定就业和住所的农业转移人口在城镇有序落户，依法平等享受城镇公共服务。加强扶持引导服务，实施乡村就业创业促进行动，大力发展文化、科技、旅游、生态等乡村特色产业，振兴传统工艺。培育一批家庭工场、手工作坊、乡村车间，鼓励在乡村地区兴办环境友好型企业，实现乡村经济多元化，提供更多就业岗位。拓宽农民增收渠道，鼓励农民勤劳守法致富，增加农村低收入者收入，扩大农村中等收入群体，保持农村居民收入增速快于城镇居民。

（三）推动农村基础设施提挡升级。继续把基础设施建设重点放在农村，加快农村公路、供水、供气、环保、电网、物流、信息、广播电视等基础设施建设，推动城乡基础设施互联互通。以示范县为载体全面推进"四好农村路"建设，加快实施通村组硬化路建设。加大成品油消费税转移支付资金用于农村公路养护力度。推进节水供水重大水利工程，实施农村饮水安全巩固提升工程。加快新一轮农村电网改造升级，制定农村通动力电规划，推进农村可再生能源开发利用。实施数字乡村战略，做好整体规划设计，加快农村地区宽带网络和第四代移动通信网络覆盖步伐，开发适应"三农"特点的信息技术、产品、应用和服务，推动远程医疗、远程教育等应用普及，弥合城乡数字鸿沟。提升气象为农服务能力。加强农村防灾减灾救灾能力建设。抓紧研究提出深化农村公共基础设施管护体制改革指导意见。

（四）加强农村社会保障体系建设。完善统一的城乡居民基本医疗保险制度和大病保险制度，做好农民重特大疾病救助工作。巩固城乡居民医保全国异地就医联网直接结算。完善城乡居民基本养老保险制度，建立城乡居民基本养老保险待遇确定和基础养老金标准正常调整机制。统筹城乡社会救助体系，完善最低生活保障制度，做好农村社会救助兜底工作。将进城落户农业转移人口全部纳入城镇住房保障体系。构建多层次农村养老保障体系，创新多元化照料服务模式。健全农村留守儿童和妇女、老年人以及困境儿童关爱服务体系。加强和改善农村残疾人服务。

（五）推进健康乡村建设。强化农村公共卫生服务，加强慢性病综合防控，大力推进农村地区精神卫生、职业病和重大传染病防治。完善基本公共卫生服务项目补助政策，加强基层医疗卫生服务体系建设，支持乡镇卫生院和村卫生室改善条件。加强乡村中医药服务。开展和规范家庭医生签约服务，加强妇幼、老人、残疾人等重点人群健康服务。倡导优生优育。深入开展乡村爱国卫生运动。

（六）持续改善农村人居环境。实施农村人居环境整治三年行动计划，以农村垃圾、污水治理和村容村貌提升为主攻方向，整合各种资源，强化各种举措，稳步有序推进农村人居环境突出问题治理。坚持不懈推进农村"厕所革命"，大力开展农村户用卫生厕所建设和改造，同步实施粪污治理，加快实现农村无害化卫生厕所全覆盖，努力补齐影响农民群众生活品质的短板。总结推广适用不同地区的农村污水治理模式，加强技术支撑和指导。深入推进农村环境综合整治。推进北方地区农村散煤替代，有条件的地方有序推进煤改气、煤改电和新能源利用。逐步建立农村低收入群体安全住房保障机制。强化新建农房规划管控，加强"空心村"服务管理和改造。保护保留乡村风貌，开展田园建筑示范，培养乡村传统建筑名匠。实施乡村绿化行动，全面保护古树名木。持续推进宜居宜业的美丽乡村建设。

八、打好精准脱贫攻坚战，增强贫困群众获得感

乡村振兴，摆脱贫困是前提。必须坚持精准扶贫、精准脱贫，把提高脱贫质量放在首位，既不降低扶贫标准，也不吊高胃口，采取更加有力的举措、更加集中的支持、更加精细的工作，坚决打好精准脱贫这场对全面建成小康社会具有决定性意义的攻坚战。

（一）瞄准贫困人口精准帮扶。对有劳动能力的贫困人口，强化产业和就业扶持，着力做好产销衔接、劳务对接，实现稳定脱贫。有序推进易地扶贫搬迁，让搬迁群众搬得出、稳得住、能致富。对完全或部分丧失劳动能力的特殊贫困人口，综合实施保障性扶贫政策，确保病有所医、残有所助、生活有兜底。做好农村最低生活保障工作的动态化精细化管理，把符合条件的贫困人口全部纳入保障范围。

（二）聚焦深度贫困地区集中发力。全面改善贫困地区生产生活条件，确保实现贫困地区基本公共服务主要指标接近全国平均水平。以解决突出制约问题为重点，以重大扶贫工程和到村到户帮扶为抓手，加大政策倾斜和扶贫资金整合力度，着力改善深度贫困地区发展条件，增强贫困农户发展能力，重点攻克深度贫困地区脱贫任务。新增脱贫攻坚资金项目主要投向深度贫困地区，增加金融投入对深度贫困地区的支持，新增建设用地指标优先保障深度贫困地区发展用地需要。

（三）激发贫困人口内生动力。把扶贫同扶志、扶智结合起来，把救急纾困和内生脱贫结合起来，提升贫困群众发展生产和务工经商的基本技能，实现可持续稳固脱贫。引导贫困群众克服等靠要思想，逐步消除精神贫困。要打破贫困均衡，促进形成自强自立、争先脱贫的精神风貌。改进帮扶方式方法，更多采用生产奖补、劳务补助、以工代赈等机制，推动贫困群众通过自己的辛勤劳动脱贫致富。

（四）强化脱贫攻坚责任和监督。坚持中央统筹省负总责市县抓落实的工作机制，强化党政一把手负总责的责任制。强化县级党委作为全县脱贫攻坚总指挥部的关键作用，脱贫攻坚期内贫困县县级党政正职要保持稳定。开展扶贫领域腐败和作风问题专项治理，切实加强扶贫资金管理，对挪用和贪污扶贫款项的行为严惩不贷。将2018年作为脱贫攻坚作风建设年，集中力量解决突出作风问题。科学确定脱贫摘帽时间，对弄虚作假、搞数字脱贫的严肃查处。完善扶贫督查巡查、考核评估办法，除党中央、国务院统一部署外，各部门一律不准再组织其他检查考评。严格控制各地开展增加一线扶贫干部负担的各类检查考评，切实给基层减轻工作负担。关心爱护战斗在扶贫第一线的基层干部，制定激励政策，为他们工作生活排忧解难，保护和调动他们的工作积极性。做好实施乡村振兴战略与打好精准脱贫攻坚战的有机衔接。制定坚决打好精准脱贫攻坚战三年行动指导意见。研究提出持续减贫的意见。

九、推进体制机制创新，强化乡村振兴制度性供给

实施乡村振兴战略，必须把制度建设贯穿其中。要以完善产权制度和要素市场化配置为重点，激活主体、激活要素、激活市场，着力增强改革的系统性、整体性、协同性。

（一）巩固和完善农村基本经营制度。落实农村土地承包关系稳定并长久不变政策，衔接落实好第二轮土地承包到期后再延长30年的政策，让农民吃上长效"定心丸"。全面完成土地承包经营权确权登记颁证工作，实现承包土地信息联通共享。完善农村承包地"三权分置"制度，在依法保护集体土地所有权和农户承包权前提下，平等保护土地经营权。农村承包土地经营权可以依法向金融机构融资担保、入股从事农业产业化经营。实施新型农业经营主体培育工程，培育发展家庭农场、合作社、龙头企业、社会化服务组织和农业产业化联合体，发展多种形式适度规模经营。

（二）深化农村土地制度改革。系统总结农村土地征收、集体经营性建设用地入市、宅基地制度改革试点经验，逐步扩大试点，加快土地管理法修改，完善农村土地利用管理政策体系。扎实推进房地一体的农村集体建设用地和宅基地使用权确权登记颁证。完善农民闲置宅基地和闲置农房政策，探索宅基地所有权、资格权、使用权"三权分置"，落实宅基地集体所有权，保障宅基地农户资格权和农民房屋财产权，适度放活宅基地和农民房屋使

用权,不得违规违法买卖宅基地,严格实行土地用途管制,严格禁止下乡利用农村宅基地建设别墅大院和私人会馆。在符合土地利用总体规划前提下,允许县级政府通过村土地利用规划,调整优化村庄用地布局,有效利用农村零星分散的存量建设用地;预留部分规划建设用地指标用于单独选址的农业设施和休闲旅游设施等建设。对利用收储农村闲置建设用地发展农村新产业新业态的,给予新增建设用地指标奖励。进一步完善设施农用地政策。

(三)深入推进农村集体产权制度改革。全面开展农村集体资产清产核资、集体成员身份确认,加快推进集体经营性资产股份合作制改革。推动资源变资产、资金变股金、农民变股东,探索农村集体经济新的实现形式和运行机制。坚持农村集体产权制度改革正确方向,发挥村党组织对集体经济组织的领导核心作用,防止内部少数人控制和外部资本侵占集体资产。维护进城落户农民土地承包权、宅基地使用权、集体收益分配权,引导进城落户农民依法自愿有偿转让上述权益。研究制定农村集体经济组织法,充实农村集体产权权能。全面深化供销合作社综合改革,深入推进集体林权、水利设施产权等领域改革,做好农村综合改革、农村改革试验区等工作。

(四)完善农业支持保护制度。以提升农业质量效益和竞争力为目标,强化绿色生态导向,创新完善政策工具和手段,扩大"绿箱"政策的实施范围和规模,加快建立新型农业支持保护政策体系。深化农产品收储制度和价格形成机制改革,加快培育多元市场购销主体,改革完善中央储备粮管理体制。通过完善拍卖机制、定向销售、包干销售等,加快消化政策性粮食库存。落实和完善对农民直接补贴制度,提高补贴效能。健全粮食主产区利益补偿机制。探索开展稻谷、小麦、玉米三大粮食作物完全成本保险和收入保险试点,加快建立多层次农业保险体系。

十、汇聚全社会力量,强化乡村振兴人才支撑

实施乡村振兴战略,必须破解人才瓶颈制约。要把人力资本开发放在首要位置,畅通智力、技术、管理下乡通道,造就更多乡土人才,聚天下人才而用之。

(一)大力培育新型职业农民。全面建立职业农民制度,完善配套政策体系。实施新型职业农民培育工程。支持新型职业农民通过弹性学制参加中高等农业职业教育。创新培训机制,支持农民专业合作社、专业技术协会、龙头企业等主体承担培训。引导符合条件的新型职业农民参加城镇职工养老、医疗等社会保障制度。鼓励各地开展职业农民职称评定试点。

(二)加强农村专业人才队伍建设。建立县域专业人才统筹使用制度,提高农村专业人才服务保障能力。推动人才管理职能部门简政放权,保障和落实基层用人主体自主权。推

行乡村教师"县管校聘"。实施好边远贫困地区、边疆民族地区和革命老区人才支持计划，继续实施"三支一扶"、特岗教师计划等，组织实施高校毕业生基层成长计划。支持地方高等学校、职业院校综合利用教育培训资源，灵活设置专业（方向），创新人才培养模式，为乡村振兴培养专业化人才。扶持培养一批农业职业经理人、经纪人、乡村工匠、文化能人、非遗传承人等。

（三）发挥科技人才支撑作用。全面建立高等院校、科研院所等事业单位专业技术人员到乡村和企业挂职、兼职和离岗创新创业制度，保障其在职称评定、工资福利、社会保障等方面的权益。深入实施农业科研杰出人才计划和杰出青年农业科学家项目。健全种业等领域科研人员以知识产权明晰为基础、以知识价值为导向的分配政策。探索公益性和经营性农技推广融合发展机制，允许农技人员通过提供增值服务合理取酬。全面实施农技推广服务特聘计划。

（四）鼓励社会各界投身乡村建设。建立有效激励机制，以乡情乡愁为纽带，吸引支持企业家、党政干部、专家学者、医生教师、规划师、建筑师、律师、技能人才等，通过下乡担任志愿者、投资兴业、包村包项目、行医办学、捐资捐物、法律服务等方式服务乡村振兴事业。研究制定管理办法，允许符合要求的公职人员回乡任职。吸引更多人才投身现代农业，培养造就新农民。加快制定鼓励引导工商资本参与乡村振兴的指导意见，落实和完善融资贷款、配套设施建设补助、税费减免、用地等扶持政策，明确政策边界，保护好农民利益。发挥工会、共青团、妇联、科协、残联等群团组织的优势和力量，发挥各民主党派、工商联、无党派人士等积极作用，支持农村产业发展、生态环境保护、乡风文明建设、农村弱势群体关爱等。实施乡村振兴"巾帼行动"。加强对下乡组织和人员的管理服务，使之成为乡村振兴的建设性力量。

（五）创新乡村人才培育引进使用机制。建立自主培养与人才引进相结合，学历教育、技能培训、实践锻炼等多种方式并举的人力资源开发机制。建立城乡、区域、校地之间人才培养合作与交流机制。全面建立城市医生教师、科技文化人员等定期服务乡村机制。研究制定鼓励城市专业人才参与乡村振兴的政策。

十一、开拓投融资渠道，强化乡村振兴投入保障

实施乡村振兴战略，必须解决钱从哪里来的问题。要健全投入保障制度，创新投融资机制，加快形成财政优先保障、金融重点倾斜、社会积极参与的多元投入格局，确保投入力度不断增强、总量持续增加。

（一）确保财政投入持续增长。建立健全实施乡村振兴战略财政投入保障制度，公共财政更大力度向"三农"倾斜，确保财政投入与乡村振兴目标任务相适应。优化财政供给结

构,推进行业内资金整合与行业间资金统筹相互衔接配合,增加地方自主统筹空间,加快建立涉农资金统筹整合长效机制。充分发挥财政资金的引导作用,撬动金融和社会资本更多投向乡村振兴。切实发挥全国农业信贷担保体系作用,通过财政担保费率补助和以奖代补等,加大对新型农业经营主体支持力度。加快设立国家融资担保基金,强化担保融资增信功能,引导更多金融资源支持乡村振兴。支持地方政府发行一般债券用于支持乡村振兴、脱贫攻坚领域的公益性项目。稳步推进地方政府专项债券管理改革,鼓励地方政府试点发行项目融资和收益自平衡的专项债券,支持符合条件、有一定收益的乡村公益性项目建设。规范地方政府举债融资行为,不得借乡村振兴之名违法违规变相举债。

(二)拓宽资金筹集渠道。调整完善土地出让收入使用范围,进一步提高农业农村投入比例。严格控制未利用地开垦,集中力量推进高标准农田建设。改进耕地占补平衡管理办法,建立高标准农田建设等新增耕地指标和城乡建设用地增减挂钩节余指标跨省域调剂机制,将所得收益通过支出预算全部用于巩固脱贫攻坚成果和支持实施乡村振兴战略。推广一事一议、以奖代补等方式,鼓励农民对直接受益的乡村基础设施建设投工投劳,让农民更多参与建设管护。

(三)提高金融服务水平。坚持农村金融改革发展的正确方向,健全适合农业农村特点的农村金融体系,推动农村金融机构回归本源,把更多金融资源配置到农村经济社会发展的重点领域和薄弱环节,更好满足乡村振兴多样化金融需求。要强化金融服务方式创新,防止脱实向虚倾向,严格管控风险,提高金融服务乡村振兴能力和水平。抓紧出台金融服务乡村振兴的指导意见。加大中国农业银行、中国邮政储蓄银行"三农"金融事业部对乡村振兴支持力度。明确国家开发银行、中国农业发展银行在乡村振兴中的职责定位,强化金融服务方式创新,加大对乡村振兴中长期信贷支持。推动农村信用社省联社改革,保持农村信用社县域法人地位和数量总体稳定,完善村镇银行准入条件,地方法人金融机构要服务好乡村振兴。普惠金融重点要放在乡村。推动出台非存款类放贷组织条例。制定金融机构服务乡村振兴考核评估办法。支持符合条件的涉农企业发行上市、新三板挂牌和融资、并购重组,深入推进农产品期货期权市场建设,稳步扩大"保险+期货"试点,探索"订单农业+保险+期货(权)"试点。改进农村金融差异化监管体系,强化地方政府金融风险防范处置责任。

十二、坚持和完善党对"三农"工作的领导

实施乡村振兴战略是党和国家的重大决策部署,各级党委和政府要提高对实施乡村振兴战略重大意义的认识,真正把实施乡村振兴战略摆在优先位置,把党管农村工作的要求落到实处。

（一）完善党的农村工作领导体制机制。各级党委和政府要坚持工业农业一起抓、城市农村一起抓，把农业农村优先发展原则体现到各个方面。健全党委统一领导、政府负责、党委农村工作部门统筹协调的农村工作领导体制。建立实施乡村振兴战略领导责任制，实行中央统筹省负总责市县抓落实的工作机制。党政一把手是第一责任人，五级书记抓乡村振兴。县委书记要下大气力抓好"三农"工作，当好乡村振兴"一线总指挥"。各部门要按照职责，加强工作指导，强化资源要素支持和制度供给，做好协同配合，形成乡村振兴工作合力。切实加强各级党委农村工作部门建设，按照《中国共产党工作机关条例（试行）》有关规定，做好党的农村工作机构设置和人员配置工作，充分发挥决策参谋、统筹协调、政策指导、推动落实、督导检查等职能。各省（自治区、直辖市）党委和政府每年要向党中央、国务院报告推进实施乡村振兴战略进展情况。建立市县党政领导班子和领导干部推进乡村振兴战略的实绩考核制度，将考核结果作为选拔任用领导干部的重要依据。

（二）研究制定中国共产党农村工作条例。根据坚持党对一切工作的领导的要求和新时代"三农"工作新形势新任务新要求，研究制定中国共产党农村工作条例，把党领导农村工作的传统、要求、政策等以党内法规形式确定下来，明确加强对农村工作领导的指导思想、原则要求、工作范围和对象、主要任务、机构职责、队伍建设等，完善领导体制和工作机制，确保乡村振兴战略有效实施。

（三）加强"三农"工作队伍建设。把懂农业、爱农村、爱农民作为基本要求，加强"三农"工作干部队伍培养、配备、管理、使用。各级党委和政府主要领导干部要懂"三农"工作、会抓"三农"工作，分管领导要真正成为"三农"工作行家里手。制定并实施培训计划，全面提升"三农"干部队伍能力和水平。拓宽县级"三农"工作部门和乡镇干部来源渠道。把到农村一线工作锻炼作为培养干部的重要途径，注重提拔使用实绩优秀的干部，形成人才向农村基层一线流动的用人导向。

（四）强化乡村振兴规划引领。制定国家乡村振兴战略规划（2018—2022年），分别明确至2020年全面建成小康社会和2022年召开党的二十大时的目标任务，细化实化工作重点和政策措施，部署若干重大工程、重大计划、重大行动。各地区各部门要编制乡村振兴地方规划和专项规划或方案。加强各类规划的统筹管理和系统衔接，形成城乡融合、区域一体、多规合一的规划体系。根据发展现状和需要分类有序推进乡村振兴，对具备条件的村庄，要加快推进城镇基础设施和公共服务向农村延伸；对自然历史文化资源丰富的村庄，要统筹兼顾保护与发展；对生存条件恶劣、生态环境脆弱的村庄，要加大力度实施生态移民搬迁。

（五）强化乡村振兴法治保障。抓紧研究制定乡村振兴法的有关工作，把行之有效的乡村振兴政策法定化，充分发挥立法在乡村振兴中的保障和推动作用。及时修改和废止不适应的法律法规。推进粮食安全保障立法。各地可以从本地乡村发展实际需要出发，制定促进乡村振兴的地方性法规、地方政府规章。加强乡村统计工作和数据开发应用。

（六）营造乡村振兴良好氛围。凝聚全党全国全社会振兴乡村强大合力，宣传党的乡村振兴方针政策和各地丰富实践，振奋基层干部群众精神。建立乡村振兴专家决策咨询制度，组织智库加强理论研究。促进乡村振兴国际交流合作，讲好乡村振兴中国故事，为世界贡献中国智慧和中国方案。

让我们更加紧密地团结在以习近平同志为核心的党中央周围，高举中国特色社会主义伟大旗帜，以习近平新时代中国特色社会主义思想为指导，迎难而上、埋头苦干、开拓进取，为决胜全面建成小康社会、夺取新时代中国特色社会主义伟大胜利作出新的贡献！

附录 2
乡村振兴战略规划（2018—2022 年）

前 言

党的十九大提出实施乡村振兴战略，是以习近平同志为核心的党中央着眼党和国家事业全局，深刻把握现代化建设规律和城乡关系变化特征，顺应亿万农民对美好生活的向往，对"三农"工作作出的重大决策部署，是决胜全面建成小康社会、全面建设社会主义现代化国家的重大历史任务，是新时代做好"三农"工作的总抓手。从党的十九大到二十大，是"两个一百年"奋斗目标的历史交汇期，既要全面建成小康社会、实现第一个百年奋斗目标，又要乘势而上开启全面建设社会主义现代化国家新征程，向第二个百年奋斗目标进军。为贯彻落实党的十九大、中央经济工作会议、中央农村工作会议精神和政府工作报告要求，描绘好战略蓝图，强化规划引领，科学有序推动乡村产业、人才、文化、生态和组织振兴，根据《中共中央、国务院关于实施乡村振兴战略的意见》，特编制《乡村振兴战略规划（2018—2022 年）》。

本规划以习近平总书记关于"三农"工作的重要论述为指导，按照产业兴旺、生态宜居、乡风文明、治理有效、生活富裕的总要求，对实施乡村振兴战略作出阶段性谋划，分别明确至 2020 年全面建成小康社会和 2022 年召开党的二十大时的目标任务，细化实化工作重点和政策措施，部署重大工程、重大计划、重大行动，确保乡村振兴战略落实落地，是指导各地区各部门分类有序推进乡村振兴的重要依据。

第一篇 规划背景

党的十九大作出中国特色社会主义进入新时代的科学论断，提出实施乡村振兴战略的重大历史任务，在我国"三农"发展进程中具有划时代的里程碑意义，必须深入贯彻习近平新时代中国特色社会主义思想和党的十九大精神，在认真总结农业农村发展历史性成就和历史性变革的基础上，准确研判经济社会发展趋势和乡村演变发展态势，切实抓住历史机遇，增强责任感、使命感、紧迫感，把乡村振兴战略实施好。

第一章 重大意义

　　乡村是具有自然、社会、经济特征的地域综合体，兼具生产、生活、生态、文化等多重功能，与城镇互促互进、共生共存，共同构成人类活动的主要空间。乡村兴则国家兴，乡村衰则国家衰。我国人民日益增长的美好生活需要和不平衡不充分的发展之间的矛盾在乡村最为突出，我国仍处于并将长期处于社会主义初级阶段的特征很大程度上表现在乡村。全面建成小康社会和全面建设社会主义现代化强国，最艰巨最繁重的任务在农村，最广泛最深厚的基础在农村，最大的潜力和后劲也在农村。实施乡村振兴战略，是解决新时代我国社会主要矛盾、实现"两个一百年"奋斗目标和中华民族伟大复兴中国梦的必然要求，具有重大现实意义和深远历史意义。

　　实施乡村振兴战略是建设现代化经济体系的重要基础。农业是国民经济的基础，农村经济是现代化经济体系的重要组成部分。乡村振兴，产业兴旺是重点。实施乡村振兴战略，深化农业供给侧结构性改革，构建现代农业产业体系、生产体系、经营体系，实现农村一二三产业深度融合发展，有利于推动农业从增产导向转向提质导向，增强我国农业创新力和竞争力，为建设现代化经济体系奠定坚实基础。

　　实施乡村振兴战略是建设美丽中国的关键举措。农业是生态产品的重要供给者，乡村是生态涵养的主体区，生态是乡村最大的发展优势。乡村振兴，生态宜居是关键。实施乡村振兴战略，统筹山水林田湖草系统治理，加快推行乡村绿色发展方式，加强农村人居环境整治，有利于构建人与自然和谐共生的乡村发展新格局，实现百姓富、生态美的统一。

　　实施乡村振兴战略是传承中华优秀传统文化的有效途径。中华文明根植于农耕文化，乡村是中华文明的基本载体。乡村振兴，乡风文明是保障。实施乡村振兴战略，深入挖掘农耕文化蕴含的优秀思想观念、人文精神、道德规范，结合时代要求在保护传承的基础上创造性转化、创新性发展，有利于在新时代焕发出乡风文明的新气象，进一步丰富和传承中华优秀传统文化。

　　实施乡村振兴战略是健全现代社会治理格局的固本之策。社会治理的基础在基层，薄弱环节在乡村。乡村振兴，治理有效是基础。实施乡村振兴战略，加强农村基层基础工作，健全乡村治理体系，确保广大农民安居乐业、农村社会安定有序，有利于打造共建共治共享的现代社会治理格局，推进国家治理体系和治理能力现代化。

　　实施乡村振兴战略是实现全体人民共同富裕的必然选择。农业强不强、农村美不美、农民富不富，关乎亿万农民的获得感、幸福感、安全感，关乎全面建成小康社会全局。乡村振兴，生活富裕是根本。实施乡村振兴战略，不断拓宽农民增收渠道，全面改善农村生产生活条件，促进社会公平正义，有利于增进农民福祉，让亿万农民走上共同富裕的道路，汇聚起建设社会主义现代化强国的磅礴力量。

第二章　振兴基础

党的十八大以来，面对我国经济发展进入新常态带来的深刻变化，以习近平同志为核心的党中央推动"三农"工作理论创新、实践创新、制度创新，坚持把解决好"三农"问题作为全党工作重中之重，切实把农业农村优先发展落到实处；坚持立足国内保证自给的方针，牢牢把握国家粮食安全主动权；坚持不断深化农村改革，激发农村发展新活力；坚持把推进农业供给侧结构性改革作为主线，加快提高农业供给质量；坚持绿色生态导向，推动农业农村可持续发展；坚持在发展中保障和改善民生，让广大农民有更多获得感；坚持遵循乡村发展规律，扎实推进生态宜居的美丽乡村建设；坚持加强和改善党对农村工作的领导，为"三农"发展提供坚强政治保障。这些重大举措和开创性工作，推动农业农村发展取得历史性成就、发生历史性变革，为党和国家事业全面开创新局面提供了有力支撑。

农业供给侧结构性改革取得新进展，农业综合生产能力明显增强，全国粮食总产量连续5年保持在1.2万亿斤以上，农业结构不断优化，农村新产业新业态新模式蓬勃发展，农业生态环境恶化问题得到初步遏制，农业生产经营方式发生重大变化。农村改革取得新突破，农村土地制度、农村集体产权制度改革稳步推进，重要农产品收储制度改革取得实质性成效，农村创新创业和投资兴业蔚然成风，农村发展新动能加快成长。城乡发展一体化迈出新步伐，5年间8000多万农业转移人口成为城镇居民，城乡居民收入相对差距缩小，农村消费持续增长，农民收入和生活水平明显提高。脱贫攻坚开创新局面，贫困地区农民收入增速持续快于全国平均水平，集中连片特困地区内生发展动力明显增强，过去5年累计6800多万贫困人口脱贫。农村公共服务和社会事业达到新水平，农村基础设施建设不断加强，人居环境整治加快推进，教育、医疗卫生、文化等社会事业快速发展，农村社会焕发新气象。

同时，应当清醒地看到，当前我国农业农村基础差、底子薄、发展滞后的状况尚未根本改变，经济社会发展中最明显的短板仍然在"三农"，现代化建设中最薄弱的环节仍然是农业农村。主要表现在：农产品阶段性供过于求和供给不足并存，农村一二三产业融合发展深度不够，农业供给质量和效益亟待提高；农民适应生产力发展和市场竞争的能力不足，农村人才匮乏；农村基础设施建设仍然滞后，农村环境和生态问题比较突出，乡村发展整体水平亟待提升；农村民生领域欠账较多，城乡基本公共服务和收入水平差距仍然较大，脱贫攻坚任务依然艰巨；国家支农体系相对薄弱，农村金融改革任务繁重，城乡之间要素合理流动机制亟待健全；农村基层基础工作存在薄弱环节，乡村治理体系和治理能力亟待强化。

第三章　发展态势

从2018年到2022年，是实施乡村振兴战略的第一个5年，既有难得机遇，又面临严峻挑战。从国际环境看，全球经济复苏态势有望延续，我国统筹利用国内国际两个市场两种资源的空间将进一步拓展,同时国际农产品贸易不稳定性不确定性仍然突出,提高我国农业竞争力、妥善应对国际市场风险任务紧迫。特别是我国作为人口大国,粮食及重要农产品需求仍将刚性增长,保障国家粮食安全始终是头等大事。从国内形势看,随着我国经济由高速增长阶段转向高质量发展阶段,以及工业化、城镇化、信息化深入推进,乡村发展将处于大变革、大转型的关键时期。居民消费结构加快升级,中高端、多元化、个性化消费需求将快速增长,加快推进农业由增产导向转向提质导向是必然要求。我国城镇化进入快速发展与质量提升的新阶段,城市辐射带动农村的能力进一步增强,但大量农民仍然生活在农村的国情不会改变,迫切需要重塑城乡关系。我国乡村差异显著,多样性分化的趋势仍将延续,乡村的独特价值和多元功能将进一步得到发掘和拓展,同时应对好村庄空心化和农村老龄化、延续乡村文化血脉、完善乡村治理体系的任务艰巨。

实施乡村振兴战略具备较好条件。有习近平总书记把舵定向,有党中央、国务院的高度重视、坚强领导、科学决策,实施乡村振兴战略写入党章,成为全党的共同意志,乡村振兴具有根本政治保障。社会主义制度能够集中力量办大事,强农惠农富农政策力度不断加大,农村土地集体所有制和双层经营体制不断完善,乡村振兴具有坚强制度保障。优秀农耕文明源远流长,寻根溯源的人文情怀和国人的乡村情结历久弥深,现代城市文明导入融汇,乡村振兴具有深厚文化土壤。国家经济实力和综合国力日益增强,对农业农村支持力度不断加大,农村生产生活条件加快改善,农民收入持续增长,乡村振兴具有雄厚物质基础。农业现代化和社会主义新农村建设取得历史性成就,各地积累了丰富的成功经验和做法,乡村振兴具有扎实工作基础。

实施乡村振兴战略,是党对"三农"工作一系列方针政策的继承和发展,是亿万农民的殷切期盼。必须抓住机遇,迎接挑战,发挥优势,顺势而为,努力开创农业农村发展新局面,推动农业全面升级、农村全面进步、农民全面发展,谱写新时代乡村全面振兴新篇章。

第二篇 总体要求

按照到2020年实现全面建成小康社会和分两个阶段实现第二个百年奋斗目标的战略部署,2018年至2022年这5年间,既要在农村实现全面小康,又要为基本实现农业农村现代化开好局、起好步、打好基础。

第四章 指导思想和基本原则

第一节 指导思想

深入贯彻习近平新时代中国特色社会主义思想,深入贯彻党的十九大和十九届二中、三中全会精神,加强党对"三农"工作的全面领导,坚持稳中求进工作总基调,牢固树立新发展理念,落实高质量发展要求,紧紧围绕统筹推进"五位一体"总体布局和协调推进"四个全面"战略布局,坚持把解决好"三农"问题作为全党工作重中之重,坚持农业农村优先发展，按照产业兴旺、生态宜居、乡风文明、治理有效、生活富裕的总要求，建立健全城乡融合发展体制机制和政策体系，统筹推进农村经济建设、政治建设、文化建设、社会建设、生态文明建设和党的建设，加快推进乡村治理体系和治理能力现代化，加快推进农业农村现代化，走中国特色社会主义乡村振兴道路，让农业成为有奔头的产业，让农民成为有吸引力的职业，让农村成为安居乐业的美丽家园。

第二节 基本原则

——坚持党管农村工作。毫不动摇地坚持和加强党对农村工作的领导，健全党管农村工作方面的领导体制机制和党内法规，确保党在农村工作中始终总揽全局、协调各方，为乡村振兴提供坚强有力的政治保障。

——坚持农业农村优先发展。把实现乡村振兴作为全党的共同意志、共同行动，做到认识统一、步调一致，在干部配备上优先考虑，在要素配置上优先满足，在资金投入上优先保障，在公共服务上优先安排，加快补齐农业农村短板。

——坚持农民主体地位。充分尊重农民意愿，切实发挥农民在乡村振兴中的主体作用，调动亿万农民的积极性、主动性、创造性，把维护农民群众根本利益、促进农民共同富裕作为出发点和落脚点，促进农民持续增收，不断提升农民的获得感、幸福感、安全感。

——坚持乡村全面振兴。准确把握乡村振兴的科学内涵，挖掘乡村多种功能和价值，统筹谋划农村经济建设、政治建设、文化建设、社会建设、生态文明建设和党的建设，注重协同性、关联性，整体部署，协调推进。

——坚持城乡融合发展。坚决破除体制机制弊端，使市场在资源配置中起决定性作用，更好发挥政府作用，推动城乡要素自由流动、平等交换，推动新型工业化、信息化、城镇化、农业现代化同步发展，加快形成工农互促、城乡互补、全面融合、共同繁荣的新型工农城乡关系。

——坚持人与自然和谐共生。牢固树立和践行绿水青山就是金山银山的理念，落实节约优先、保护优先、自然恢复为主的方针，统筹山水林田湖草系统治理，严守生态保护红线，以绿色发展引领乡村振兴。

——坚持改革创新、激发活力。不断深化农村改革，扩大农业对外开放，激活主体、激活要素、激活市场，调动各方力量投身乡村振兴。以科技创新引领和支撑乡村振兴，以人才汇聚推动和保障乡村振兴，增强农业农村自我发展动力。

——坚持因地制宜、循序渐进。科学把握乡村的差异性和发展走势分化特征，做好顶层设计，注重规划先行、因势利导、分类施策、突出重点、体现特色、丰富多彩。既尽力而为，又量力而行，不搞层层加码，不搞一刀切，不搞形式主义和形象工程，久久为功，扎实推进。

第五章 发展目标

到 2020 年，乡村振兴的制度框架和政策体系基本形成，各地区各部门乡村振兴的思路举措得以确立,全面建成小康社会的目标如期实现。到 2022 年,乡村振兴的制度框架和政策体系初步健全。国家粮食安全保障水平进一步提高,现代农业体系初步构建,农业绿色发展全面推进;农村一二三产业融合发展格局初步形成,乡村产业加快发展,农民收入水平进一步提高,脱贫攻坚成果得到进一步巩固;农村基础设施条件持续改善,城乡统一的社会保障制度体系基本建立;农村人居环境显著改善,生态宜居的美丽乡村建设扎实推进;城乡融合发展体制机制初步建立,农村基本公共服务水平进一步提升;乡村优秀传统文化得以传承和发展,农民精神文化生活需求基本得到满足;以党组织为核心的农村基层组织建设明显加强,乡村治理能力进一步提升,现代乡村治理体系初步构建。探索形成一批各具特色的乡村振兴模式和经验,乡村振兴取得阶段性成果。

专栏 1　乡村振兴战略规划主要指标

分类	序号	主要指标	单位	2016年基期值	2020年目标值	2022年目标值	2020年比2016年增加〔累计提高百分点〕	属性
产业兴旺	1	粮食综合生产能力	亿吨	>6	>6	>6	—	约束性
	2	农业科技进步贡献率	%	56.7	60	61.5	〔4.8〕	预期性
	3	农业劳动生产率	万元/人	3.1	4.7	5.5	2.4	预期性
	4	农产品加工产值与农业总产值比	—	2.2	2.4	2.5	0.3	预期性
	5	休闲农业和乡村旅游接待人次	亿人次	21	28	32	11	预期性
生态宜居	6	畜禽粪污综合利用率	%	60	75	78	〔18〕	约束性
	7	村庄绿化覆盖率	%	20	30	32	〔12〕	预期性
	8	对生活垃圾进行处理的村占比	%	65	90	>90	〔>25〕	预期性
	9	农村卫生厕所普及率	%	80.3	85	>85	〔>4.7〕	预期性
乡风文明	10	村综合性文化服务中心覆盖率	%	—	95	98	—	预期性
	11	县级及以上文明村和乡镇占比	%	21.2	50	>50	〔>28.8〕	预期性
	12	农村义务教育学校专任教师本科以上学历比例	%	55.9	65	68	〔12.1〕	预期性
	13	农村居民教育文化娱乐支出占比	%	10.6	12.6	13.6	〔3〕	预期性
治理有效	14	村庄规划管理覆盖率	%	—	80	90	—	预期性
	15	建有综合服务站的村占比	%	14.3	50	53	〔38.7〕	预期性
	16	村党组织书记兼任村委会主任的村占比	%	30	35	50	〔20〕	预期性
	17	有村规民约的村占比	%	98	100	100	〔2〕	预期性
	18	集体经济强村比重	%	5.3	8	9	〔3.7〕	预期性
生活富裕	19	农村居民恩格尔系数	%	32.2	30.2	29.2	〔-3〕	预期性
	20	城乡居民收入比	—	2.72	2.69	2.67	-0.05	预期性
	21	农村自来水普及率	%	79	83	85	〔6〕	预期性
	22	具备条件的建制村通硬化路比例	%	96.7	100	100	〔3.3〕	约束性

注:1. 本指标体系和规划中非特定称谓的"村"均指村民委员会和涉农居民委员会所辖地域。

2. 后续专栏中定量指标未说明年份的均为 2020 年目标值。

第六章 远景谋划

到 2035 年，乡村振兴取得决定性进展，农业农村现代化基本实现。农业结构得到根本性改善，农民就业质量显著提高，相对贫困进一步缓解，共同富裕迈出坚实步伐；城乡基本公共服务均等化基本实现，城乡融合发展体制机制更加完善；乡风文明达到新高度，乡村治理体系更加完善；农村生态环境根本好转，生态宜居的美丽乡村基本实现。

到 2050 年，乡村全面振兴，农业强、农村美、农民富全面实现。

第三篇 构建乡村振兴新格局

坚持乡村振兴和新型城镇化双轮驱动，统筹城乡国土空间开发格局，优化乡村生产生活生态空间，分类推进乡村振兴，打造各具特色的现代版"富春山居图"。

第七章 统筹城乡发展空间

按照主体功能定位，对国土空间的开发、保护和整治进行全面安排和总体布局，推进"多规合一"，加快形成城乡融合发展的空间格局。

第一节 强化空间用途管制

强化国土空间规划对各专项规划的指导约束作用，统筹自然资源开发利用、保护和修复，按照不同主体功能定位和陆海统筹原则，开展资源环境承载能力和国土空间开发适宜性评价，科学划定生态、农业、城镇等空间和生态保护红线、永久基本农田、城镇开发边界及海洋生物资源保护线、围填海控制线等主要控制线，推动主体功能区战略格局在市县层面精准落地，健全不同主体功能区差异化协同发展长效机制，实现山水林田湖草整体保护、系统修复、综合治理。

第二节 完善城乡布局结构

以城市群为主体构建大中小城市和小城镇协调发展的城镇格局，增强城镇地区对乡村的带动能力。加快发展中小城市，完善县城综合服务功能，推动农业转移人口就地就近城镇化。因地制宜发展特色鲜明、产城融合、充满魅力的特色小镇和小城镇，加强以乡镇政府驻地为中心的农民生活圈建设，以镇带村、以村促镇，推动镇村联动发展。建设生态宜居的美丽乡村，发挥多重功能，提供优质产品，传承乡村文化，留住乡愁记忆，满足人民日益增长的美好生活需要。

第三节 推进城乡统一规划

通盘考虑城镇和乡村发展，统筹谋划产业发展、基础设施、公共服务、资源能源、生态环境保护等主要布局，形成田园乡村与现代城镇各具特色、交相辉映的城乡发展形态。强化县域空间规划和各类专项规划引导约束作用，科学安排县域乡村布局、资源利用、设施配置和村庄整治，推动村庄规划管理全覆盖。综合考虑村庄演变规律、集聚特点和现状分布，结合农民生产生活半径，合理确定县域村庄布局和规模，避免随意撤并村庄搞大社区、违背农民意愿大拆大建。加强乡村风貌整体管控，注重农房单体个性设计，建设立足乡土社会、富有地域特色、承载田园乡愁、体现现代文明的升级版乡村，避免千村一面，防止乡村景观城市化。

第八章 优化乡村发展布局

坚持人口资源环境相均衡、经济社会生态效益相统一，打造集约高效生产空间，营造宜居适度生活空间，保护山清水秀生态空间，延续人和自然有机融合的乡村空间关系。

第一节 统筹利用生产空间

乡村生产空间是以提供农产品为主体功能的国土空间，兼具生态功能。围绕保障国家粮食安全和重要农产品供给，充分发挥各地比较优势，重点建设以"七区二十三带"为主体的农产品主产区。落实农业功能区制度，科学合理划定粮食生产功能区、重要农产品生产保护区和特色农产品优势区，合理划定养殖业适养、限养、禁养区域，严格保护农业生产空间。适应农村现代产业发展需要，科学划分乡村经济发展片区，统筹推进农业产业园、科技园、创业园等各类园区建设。

第二节 合理布局生活空间

乡村生活空间是以农村居民点为主体、为农民提供生产生活服务的国土空间。坚持节约集约用地，遵循乡村传统肌理和格局，划定空间管控边界，明确用地规模和管控要求，确定基础设施用地位置、规模和建设标准，合理配置公共服务设施，引导生活空间尺度适宜、布局协调、功能齐全。充分维护原生态村居风貌，保留乡村景观特色，保护自然和人文环境，注重融入时代感、现代性，强化空间利用的人性化、多样化，着力构建便捷的生活圈、完善的服务圈、繁荣的商业圈，让乡村居民过上更舒适的生活。

第三节 严格保护生态空间

乡村生态空间是具有自然属性、以提供生态产品或生态服务为主体功能的国土空间。加快构建以"两屏三带"为骨架的国家生态安全屏障，全面加强国家重点生态功能区保护，建立以国家公园为主体的自然保护地体系。树立山水林田湖草是一个生命共同体的理念，加强对自然生态空间的整体保护，修复和改善乡村生态环境，提升生态功能和服务价值。全面实施产业准入负面清单制度，推动各地因地制宜制定禁止和限制发展产业目录，明确产业发展方向和开发强度，强化准入管理和底线约束。

第九章 分类推进乡村发展

顺应村庄发展规律和演变趋势，根据不同村庄的发展现状、区位条件、资源禀赋等，按照集聚提升、融入城镇、特色保护、搬迁撤并的思路，分类推进乡村振兴，不搞一刀切。

第一节 集聚提升类村庄

现有规模较大的中心村和其他仍将存续的一般村庄，占乡村类型的大多数，是乡村振兴的重点。科学确定村庄发展方向，在原有规模基础上有序推进改造提升，激活产业、优化环境、提振人气、增添活力，保护保留乡村风貌，建设宜居宜业的美丽村庄。鼓励发挥自身比较优势，强化主导产业支撑，支持农业、工贸、休闲服务等专业化村庄发展。加强海岛村庄、国有农场及林场规划建设，改善生产生活条件。

第二节 城郊融合类村庄

城市近郊区以及县城城关镇所在地的村庄，具备成为城市后花园的优势，也具有向城市转型的条件。综合考虑工业化、城镇化和村庄自身发展需要，加快城乡产业融合发展、基础设施互联互通、公共服务共建共享，在形态上保留乡村风貌，在治理上体现城市水平，逐步强化服务城市发展、承接城市功能外溢、满足城市消费需求能力，为城乡融合发展提供实践经验。

第三节 特色保护类村庄

历史文化名村、传统村落、少数民族特色村寨、特色景观旅游名村等自然历史文化特色资源丰富的村庄，是彰显和传承中华优秀传统文化的重要载体。统筹保护、利用与发展的关系，努力保持村庄的完整性、真实性和延续性。切实保护村庄的传统选址、格局、风貌以及自然和田园景观等整体空间形态与环境，全面保护文物古迹、历史建筑、传统民居等传统建筑。尊重原住居民生活形态和传统习惯，加快改善村庄基础设施和公共环境，合理利用村庄特色资源，发展乡村旅游和特色产业，形成特色资源保护与村庄发展的良性互促机制。

第四节 搬迁撤并类村庄

对位于生存条件恶劣、生态环境脆弱、自然灾害频发等地区的村庄，因重大项目建设需要搬迁的村庄，以及人口流失特别严重的村庄，可通过易地扶贫搬迁、生态宜居搬迁、农村集聚发展搬迁等方式，实施村庄搬迁撤并，统筹解决村民生计、生态保护等问题。拟搬迁撤并的村庄，严格限制新建、扩建活动，统筹考虑拟迁入或新建村庄的基础设施和公共服务设施建设。坚持村庄搬迁撤并与新型城镇化、农业现代化相结合，依托适宜区域进行安置，避免新建孤立的村落式移民社区。搬迁撤并后的村庄原址，因地制宜复垦或还绿，增加乡村生产生态空间。农村居民点迁建和村庄撤并，必须尊重农民意愿并经村民会议同意，不得强制农民搬迁和集中上楼。

第十章 坚决打好精准脱贫攻坚战

把打好精准脱贫攻坚战作为实施乡村振兴战略的优先任务，推动脱贫攻坚与乡村振兴有机结合相互促进，确保到2020年我国现行标准下农村贫困人口实现脱贫，贫困县全部摘帽，解决区域性整体贫困。

第一节 深入实施精准扶贫精准脱贫

健全精准扶贫精准脱贫工作机制，夯实精准扶贫精准脱贫基础性工作。因地制宜、因户施策，探索多渠道、多样化的精准扶贫精准脱贫路径，提高扶贫措施针对性和有效性。做好东西部扶贫协作和对口支援工作，着力推动县与县精准对接，推进东部产业向西部梯度转移，加大产业扶贫工作力度。加强和改进定点扶贫工作，健全驻村帮扶机制，落实扶贫责任。加大金融扶贫力度。健全社会力量参与机制，引导激励社会各界更加关注、支持和参与脱贫攻坚。

第二节 重点攻克深度贫困

实施深度贫困地区脱贫攻坚行动方案。以解决突出制约问题为重点，以重大扶贫工程和到村到户到人帮扶为抓手，加大政策倾斜和扶贫资金整合力度，着力改善深度贫困地区发展条件，增强贫困农户发展能力。推动新增脱贫攻坚资金、新增脱贫攻坚项目、新增脱贫攻坚举措主要用于"三区三州"等深度贫困地区。推进贫困村基础设施和公共服务设施建设，培育壮大集体经济，确保深度贫困地区和贫困群众同全国人民一道进入全面小康社会。

第三节 巩固脱贫攻坚成果

加快建立健全缓解相对贫困的政策体系和工作机制，持续改善欠发达地区和其他地区相对贫困人口的发展条件，完善公共服务体系，增强脱贫地区"造血"功能。结合实施乡村振兴战略，压茬推进实施生态宜居搬迁等工程，巩固易地扶贫搬迁成果。注重扶志扶智，引导贫困群众克服"等靠要"思想，逐步消除精神贫困。建立正向激励机制，将帮扶政策措施与贫困群众参与挂钩，培育提升贫困群众发展生产和务工经商的基本能力。加强宣传引导，讲好中国减贫故事。认真总结脱贫攻坚经验，研究建立促进群众稳定脱贫和防范返贫的长效机制，探索统筹解决城乡贫困的政策措施，确保贫困群众稳定脱贫。

第四篇 加快农业现代化步伐

坚持质量兴农、品牌强农，深化农业供给侧结构性改革，构建现代农业产业体系、生产体系、经营体系，推动农业发展质量变革、效率变革、动力变革，持续提高农业创新力、竞争力和全要素生产率。

第十一章 夯实农业生产能力基础

深入实施藏粮于地、藏粮于技战略，提高农业综合生产能力，保障国家粮食安全和重要农产品有效供给，把中国人的饭碗牢牢端在自己手中。

第一节 健全粮食安全保障机制

坚持以我为主、立足国内、确保产能、适度进口、科技支撑的国家粮食安全战略，建立全方位的粮食安全保障机制。按照"确保谷物基本自给、口粮绝对安全"的要求，持续巩固和提升粮食生产能力。深化中央储备粮管理体制改革，科学确定储备规模，强化中央储备粮监督管理，推进中央、地方两级储备协同运作。鼓励加工流通企业、新型经营主体开展自主储粮和经营。全面落实粮食安全省长责任制，完善监督考核机制。强化粮食质量安全保障。加快完善粮食现代物流体系，构建安全高效、一体化运作的粮食物流网络。

第二节 加强耕地保护和建设

严守耕地红线，全面落实永久基本农田特殊保护制度，完成永久基本农田控制线划定工作，确保到 2020 年永久基本农田保护面积不低于 15.46 亿亩。大规模推进高标准农田建设，确保到 2022 年建成 10 亿亩高标准农田，所有高标准农田实现统一上图入库，形成完善的管护监督和考核机制。加快将粮食生产功能区和重要农产品生产保护区细化落实到具体地块，实现精准化管理。加强农田水利基础设施建设，实施耕地质量保护和提升行动，到 2022 年农田有效灌溉面积达到 10.4 亿亩，耕地质量平均提升 0.5 个等级（别）以上。

第三节　提升农业装备和信息化水平

推进我国农机装备和农业机械化转型升级，加快高端农机装备和丘陵山区、果菜茶生产、畜禽水产养殖等农机装备的生产研发、推广应用，提升渔业船舶装备水平。促进农机农艺融合，积极推进作物品种、栽培技术和机械装备集成配套，加快主要作物生产全程机械化，提高农机装备智能化水平。加强农业信息化建设，积极推进信息进村入户，鼓励互联网企业建立产销衔接的农业服务平台，加强农业信息监测预警和发布，提高农业综合信息服务水平。大力发展数字农业，实施智慧农业工程和"互联网+"现代农业行动，鼓励对农业生产进行数字化改造，加强农业遥感、物联网应用，提高农业精准化水平。发展智慧气象，提升气象为农服务能力。

专栏 2　农业综合生产能力提升重大工程

（一）"两区"建管护

率先在"两区"建立精准化建设、管护、管理和支持制度，构建现代农业生产数字化监测体系，建立生产责任与精准化补贴相挂钩的管理制度。

（二）高标准农田建设

优先建设确保口粮安全的高标准农田，开展土地平整、土壤改良、灌溉排水、田间道路、农田防护以及其他工程建设，大规模改造中低产田。建设国家耕地质量调查监测网络，推进耕地质量大数据应用。

（三）主要农作物生产全程机械化

建设主要农作物生产全程机械化示范县，推动装备、品种、栽培及经营规模、信息化技术等集成配套，构建全程机械化技术体系，促进农业技术集成化、劳动过程机械化、生产经营信息化。

（四）数字农业农村和智慧农业

制定实施数字农业农村规划纲要。发展数字田园、智慧养殖、智能农机，推进电子化交易。开展农业物联网应用示范县和农业物联网应用示范基地建设，全面推进村级益农信息社建设，改造升级国家农业数据中心。加强智慧农业技术与装备研发，建设基于卫星遥感、航空无人机、田间观测一体化的农业遥感应用体系。

（五）粮食安全保障调控和应急

在粮食物流重点线路、重要节点以及重要进出口粮食物流节点，新建或完善一批粮食安全保障调控和应急设施。重点支持多功能一体化的粮食物流（产业）园区，以及铁路散粮运输和港口散粮运输系统建设。改造建设一批区域骨干粮油应急配送中心。

第十二章 加快农业转型升级

按照建设现代化经济体系的要求,加快农业结构调整步伐,着力推动农业由增产导向转向提质导向,提高农业供给体系的整体质量和效率,加快实现由农业大国向农业强国转变。

第一节 优化农业生产力布局

以全国主体功能区划确定的农产品主产区为主体,立足各地农业资源禀赋和比较优势,构建优势区域布局和专业化生产格局,打造农业优化发展区和农业现代化先行区。东北地区重点提升粮食生产能力,依托"大粮仓"打造粮肉奶综合供应基地。华北地区着力稳定粮油和蔬菜、畜产品生产保障能力,发展节水型农业。长江中下游地区切实稳定粮油生产能力,优化水网地带生猪养殖布局,大力发展名优水产品生产。华南地区加快发展现代畜禽水产和特色园艺产品,发展具有出口优势的水产品养殖。西北、西南地区和北方农牧交错区加快调整产品结构,限制资源消耗大的产业规模,壮大区域特色产业。青海、西藏等生态脆弱区域坚持保护优先、限制开发,发展高原特色农牧业。

第二节 推进农业结构调整

加快发展粮经饲统筹、种养加一体、农牧渔结合的现代农业,促进农业结构不断优化升级。统筹调整种植业生产结构,稳定水稻、小麦生产,有序调减非优势区籽粒玉米,进一步扩大大豆生产规模,巩固主产区棉油糖胶生产,确保一定的自给水平。大力发展优质饲料牧草,合理利用退耕地、南方草山草坡和冬闲田拓展饲草发展空间。推进畜牧业区域布局调整,合理布局规模化养殖场,大力发展种养结合循环农业,促进养殖废弃物就近资源化利用。优化畜牧业生产结构,大力发展草食畜牧业,做大做强民族奶业。加强渔港经济区建设,推进渔港渔区振兴。合理确定内陆水域养殖规模,发展集约化、工厂化水产养殖和深远海养殖,降低江河湖泊和近海渔业捕捞强度,规范有序发展远洋渔业。

第三节 壮大特色优势产业

以各地资源禀赋和独特的历史文化为基础,有序开发优势特色资源,做大做强优势特色产业。创建特色鲜明、优势集聚、市场竞争力强的特色农产品优势区,支持特色农产品优势区建设标准化生产基地、加工基地、仓储物流基地,完善科技支撑体系、品牌与市场营销体系、质量控制体系,建立利益联结紧密的建设运行机制,形成特色农业产业集群。按照与国际标准接轨的目标,支持建立生产精细化管理与产品品质控制体系,采用国际通行的良好农业规范,塑造现代顶级农产品品牌。实施产业兴村强县行动,培育农业产业强镇,打造一乡一业、一村一品的发展格局。

第四节 保障农产品质量安全

实施食品安全战略,加快完善农产品质量和食品安全标准、监管体系,加快建立农产品质量分级及产地准出、市场准入制度。完善农兽药残留限量标准体系,推进农产品生产投入品使用规范化。建立健全农产品质量安全风险评估、监测预警和应急处置机制。实施动植物保护能力提升工程，实现全国动植物检疫防疫联防联控。完善农产品认证体系和农产品质量安全监管追溯系统，着力提高基层监管能力。落实生产经营者主体责任，强化农产品生产经营者的质量安全意识。建立农资和农产品生产企业信用信息系统，对失信市场主体开展联合惩戒。

第五节　培育提升农业品牌

实施农业品牌提升行动，加快形成以区域公用品牌、企业品牌、大宗农产品品牌、特色农产品品牌为核心的农业品牌格局。推进区域农产品公共品牌建设，擦亮老品牌，塑强新品牌，引入现代要素改造提升传统名优品牌，努力打造一批国际知名的农业品牌和国际品牌展会。做好品牌宣传推介，借助农产品博览会、展销会等渠道，充分利用电商、"互联网+"等新兴手段，加强品牌市场营销。加强农产品商标及地理标志商标的注册和保护，构建我国农产品品牌保护体系，打击各种冒用、滥用公用品牌行为，建立区域公用品牌的授权使用机制以及品牌危机预警、风险规避和紧急事件应对机制。

第六节　构建农业对外开放新格局

建立健全农产品贸易政策体系。实施特色优势农产品出口提升行动，扩大高附加值农产品出口。积极参与全球粮农治理。加强与"一带一路"沿线国家合作，积极支持有条件的农业企业走出去。建立农业对外合作公共信息服务平台和信用评价体系。放宽农业外资准入，促进引资引技引智相结合。

专栏3　质量兴农重大工程

(一) 特色农产品优势区创建

到2020年，创建并认定300个左右国家级特色农产品优势区，打造一批"中国第一、世界有名"的特色农产品品牌，增强绿色优质中高端特色农产品供给能力，加大对特色农产品优势区品牌的宣传和推介力度。

(二) 动植物保护能力提升

针对动植物保护体系、外来生物入侵防控体系的薄弱环节，通过工程建设和完善运行保障机制，形成监测预警体系、疫情灾害应急处置体系、农药风险监控体系和联防联控体系。

(三) 农业品牌提升

加强农业品牌认证、监管、保护等各环节的规范与管理，提升我国农业品牌公信力。加强与大型农产品批发市场、电商平台、各类商超组织的合作，创新产销衔接机制，搭建品牌农产品营销推介平台。

(四) 特色优势农产品出口提升行动

促进重点水果、蔬菜、茶叶和水产品出口，支持企业申请国际认证认可，参与国际知名展会。

(五) 产业兴村强县行动

坚持试点先行、逐步推开，争取到2022年培育和发展一批产业强、产品优、质量好、功能全、生态美的农业强镇，培育县域经济新动能。

续表

> （六）优质粮食工程
>
> 完善粮食质量安全检验和质量风险监测体系，完善粮食产后服务体系。开展"中国好粮油"行动，建立优质粮油产业经济发展评价体系、优质粮油质量标准、测评技术体系和线上营销体系，积极培育消费者认可的"中国好粮油"产品。

第十三章 建立现代农业经营体系

坚持家庭经营在农业中的基础性地位，构建家庭经营、集体经营、合作经营、企业经营等共同发展的新型农业经营体系，发展多种形式适度规模经营，发展壮大农村集体经济，提高农业的集约化、专业化、组织化、社会化水平，有效带动小农户发展。

第一节 巩固和完善农村基本经营制度

落实农村土地承包关系稳定并长久不变政策，衔接落实好第二轮土地承包到期后再延长30年的政策，让农民吃上长效"定心丸"。全面完成土地承包经营权确权登记颁证工作，完善农村承包地"三权分置"制度，在依法保护集体所有权和农户承包权前提下，平等保护土地经营权。建立农村产权交易平台，加强土地经营权流转和规模经营的管理服务。加强农用地用途管制。完善集体林权制度，引导规范有序流转，鼓励发展家庭林场、股份合作林场。发展壮大农垦国有农业经济，培育一批具有国际竞争力的农垦企业集团。

第二节 壮大新型农业经营主体

实施新型农业经营主体培育工程，鼓励通过多种形式开展适度规模经营。培育发展家庭农场，提升农民专业合作社规范化水平，鼓励发展农民专业合作社联合社。不断壮大农林产业化龙头企业，鼓励建立现代企业制度。鼓励工商资本到农村投资适合产业化、规模化经营的农业项目，提供区域性、系统性解决方案，与当地农户形成互惠共赢的产业共同体。加快建立新型经营主体支持政策体系和信用评价体系，落实财政、税收、土地、信贷、保险等支持政策，扩大新型经营主体承担涉农项目规模。

第三节 发展新型农村集体经济

深入推进农村集体产权制度改革，推动资源变资产、资金变股金、农民变股东，发展多种形式的股份合作。完善农民对集体资产股份的占有、收益、有偿退出及抵押、担保、继承等权能和管理办法。研究制定农村集体经济组织法，充实农村集体产权权能。鼓励经济实力强的农村集体组织辐射带动周边村庄共同发展。发挥村党组织对集体经济组织的领导核心作用，防止内部少数人控制和外部资本侵占集体资产。

第四节 促进小农户生产和现代农业发展有机衔接

改善小农户生产设施条件，提高个体农户抵御自然风险能力。发展多样化的联合与合作，提升小农户组织化程度。鼓励新型经营主体与小农户建立契约型、股权型利益联结机制，带动小农户专业化生产，提高小农户自我发展能力。健全农业社会化服务体系，大力培育新型服务主体,加快发展"一站式"农业生产性服务业。加强工商企业租赁农户承包地的用途监管和风险防范,健全资格审查、项目审核、风险保障金制度,维护小农户权益。

专栏 4　现代农业经营体系培育工程

(一)新型农业经营主体培育

培育一批一二三产业融合、适度规模经营多样、社会化服务支撑、与"互联网+"紧密结合的各类新型经营主体。实施现代农业人才支撑计划,推进新型经营主体带头人轮训计划,实施现代青年农场经营者、农村实用人才和新型职业农民培育工程。运用互联网信息化手段,为新型经营主体点对点提供服务。

(二)农垦国有经济培育壮大

加快垦区集团化和农场企业化改革进程,全面推行现代企业制度,健全法人治理结构。支持农垦率先建立农产品质量等级评价标准体系和农产品质量安全追溯平台。全面推广中国农垦公共品牌,切实加强农垦加工、仓储、物流、渠道等关键环节建设。

(三)供销合作社培育壮大

全面深化供销合作社综合改革,支持供销合作社创新体制机制,加强联合社层级间的联合合作,推动供销合作社高质量发展。大力实施"基层社组织建设工程"和"千县千社"振兴计划,增强基层社为农服务能力。

(四)新型农村集体经济振兴计划

编制集体产权制度改革"菜单式"行动指引,指导各地因地制宜制定改革方案,以差异化扶持政策为导向,实行分类施策、聚点推进,增强集体经济发展活力和实力。

第十四章　强化农业科技支撑

深入实施创新驱动发展战略,加快农业科技进步,提高农业科技自主创新水平、成果转化水平,为农业发展拓展新空间、增添新动能,引领支撑农业转型升级和提质增效。

第一节　提升农业科技创新水平

培育符合现代农业发展要求的创新主体,建立健全各类创新主体协调互动和创新要素高效配置的国家农业科技创新体系。强化农业基础研究,实现前瞻性基础研究和原创性重大成果突破。加强种业创新、现代食品、农机装备、农业污染防治、农村环境整治等方面的科研工作。深化农业科技体制改革,改进科研项目评审、人才评价和机构评估工作,建立差别化评价制度。深入实施现代种业提升工程,开展良种重大科研联合攻关,培育具有国际竞争力的种业龙头企业,推动建设种业科技强国。

第二节　打造农业科技创新平台基地

建设国家农业高新技术产业示范区、国家农业科技园区、省级农业科技园区,吸引更多的农业高新技术企业到科技园区落户,培育国际领先的农业高新技术企业,形成具有国际竞争力的农业高新技术产业。新建一批科技创新联盟,支持农业高新技术企业建立高水平研发机构。利用现有资源建设农业领域国家技术创新中心，加强重大共性关键技术和产品研发与应用示范。建设农业科技资源开放共享与服务平台，充分发挥重要公共科技资源优势，推动面向科技界开放共享，整合和完善科技资源共享服务平台。

第三节 加快农业科技成果转化应用

鼓励高校、科研院所建立一批专业化的技术转移机构和面向企业的技术服务网络，通过研发合作、技术转让、技术许可、作价投资等多种形式，实现科技成果市场价值。健全省市县三级科技成果转化工作网络，支持地方大力发展技术交易市场。面向绿色兴农重大需求，加大绿色技术供给，加强集成应用和示范推广。健全基层农业技术推广体系，创新公益性农技推广服务方式，支持各类社会力量参与农技推广，全面实施农技推广服务特聘计划，加强农业重大技术协同推广。健全农业科技领域分配政策，落实科研成果转化及农业科技创新激励相关政策。

专栏5　农业科技创新支撑重大工程

（一）农业科技创新水平提升

建立现代农业产业技术体系、创新联盟、创新中心"三位一体"的创新平台。加强农业面源污染防治、化肥农药减量增效、农业节水、农业废弃物资源化利用、绿色健康养殖、防灾减灾、荒漠化石漠化治理、森林质量提升等关键技术研发，推进成果集成应用。

（二）现代种业自主创新能力提升

加强种质资源保存、育种创新、品种测试与检测、良种繁育等能力建设，建立现代种业体系。高标准建设国家南繁育种基地，推进甘肃、四川国家级制种基地建设与提挡升级，加快区域性良繁基地建设。建立农业野生植物原生境保护区和种质资源库（圃）。

（三）农业科技园区建设

突出农业科技园区的"农、高、科"定位，强化体制机制创新，推进农业科技园区建设。用高新技术改造提升农业产业，壮大生物育种、智能农机、现代食品制造等高新技术产业，培育农业高新技术企业超过1.5万家。

第十五章　完善农业支持保护制度

以提升农业质量效益和竞争力为目标，强化绿色生态导向，创新完善政策工具和手段，加快建立新型农业支持保护政策体系。

第一节 加大支农投入力度

建立健全国家农业投入增长机制，政府固定资产投资继续向农业倾斜，优化投入结构，实施一批打基础、管长远、影响全局的重大工程，加快改变农业基础设施薄弱状况。建立以绿色生态为导向的农业补贴制度，提高农业补贴政策的指向性和精准性。落实和完善对农民直接补贴制度。完善粮食主产区利益补偿机制。继续支持粮改饲、粮豆轮作和畜禽水产标准化健康养殖，改革完善渔业油价补贴政策。完善农机购置补贴政策，鼓励对绿色农业发展机具、高性能机具以及保证粮食等主要农产品生产机具实行敞开补贴。

第二节　深化重要农产品收储制度改革

深化玉米收储制度改革，完善市场化收购加补贴机制。合理制定大豆补贴政策。完善稻谷、小麦最低收购价政策，增强政策灵活性和弹性，合理调整最低收购价水平，加快建立健全支持保护政策。深化国有粮食企业改革，培育壮大骨干粮食企业，引导多元市场主体入市收购，防止出现卖粮难。深化棉花目标价格改革，研究完善食糖（糖料）、油料支持政策，促进价格合理形成，激发企业活力，提高国内产业竞争力。

第三节　提高农业风险保障能力

完善农业保险政策体系，设计多层次、可选择、不同保障水平的保险产品。积极开发适应新型农业经营主体需求的保险品种，探索开展水稻、小麦、玉米三大主粮作物完全成本保险和收入保险试点，鼓励开展天气指数保险、价格指数保险、贷款保证保险等试点。健全农业保险大灾风险分散机制。发展农产品期权期货市场，扩大"保险+期货"试点，探索"订单农业+保险+期货（权）"试点。健全国门生物安全查验机制，推进口岸动植物检疫规范化建设。强化边境管理，打击农产品走私。完善农业风险管理和预警体系。

第五篇　发展壮大乡村产业

以完善利益联结机制为核心，以制度、技术和商业模式创新为动力，推进农村一二三产业交叉融合，加快发展根植于农业农村、由当地农民主办、彰显地域特色和乡村价值的产业体系，推动乡村产业全面振兴。

第十六章　推动农村产业深度融合

把握城乡发展格局发生重要变化的机遇，培育农业农村新产业新业态，打造农村产业融合发展新载体新模式，推动要素跨界配置和产业有机融合，让农村一二三产业在融合发展中同步升级、同步增值、同步受益。

第一节　发掘新功能新价值

顺应城乡居民消费拓展升级趋势，结合各地资源禀赋，深入发掘农业农村的生态涵养、休闲观光、文化体验、健康养老等多种功能和多重价值。遵循市场规律，推动乡村资源全域化整合、多元化增值，增强地方特色产品时代感和竞争力，形成新的消费热点，增加乡村生态产品和服务供给。实施农产品加工业提升行动，支持开展农产品生产加工、综合利用关键技术研究与示范，推动初加工、精深加工、综合利用加工和主食加工协调发展，实现农产品多层次、多环节转化增值。

第二节　培育新产业新业态

深入实施电子商务进农村综合示范，建设具有广泛性的农村电子商务发展基础设施，加快建立健全适应农产品电商发展的标准体系。研发绿色智能农产品供应链核心技术，加快培育农业现代供应链主体。加强农商互联，密切产销衔接，发展农超、农社、农企、农校等产销对接的新型流通业态。实施休闲农业和乡村旅游精品工程，发展乡村共享经济等新业态，推动科技、人文等元素融入农业。强化农业生产性服务业对现代农业产业链的引领支撑作用，构建全程覆盖、区域集成、配套完备的新型农业社会化服务体系。清理规范制约农业农村新产业新业态发展的行政审批事项。着力优化农村消费环境，不断优化农村消费结构，提升农村消费层次。

第三节 打造新载体新模式

依托现代农业产业园、农业科技园区、农产品加工园、农村产业融合发展示范园等，打造农村产业融合发展的平台载体，促进农业内部融合、延伸农业产业链、拓展农业多种功能、发展农业新型业态等多模式融合发展。加快培育农商产业联盟、农业产业化联合体等新型产业链主体，打造一批产加销一体的全产业链企业集群。推进农业循环经济试点示范和田园综合体试点建设。加快培育一批"农字号"特色小镇，在有条件的地区建设培育特色商贸小镇，推动农村产业发展与新型城镇化相结合。

第十七章 完善紧密型利益联结机制

始终坚持把农民更多分享增值收益作为基本出发点，着力增强农民参与融合能力，创新收益分享模式，健全联农带农有效激励机制，让农民更多分享产业融合发展的增值收益。

第一节 提高农民参与程度

鼓励农民以土地、林权、资金、劳动、技术、产品为纽带，开展多种形式的合作与联合，依法组建农民专业合作社联合社，强化农民作为市场主体的平等地位。引导农村集体经济组织挖掘集体土地、房屋、设施等资源和资产潜力，依法通过股份制、合作制、股份合作制、租赁等形式，积极参与产业融合发展。积极培育社会化服务组织，加强农技指导、信用评价、保险推广、市场预测、产品营销等服务，为农民参与产业融合创造良好条件。

第二节 创新收益分享模式

加快推广"订单收购+分红"、"土地流转+优先雇用+社会保障"、"农民入股+保底收益+按股分红"等多种利益联结方式，让农户分享加工、销售环节收益。鼓励行业协会或龙头企业与合作社、家庭农场、普通农户等组织共同营销，开展农产品销售推介和品牌运作，让农户更多分享产业链增值收益。鼓励农业产业化龙头企业通过设立风险资金、为农户提供信贷担保、领办或参办农民合作组织等多种形式，与农民建立稳定的订单和契约关系。完善涉农股份合作制企业利润分配机制，明确资本参与利润分配比例上限。

第三节 强化政策扶持引导

更好发挥政府扶持资金作用，强化龙头企业、合作组织联农带农激励机制，探索将新型农业经营主体带动农户数量和成效作为安排财政支持资金的重要参考依据。以土地、林权为基础的各种形式合作，凡是享受财政投入或政策支持的承包经营者均应成为股东方。

鼓励将符合条件的财政资金特别是扶贫资金量化到农村集体经济组织和农户后，以自愿入股方式投入新型农业经营主体，对农户土地经营权入股部分采取特殊保护，探索实行农民负盈不负亏的分配机制。

第十八章 激发农村创新创业活力

坚持市场化方向，优化农村创新创业环境，放开搞活农村经济，合理引导工商资本下乡，推动乡村大众创业万众创新，培育新动能。

第一节 培育壮大创新创业群体

推进产学研合作，加强科研机构、高校、企业、返乡下乡人员等主体协同，推动农村创新创业群体更加多元。培育以企业为主导的农业产业技术创新战略联盟，加速资金、技术和服务扩散，带动和支持返乡创业人员依托相关产业链创业发展。整合政府、企业、社会等多方资源，推动政策、技术、资本等各类要素向农村创新创业集聚。鼓励农民就地创业、返乡创业，加大各方资源支持本地农民兴业创业力度。深入推行科技特派员制度，引导科技、信息、资金、管理等现代生产要素向乡村集聚。

第二节 完善创新创业服务体系

发展多种形式的创新创业支撑服务平台，健全服务功能，开展政策、资金、法律、知识产权、财务、商标等专业化服务。建立农村创新创业园区（基地），鼓励农业企业建立创新创业实训基地。鼓励有条件的县级政府设立"绿色通道"，为返乡下乡人员创新创业提供便利服务。建设一批众创空间、"星创天地"，降低创业门槛。依托基层就业和社会保障服务平台，做好返乡人员创业服务、社保关系转移接续等工作。

第三节 建立创新创业激励机制

加快将现有支持"双创"相关财政政策措施向返乡下乡人员创新创业拓展，把返乡下乡人员开展农业适度规模经营所需贷款按规定纳入全国农业信贷担保体系支持范围。适当放宽返乡创业园用电用水用地标准，吸引更多返乡人员入园创业。各地年度新增建设用地计划指标，要确定一定比例用于支持农村新产业新业态发展。落实好减税降费政策，支持农村创新创业。

专栏6 构建乡村产业体系重大工程

（一）电子商务进农村综合示范

在2019年对具备条件的国家级贫困县实现全覆盖的基础上，进一步挖掘具备潜力的县深化农村电商示范工作，逐步培育一批电子商务进农村综合示范县，建设和完善农村电商公共服务体系。

（二）农商互联

推动农产品流通企业与新型农业经营主体对接，通过订单农业、直采直销、投资合作等方式，打造产销稳定衔接、利益紧密联结的农产品全产业链条，加强全国性、区域性、田头市场三级产地市场体系建设。

续表

（三）休闲农业和乡村旅游精品工程 　　改造一批休闲农业村庄道路、供水、停车场、厕所等设施，树立和推介一批休闲农业和乡村旅游精品品牌，培育一批美丽休闲乡村、休闲农庄（园）、休闲观光园区、国家森林步道、康养基地、森林人家、乡村民宿、乡村旅游区（点）等精品。搭建发布推介平台，开展休闲农业和乡村旅游精品发布推介活动。 （四）国家农村一二三产业融合发展示范园创建计划 　　到2020年建成300个农村一二三产业融合发展示范园，通过复制推广先进经验，加快延伸农业产业链、提升农业价值链、拓展农业多种功能、培育农村新产业新业态。 （五）农业循环经济试点示范 　　选择粮食主产区等具备基础的地区，建设20个工农复合型循环经济示范区，推进秸秆、禽畜粪污等大宗农业废弃物的综合利用，推进废旧农膜、农药包装物等回收利用。推动建立农业循环经济评价指标体系和评价考核制度。 （六）农产品加工业提升行动 　　完善国家农产品加工技术研发体系，建设一批农产品加工技术集成基地。促进农产品加工业增品种、提品质、创品牌。大力培育农产品加工业各类专门人才。依托现有农产品精深加工集聚区、产业园、工业区等，打造升级一批农产品精深加工示范基地，促进农业提质增效和农民增收。 （七）农村"星创天地" 　　打造农村版众创空间，以农业科技园区、新农村发展研究院、科技型企业、科技特派员创业基地、农民专业合作社等为载体，利用线下孵化载体和线上网络平台，面向科技特派员、大学生、返乡农民工、职业农民等建设3000个"星创天地"。 （八）返乡下乡创业行动 　　研究制定并组织实施农村双创百县千乡万名带头人培育行动方案。整合现有渠道，用3年时间培训40万名农村双创人员和双创导师。创建100个具有区域特色的农村双创示范园区（基地）。实施返乡下乡创业培训专项行动。实施育才强企计划，支持有条件的创业企业建设技能大师工作室。深入推进农村青年创业致富"领头雁"培养计划，培养一批全国农村青年致富带头人。实施引才回乡工程，在返乡下乡创业集中地区设立专家服务基地，吸引各类人才回乡服务。

第六篇　建设生态宜居的美丽乡村

　　牢固树立和践行绿水青山就是金山银山的理念，坚持尊重自然、顺应自然、保护自然，统筹山水林田湖草系统治理，加快转变生产生活方式，推动乡村生态振兴，建设生活环境整洁优美、生态系统稳定健康、人与自然和谐共生的生态宜居美丽乡村。

第十九章　推进农业绿色发展

　　以生态环境友好和资源永续利用为导向，推动形成农业绿色生产方式，实现投入品减量化、生产清洁化、废弃物资源化、产业模式生态化，提高农业可持续发展能力。

第一节 强化资源保护与节约利用

实施国家农业节水行动，建设节水型乡村。深入推进农业灌溉用水总量控制和定额管理，建立健全农业节水长效机制和政策体系。逐步明晰农业水权，推进农业水价综合改革，建立精准补贴和节水奖励机制。严格控制未利用地开垦，落实和完善耕地占补平衡制度。实施农用地分类管理，切实加大优先保护类耕地保护力度。降低耕地开发利用强度，扩大轮作休耕制度试点，制定轮作休耕规划。全面普查动植物种质资源，推进种质资源收集保存、鉴定和利用。强化渔业资源管控与养护，实施海洋渔业资源总量管理、海洋渔船"双控"和休禁渔制度，科学划定江河湖海限捕、禁捕区域，建设水生生物保护区、海洋牧场。

第二节 推进农业清洁生产

加强农业投入品规范化管理，健全投入品追溯系统，推进化肥农药减量施用，完善农药风险评估技术标准体系，严格饲料质量安全管理。加快推进种养循环一体化，建立农村有机废弃物收集、转化、利用网络体系，推进农林产品加工剩余物资源化利用，深入实施秸秆禁烧制度和综合利用，开展整县推进畜禽粪污资源化利用试点。推进废旧地膜和包装废弃物等回收处理。推行水产健康养殖，加大近海滩涂养殖环境治理力度，严格控制河流湖库、近岸海域投饵网箱养殖。探索农林牧渔融合循环发展模式，修复和完善生态廊道，恢复田间生物群落和生态链，建设健康稳定田园生态系统。

第三节 集中治理农业环境突出问题

深入实施土壤污染防治行动计划，开展土壤污染状况详查，积极推进重金属污染耕地等受污染耕地分类管理和安全利用，有序推进治理与修复。加强重有色金属矿区污染综合整治。加强农业面源污染综合防治。加大地下水超采治理，控制地下水漏斗区、地表水过度利用区用水总量。严格工业和城镇污染处理、达标排放，建立监测体系，强化经常性执法监管制度建设，推动环境监测、执法向农村延伸，严禁未经达标处理的城镇污水和其他污染物进入农业农村。

专栏 7　农业绿色发展行动

(一) 国家农业节水行动

将农业用水总量指标分解到各灌区。加强灌溉试验站网建设和灌溉试验，制定不同区域、不同作物灌溉用水定额。加强节水灌溉工程与农艺、农机、生物、管理等措施的集成与融合。全国节水灌溉面积达到 6.5 亿亩，其中高效节水灌溉面积达到 4 亿亩。

(二) 水生生物保护行动

建立长江流域重点水域禁捕补偿制度，率先在水生生物保护区实现禁捕。引导和支持渔民转产转业，将渔船控制目标列入地方政府和有关部门约束性考核指标。继续清理整治"绝户网"和涉渔"三无"船舶。实施珍稀濒危物种拯救行动，形成覆盖各海区和内陆主要江河湖泊的水生生物养护体系。

(三) 农业环境突出问题治理

扩大农业面源污染综合治理、华北地下水超采区综合治理、重金属污染耕地防控修复的实施范围，

续表

> 对东北黑土地实行战略性保护，促进土壤有机质恢复与提升。推进北方农牧交错带已垦草原治理，加强人工草地建设。
>
> （四）农业废弃物资源化利用
>
> 集中支持500个左右养殖大县开展畜禽粪污资源化利用整县推进试点，全国畜禽粪污综合利用率提高到75%以上。在种养密集区域，探索整县推进畜禽粪污、秸秆、病死畜禽、农田残膜、农村垃圾等废弃物全量资源化利用。
>
> （五）农业绿色生产行动
>
> 集成推广测土配方施肥、水肥一体化、机械深施等施肥模式，强化统防统治、绿色防控，集成应用全程农药减量增效技术，主要农作物化肥、农药利用率达到40%以上，制定农兽药残留限量标准总数达到1.2万项，覆盖所有批准使用的农兽药品种和相应农产品。

第二十章　持续改善农村人居环境

以建设美丽宜居村庄为导向，以农村垃圾、污水治理和村容村貌提升为主攻方向，开展农村人居环境整治行动，全面提升农村人居环境质量。

第一节　加快补齐突出短板

推进农村生活垃圾治理，建立健全符合农村实际、方式多样的生活垃圾收运处置体系，有条件的地区推行垃圾就地分类和资源化利用。开展非正规垃圾堆放点排查整治。实施"厕所革命"，结合各地实际普及不同类型的卫生厕所，推进厕所粪污无害化处理和资源化利用。梯次推进农村生活污水治理，有条件的地区推动城镇污水管网向周边村庄延伸覆盖。逐步消除农村黑臭水体，加强农村饮用水水源地保护。

第二节　着力提升村容村貌

科学规划村庄建筑布局，大力提升农房设计水平，突出乡土特色和地域民族特点。加快推进通村组道路、入户道路建设，基本解决村内道路泥泞、村民出行不便等问题。全面推进乡村绿化，建设具有乡村特色的绿化景观。完善村庄公共照明设施。整治公共空间和庭院环境，消除私搭乱建、乱堆乱放。继续推进城乡环境卫生整洁行动，加大卫生乡镇创建工作力度。鼓励具备条件的地区集中连片建设生态宜居的美丽乡村，综合提升田水路林村风貌，促进村庄形态与自然环境相得益彰。

第三节　建立健全整治长效机制

全面完成县域乡村建设规划编制或修编，推进实用性村庄规划编制实施，加强乡村建设规划许可管理。建立农村人居环境建设和管护长效机制，发挥村民主体作用，鼓励专业化、市场化建设和运行管护。推行环境治理依效付费制度，健全服务绩效评价考核机制。探索建立垃圾污水处理农户付费制度，完善财政补贴和农户付费合理分担机制。依法简化农村人居环境整治建设项目审批程序和招投标程序。完善农村人居环境标准体系。

专栏 8　农村人居环境整治行动

（一）农村垃圾治理

建立健全村庄保洁体系，因地制宜确定农村生活垃圾处理模式，交通便利且转运距离较近的村庄可依托城镇无害化处理设施集中处理，其他村庄可就近分散处理。总结推广农村生活垃圾分类和资源化利用百县示范经验，基本覆盖所有具备条件的县（市）。到 2020 年，完成农村生活垃圾全面治理逐省验收。

（二）农村生活污水治理

有条件的地区推进城镇污水处理设施和服务向城镇近郊的农村延伸，在离城镇较远、人口密集的村庄建设污水处理设施进行集中处理，人口较少的村庄推广建设户用污水处理设施。开展生活污水源头减量和尾水回收利用。鼓励具备条件的地区采用人工湿地、氧化塘等生态处理模式。

（三）厕所革命

加快实施农村改厕，东部地区、中西部城市近郊区以及其他环境容量较小地区村庄，加快推进户用卫生厕所建设和改造，同步实施厕所粪污治理。其他地区要按照群众接受、经济适用，使用和维护方便、不污染公共水体的要求，普及不同水平的卫生厕所。推进农村新建住房及保障性安居工程等项目配套建设无害化卫生厕所，人口规模较大村庄配套建设公共厕所。

（四）乡村绿化行动

全面实施乡村绿化行动，严格保护乡村古树名木，重点推进村内绿化、围村片林和农田林网建设。每年绿化美化 2 万个乡村。建设 1 万个国家森林乡村，8 万个省市县级森林乡村。基本农田林网控制率达 90% 以上，古树名木挂牌保护率达到 95%，基本实现"山地森林化、农田林网化、村屯园林化、道路林荫化、庭院花果化"的乡村绿化格局。

（五）乡村水环境治理

开展乡村湿地保护恢复和综合治理工作，整治乡村河湖水系，建设乡村湿地小区。以供水人口多、环境敏感的水源以及农村饮水安全工程规划建设的水源为重点，完成农村饮用水水源保护区（或保护范围）划定，加强农村饮用水水源地保护。采取综合措施，逐步消除农村黑臭水体，提升农村水环境质量。

（六）宜居宜业美丽乡村建设

以建设美、经营美和传承美"三美同步"推进为重点，选择一批具有建设条件的乡村，着力充实和拓展美丽乡村建设内容，积极引导社会资本多元化投入，健全美丽乡村建设成果共建共享机制。打造美丽中国的乡村样板。

第二十一章　加强乡村生态保护与修复

大力实施乡村生态保护与修复重大工程，完善重要生态系统保护制度，促进乡村生产生活环境稳步改善，自然生态系统功能和稳定性全面提升，生态产品供给能力进一步增强。

第一节 实施重要生态系统保护和修复重大工程

统筹山水林田湖草系统治理,优化生态安全屏障体系。大力实施大规模国土绿化行动,全面建设三北、长江等重点防护林体系,扩大退耕还林还草,巩固退耕还林还草成果,推动森林质量精准提升,加强有害生物防治。稳定扩大退牧还草实施范围,继续推进草原防灾减灾、鼠虫草害防治、严重退化沙化草原治理等工程。保护和恢复乡村河湖、湿地生态系统,积极开展农村水生态修复,连通河湖水系,恢复河塘行蓄能力,推进退田还湖还湿、退圩退垸还湖。大力推进荒漠化、石漠化、水土流失综合治理,实施生态清洁小流域建设,推进绿色小水电改造。加快国土综合整治,实施农村土地综合整治重大行动,推进农用地和低效建设用地整理以及历史遗留损毁土地复垦。加强矿产资源开发集中地区特别是重有色金属矿区地质环境和生态修复,以及损毁山体、矿山废弃地修复。加快近岸海域综合治理,实施蓝色海湾整治行动和自然岸线修复。实施生物多样性保护重大工程,提升各类重要保护地保护管理能力。加强野生动植物保护,强化外来入侵物种风险评估、监测预警与综合防控。开展重大生态修复工程气象保障服务,探索实施生态修复型人工增雨工程。

第二节 健全重要生态系统保护制度

完善天然林和公益林保护制度,进一步细化各类森林和林地的管控措施或经营制度。完善草原生态监管和定期调查制度,严格实施草原禁牧和草畜平衡制度,全面落实草原经营者生态保护主体责任。完善荒漠生态保护制度,加强沙区天然植被和绿洲保护。全面推行河长制湖长制,鼓励将河长湖长体系延伸至村一级。推进河湖饮用水水源保护区划定和立界工作,加强对水源涵养区、蓄洪滞涝区、滨河滨湖带的保护。严格落实自然保护区、风景名胜区、地质遗迹等各类保护地保护制度,支持有条件的地方结合国家公园体制试点,探索对居住在核心区域的农牧民实施生态搬迁试点。

第三节 健全生态保护补偿机制

加大重点生态功能区转移支付力度,建立省以下生态保护补偿资金投入机制。完善重点领域生态保护补偿机制,鼓励地方因地制宜探索通过赎买、租赁、置换、协议、混合所有制等方式加强重点区位森林保护,落实草原生态保护补助奖励政策,建立长江流域重点水域禁捕补偿制度,鼓励各地建立流域上下游等横向补偿机制。推动市场化多元化生态补偿,建立健全用水权、排污权、碳排放权交易制度,形成森林、草原、湿地等生态修复工程参与碳汇交易的有效途径,探索实物补偿、服务补偿、设施补偿、对口支援、干部支持、共建园区、飞地经济等方式,提高补偿的针对性。

第四节 发挥自然资源多重效益

大力发展生态旅游、生态种养等产业,打造乡村生态产业链。进一步盘活森林、草原、湿地等自然资源,允许集体经济组织灵活利用现有生产服务设施用地开展相关经营活动。鼓励各类社会主体参与生态保护修复,对集中连片开展生态修复达到一定规模的经营主体,允许在符合土地管理法律法规和土地利用总体规划、依法办理建设用地审批手续、坚持节约集约用地的前提下，利用1—3%治理面积从事旅游、康养、体育、设施农业等产业开发。深化集体林权制度改革，全面开展森林经营方案编制工作，扩大商品林经营自主权，鼓励多种形式的适度规模经营，支持开展林权收储担保服务。完善生态资源管护机制，设立生态管护员工作岗位，鼓励当地群众参与生态管护和管理服务。进一步健全自然资源有偿使用制度，研究探索生态资源价值评估方法并开展试点。

专栏9　乡村生态保护与修复重大工程

（一）国家生态安全屏障保护与修复

继续推进京津风沙源区、岩溶石漠化区、西藏生态安全屏障、青海三江源区、祁连山等重点区域综合治理工程，深化山水林田湖草生态保护修复试点，加快构筑国家生态安全屏障。

（二）大规模国土绿化

全面推进三北、长江等重点防护林体系建设和天然林资源保护工程，完成营造林3128万公顷。全面完成《新一轮退耕还林还草总体方案》确定的建设任务。在条件适宜地区推进规模化林场建设。积极推进森林质量精准提升工程，完成森林质量精准提升2000万公顷。加快国家储备林及用材林基地建设，完成国家储备林建设333万公顷。

（三）草原保护与修复

继续推进退牧还草、草原防灾减灾、鼠虫草害防治、严重退化沙化草原治理、农牧交错带已垦草原治理等重大工程，严格实施草原禁牧和草畜平衡制度，落实草原生态保护补助奖励政策。

（四）湿地保护与修复

全面加强湿地保护，在国际和国家重要湿地、湿地自然保护区、国家湿地公园实施湿地保护与修复工程，对功能降低、生物多样性减少的湿地进行综合治理。建成一批生态型河塘，开展湿地可持续利用示范。

（五）重点流域环境综合治理

加快推进重点流域水污染防治，对现状水质达到或优于Ⅲ类的湖库水体开展生态环境安全评估，强化湖泊生态环境保护，加强重点湖库蓝藻水华防控。

（六）荒漠化、石漠化、水土流失综合治理

通过因地制宜实施封育保护、小流域综合治理、坡耕地治理等措施，新增水土流失治理面积28万平方公里，建成一批生态清洁小流域。持续推进防沙治沙和荒漠化防治，完全石漠化治理面积20万公顷。

（七）农村土地综合整治

统筹开展农村地区建设用地整理和土地复垦，优化农村土地利用格局，提高农村土地利用效率。到2020年，开展300个土地综合整治示范村镇建设，基本形成农村土地综合整治制度体系；到2022年，示范村镇建设扩大到1000个，形成具备推广到全国的制度体系。

（八）重大地质灾害隐患治理

完善调查评价、监测预警、综合治理、应急防治等地质灾害防治体系，实现山地丘陵区地质灾害气象预警预报全覆盖，全面完成山地丘陵区地质灾害详细调查和重点地区地面沉降、地裂缝和岩溶塌陷调查，完成已发现的威胁人员密集区重大地质灾害隐患工程治理。

续表

（九）生物多样性保护 　　开展生物多样性调查和评估，摸清生物多样性家底；构建生物多样性保护网络，掌握生物多样性动态变化趋势。推进自然保护区保护管理能力建设，保护和改善濒危野生动物栖息地，积极开展拯救繁育和野化放归。加强极小种群野生植物生境恢复和人工拯救。 （十）近岸海域综合治理 　　加快实施蓝色海湾整治行动，推动辽东湾、渤海湾、黄河口、胶州湾等重点河口海湾综合整治，强化海岸带保护与修复，完善入海排污口管理制度。 （十一）兴林富民行动 　　优化资源要素配置，构建布局合理、功能完备、结构优化的林业产业体系、服务体系，建立一批标准化、集约化、规模化示范基地。加快智慧林业发展，推动林区网络和信息基础设施基本全覆盖，建设林业基础数据库、资源监管体系、新型林区综合公共服务平台。大力推进森林生态标志产品认证，建立森林生态产品品牌保证监督体系和产品追溯体系，建设森林生态产品信息发布和网上交易平台。

第七篇　繁荣发展乡村文化

坚持以社会主义核心价值观为引领，以传承发展中华优秀传统文化为核心，以乡村公共文化服务体系建设为载体，培育文明乡风、良好家风、淳朴民风，推动乡村文化振兴，建设邻里守望、诚信重礼、勤俭节约的文明乡村。

第二十二章　加强农村思想道德建设

持续推进农村精神文明建设，提升农民精神风貌，倡导科学文明生活，不断提高乡村社会文明程度。

第一节　践行社会主义核心价值观

坚持教育引导、实践养成、制度保障三管齐下，采取符合农村特点的方式方法和载体，深化中国特色社会主义和中国梦宣传教育，大力弘扬民族精神和时代精神。加强爱国主义、集体主义、社会主义教育，深化民族团结进步教育。注重典型示范，深入实施时代新人培育工程，推出一批新时代农民的先进模范人物。把社会主义核心价值观融入法治建设，推动公正文明执法司法，彰显社会主流价值。强化公共政策价值导向，探索建立重大公共政策道德风险评估和纠偏机制。

第二节　巩固农村思想文化阵地

推动基层党组织、基层单位、农村社区有针对性地加强农村群众性思想政治工作。加强对农村社会热点难点问题的应对解读，合理引导社会预期。健全人文关怀和心理疏导机制，培育自尊自信、理性平和、积极向上的农村社会心态。深化文明村镇创建活动，进一步提高县级及以上文明村和文明乡镇的占比。广泛开展星级文明户、文明家庭等群众性精神文明创建活动。深入开展"扫黄打非"进基层。重视发挥社区教育作用，做好家庭教育，传承良好家风家训。完善文化科技卫生"三下乡"长效机制。

第三节 倡导诚信道德规范

深入实施公民道德建设工程，推进社会公德、职业道德、家庭美德、个人品德建设。推进诚信建设，强化农民的社会责任意识、规则意识、集体意识和主人翁意识。建立健全农村信用体系，完善守信激励和失信惩戒机制。弘扬劳动最光荣、劳动者最伟大的观念。弘扬中华孝道，强化孝敬父母、尊敬长辈的社会风尚。广泛开展好媳妇、好儿女、好公婆等评选表彰活动，开展寻找最美乡村教师、医生、村官、人民调解员等活动。深入宣传道德模范、身边好人的典型事迹，建立健全先进模范发挥作用的长效机制。

第二十三章 弘扬中华优秀传统文化

立足乡村文明，吸取城市文明及外来文化优秀成果，在保护传承的基础上，创造性转化、创新性发展，不断赋予时代内涵、丰富表现形式，为增强文化自信提供优质载体。

第一节 保护利用乡村传统文化

实施农耕文化传承保护工程，深入挖掘农耕文化中蕴含的优秀思想观念、人文精神、道德规范，充分发挥其在凝聚人心、教化群众、淳化民风中的重要作用。划定乡村建设的历史文化保护线，保护好文物古迹、传统村落、民族村寨、传统建筑、农业遗迹、灌溉工程遗产。传承传统建筑文化，使历史记忆、地域特色、民族特点融入乡村建设与维护。支持农村地区优秀戏曲曲艺、少数民族文化、民间文化等传承发展。完善非物质文化遗产保护制度，实施非物质文化遗产传承发展工程。实施乡村经济社会变迁物证征藏工程，鼓励乡村史志修编。

第二节 重塑乡村文化生态

紧密结合特色小镇、美丽乡村建设，深入挖掘乡村特色文化符号，盘活地方和民族特色文化资源，走特色化、差异化发展之路。以形神兼备为导向，保护乡村原有建筑风貌和村落格局，把民族民间文化元素融入乡村建设，深挖历史古韵，弘扬人文之美，重塑诗意闲适的人文环境和田绿草青的居住环境，重现原生田园风光和原本乡情乡愁。引导企业家、文化工作者、退休人员、文化志愿者等投身乡村文化建设，丰富农村文化业态。

第三节 发展乡村特色文化产业

加强规划引导、典型示范，挖掘培养乡土文化本土人才，建设一批特色鲜明、优势突出的农耕文化产业展示区，打造一批特色文化产业乡镇、文化产业特色村和文化产业群。大力推动农村地区实施传统工艺振兴计划，培育形成具有民族和地域特色的传统工艺产品，促进传统工艺提高品质、形成品牌、带动就业。积极开发传统节日文化用品和武术、戏曲、舞龙、舞狮、锣鼓等民间艺术、民俗表演项目，促进文化资源与现代消费需求有效对接。推动文化、旅游与其他产业深度融合、创新发展。

第二十四章　丰富乡村文化生活

推动城乡公共文化服务体系融合发展，增加优秀乡村文化产品和服务供给，活跃繁荣农村文化市场，为广大农民提供高质量的精神营养。

第一节　健全公共文化服务体系

按照有标准、有网络、有内容、有人才的要求，健全乡村公共文化服务体系。推动县级图书馆、文化馆总分馆制，发挥县级公共文化机构辐射作用，加强基层综合性文化服务中心建设，实现乡村两级公共文化服务全覆盖，提升服务效能。完善农村新闻出版广播电视公共服务覆盖体系，推进数字广播电视户户通，探索农村电影放映的新方法新模式，推进农家书屋延伸服务和提质增效。继续实施公共数字文化工程，积极发挥新媒体作用，使农民群众能便捷获取优质数字文化资源。完善乡村公共体育服务体系，推动村健身设施全覆盖。

第二节　增加公共文化产品和服务供给

深入推进文化惠民，为农村地区提供更多更好的公共文化产品和服务。建立农民群众文化需求反馈机制，推动政府向社会购买公共文化服务，开展"菜单式"、"订单式"服务。加强公共文化服务品牌建设，推动形成具有鲜明特色和社会影响力的农村公共文化服务项目。开展文化结对帮扶。支持"三农"题材文艺创作生产，鼓励文艺工作者推出反映农民生产生活尤其是乡村振兴实践的优秀文艺作品。鼓励各级文艺组织深入农村地区开展惠民演出活动。加强农村科普工作，推动全民阅读进家庭、进农村，提高农民科学文化素养。

第三节　广泛开展群众文化活动

完善群众文艺扶持机制，鼓励农村地区自办文化。培育挖掘乡土文化本土人才，支持乡村文化能人。加强基层文化队伍培训，培养一支懂文艺爱农村爱农民、专兼职相结合的农村文化工作队伍。传承和发展民族民间传统体育，广泛开展形式多样的农民群众性体育活动。鼓励开展群众性节日民俗活动，支持文化志愿者深入农村开展丰富多彩的文化志愿服务活动。活跃繁荣农村文化市场，推动农村文化市场转型升级，加强农村文化市场监管。

专栏10　乡村文化繁荣兴盛重大工程

（一）农耕文化保护传承

按照在发掘中保护、在利用中传承的思路，制定国家重要农业文化遗产保护传承指导意见。开展重要农业文化遗产展览展示，充分挖掘和弘扬中华优秀传统农耕文化，加大农业文化遗产宣传推介力度。

（二）戏曲进乡村

以县为基本单位，组织各级各类戏曲演出团体深入农村基层，为农民提供戏曲等多种形式的文艺演出，促进戏曲艺术在农村地区的传播普及和传承发展，争取到2020年在全国范围实现戏曲进乡村制度化、常态化、普及化。

续表

> （三）贫困地区村综合文化服务中心建设
>
> 在贫困地区百县万村综合文化服务中心示范工程和贫困地区民族自治县、边境县村综合文化服务中心覆盖工程的基础上，加大对贫困地区村级文化设施建设的支持力度，实现贫困地区村级综合文化服务中心全覆盖。
>
> （四）中国民间文化艺术之乡
>
> 深入发掘农村各类优秀民间文化资源，培育特色文化品牌，培养一批扎根农村的乡土文化人才，每3年评审命名一批"中国民间文化艺术之乡"。
>
> （五）古村落、古民居保护利用
>
> 完成全国重点文物保护单位和省级文物保护单位集中成片传统村落整体保护利用项目。吸引社会力量，实施"拯救老屋"行动，开展乡村遗产客栈示范项目，探索古村落古民居利用新途径，促进古村落的保护和振兴。
>
> （六）少数民族特色村寨保护与发展
>
> 遴选2000个基础条件较好、民族特色鲜明、发展成效突出、示范带动作用强的少数民族特色村寨，打造成为少数民族特色村寨建设典范。深化民族团结进步教育，铸牢中华民族共同体意识，加强各民族交往交流交融。
>
> （七）乡村传统工艺振兴
>
> 实施中国传统工艺振兴计划，从贫困地区试点起步，以非物质文化遗产传统工艺技能培训为抓手，帮助乡村群众掌握一门手艺或技术。支持具备条件的地区搭建平台，整合资源，提高传统工艺产品设计、制作水平，形成具有一定影响力的地方品牌。
>
> （八）乡村经济社会变迁物证征藏
>
> 支持有条件的乡村依托古遗址、历史建筑、古民居等历史文化资源，建设遗址博物馆、生态（社区）博物馆、户外博物馆等，通过对传统村落、街区建筑格局、整体风貌、生产生活等传统文化和生态环境的综合保护与展示，再现乡村文明发展轨迹。

第八篇　健全现代乡村治理体系

把夯实基层基础作为固本之策，建立健全党委领导、政府负责、社会协同、公众参与、法治保障的现代乡村社会治理体制，推动乡村组织振兴，打造充满活力、和谐有序的善治乡村。

第二十五章　加强农村基层党组织对乡村振兴的全面领导

以农村基层党组织建设为主线，突出政治功能，提升组织力，把农村基层党组织建成宣传党的主张、贯彻党的决定、领导基层治理、团结动员群众、推动改革发展的坚强战斗堡垒。

第一节 健全以党组织为核心的组织体系

坚持农村基层党组织领导核心地位,大力推进村党组织书记通过法定程序担任村民委员会主任和集体经济组织、农民合作组织负责人,推行村"两委"班子成员交叉任职;提倡由非村民委员会成员的村党组织班子成员或党员担任村务监督委员会主任;村民委员会成员、村民代表中党员应当占一定比例。在以建制村为基本单元设置党组织的基础上,创新党组织设置。推动农村基层党组织和党员在脱贫攻坚和乡村振兴中提高威信、提升影响。加强农村新型经济组织和社会组织的党建工作,引导其始终坚持为农民服务的正确方向。

第二节 加强农村基层党组织带头人队伍建设

实施村党组织带头人整体优化提升行动。加大从本村致富能手、外出务工经商人员、本乡本土大学毕业生、复员退伍军人中培养选拔力度。以县为单位,逐村摸排分析,对村党组织书记集中调整优化,全面实行县级备案管理。健全从优秀村党组织书记中选拔乡镇领导干部、考录乡镇公务员、招聘乡镇事业编制人员机制。通过本土人才回引、院校定向培养、县乡统筹招聘等渠道,每个村储备一定数量的村级后备干部。全面向贫困村、软弱涣散村和集体经济薄弱村党组织派出第一书记,建立长效机制。

第三节 加强农村党员队伍建设

加强农村党员教育、管理、监督,推进"两学一做"学习教育常态化制度化,教育引导广大党员自觉用习近平新时代中国特色社会主义思想武装头脑。严格党的组织生活,全面落实"三会一课"、主题党日、谈心谈话、民主评议党员、党员联系农户等制度。加强农村流动党员管理。注重发挥无职党员作用。扩大党内基层民主,推进党务公开。加强党内激励关怀帮扶,定期走访慰问农村老党员、生活困难党员,帮助解决实际困难。稳妥有序开展不合格党员组织处置工作。加大在青年农民、外出务工人员、妇女中发展党员力度。

第四节 强化农村基层党组织建设责任与保障

推动全面从严治党向纵深发展、向基层延伸,严格落实各级党委尤其是县级党委主体责任,进一步压实县乡纪委监督责任,将抓党建促脱贫攻坚、促乡村振兴情况作为每年市县乡党委书记抓基层党建述职评议考核的重要内容,纳入巡视、巡察工作内容,作为领导班子综合评价和选拔任用领导干部的重要依据。坚持抓乡促村、整乡推进、整县提升,加强基本组织、基本队伍、基本制度、基本活动、基本保障建设,持续整顿软弱涣散村党组织。加强农村基层党风廉政建设,强化农村基层干部和党员的日常教育管理监督,加强对《农村基层干部廉洁履行职责若干规定(试行)》执行情况的监督检查,弘扬新风正气,抵制歪风邪气。充分发挥纪检监察机关在督促相关职能部门抓好中央政策落实方面的作用,加强对落实情况特别是涉农资金拨付、物资调配等工作的监督,开展扶贫领域腐败和作风问题专项治理,严厉打击农村基层黑恶势力和涉黑涉恶腐败及"保护伞",严肃查处发生在惠农资金、征地拆迁、生态环保和农村"三资"管理领域的违纪违法问题,坚决纠正损害农民利益的行为,严厉整治群众身边腐败问题。全面执行以财政投入为主的稳定的村级组织运转经费保障政策。满怀热情关心关爱农村基层干部,政治上激励、工作上支持、待遇上保障、心理上关怀。重视发现和树立优秀农村基层干部典型,彰显榜样力量。

第二十六章 促进自治法治德治有机结合

坚持自治为基、法治为本、德治为先,健全和创新村党组织领导的充满活力的村民自治机制,强化法律权威地位,以德治滋养法治、涵养自治,让德治贯穿乡村治理全过程。

第一节 深化村民自治实践

加强农村群众性自治组织建设。完善农村民主选举、民主协商、民主决策、民主管理、民主监督制度。规范村民委员会等自治组织选举办法,健全民主决策程序。依托村民会议、村民代表会议、村民议事会、村民理事会等,形成民事民议、民事民办、民事民管的多层次基层协商格局。创新村民议事形式,完善议事决策主体和程序,落实群众知情权和决策权。全面建立健全村务监督委员会,健全务实管用的村务监督机制,推行村级事务阳光工程。充分发挥自治章程、村规民约在农村基层治理中的独特功能,弘扬公序良俗。继续开展以村民小组或自然村为基本单元的村民自治试点工作。加强基层纪委监委对村民委员会的联系和指导。

第二节 推进乡村法治建设

深入开展"法律进乡村"宣传教育活动,提高农民法治素养,引导干部群众尊法学法守法用法。增强基层干部法治观念、法治为民意识,把政府各项涉农工作纳入法治化轨道。维护村民委员会、农村集体经济组织、农村合作经济组织的特别法人地位和权利。深入推进综合行政执法改革向基层延伸,创新监管方式,推动执法队伍整合、执法力量下沉,提高执法能力和水平。加强乡村人民调解组织建设,建立健全乡村调解、县市仲裁、司法保障的农村土地承包经营纠纷调处机制。健全农村公共法律服务体系,加强对农民的法律援助、司法救助和公益法律服务。深入开展法治县(市、区)、民主法治示范村等法治创建活动,深化农村基层组织依法治理。

第三节 提升乡村德治水平

深入挖掘乡村熟人社会蕴含的道德规范,结合时代要求进行创新,强化道德教化作用,引导农民向上向善、孝老爱亲、重义守信、勤俭持家。建立道德激励约束机制,引导农民自我管理、自我教育、自我服务、自我提高,实现家庭和睦、邻里和谐、干群融洽。积极发挥新乡贤作用。深入推进移风易俗,开展专项文明行动,遏制大操大办、相互攀比、"天价彩礼"、厚葬薄养等陈规陋习。加强无神论宣传教育,抵制封建迷信活动。深化农村殡葬改革。

第四节 建设平安乡村

健全落实社会治安综合治理领导责任制,健全农村社会治安防控体系,推动社会治安防控力量下沉,加强农村群防群治队伍建设。深入开展扫黑除恶专项斗争。依法加大对农村非法宗教、邪教活动打击力度,严防境外渗透,继续整治农村乱建宗教活动场所、滥塑宗教造像。完善县乡村三级综治中心功能和运行机制。健全农村公共安全体系,持续开展农村安全隐患治理。加强农村警务、消防、安全生产工作，坚决遏制重特大安全事故。健全矛盾纠纷多元化解机制，深入排查化解各类矛盾纠纷，全面推广"枫桥经验"，做到小事不出村、大事不出乡（镇）。落实乡镇政府农村道路交通安全监督管理责任，探索实施"路长制"。探索以网格化管理为抓手，推动基层服务和管理精细化精准化。推进农村"雪亮工程"建设。

第二十七章　夯实基层政权

科学设置乡镇机构，构建简约高效的基层管理体制，健全农村基层服务体系，夯实乡村治理基础。

第一节　加强基层政权建设

面向服务人民群众合理设置基层政权机构、调配人力资源，不简单照搬上级机关设置模式。根据工作需要，整合基层审批、服务、执法等方面力量，统筹机构编制资源，整合相关职能设立综合性机构，实行扁平化和网格化管理。推动乡村治理重心下移，尽可能把资源、服务、管理下放到基层。加强乡镇领导班子建设，有计划地选派省市县机关部门有发展潜力的年轻干部到乡镇任职。加大从优秀选调生、乡镇事业编制人员、优秀村干部、大学生村官中选拔乡镇领导班子成员力度。加强边境地区、民族地区农村基层政权建设相关工作。

第二节　创新基层管理体制机制

明确县乡财政事权和支出责任划分，改进乡镇财政预算管理制度。推进乡镇协商制度化、规范化建设，创新联系服务群众工作方法。推进直接服务民生的公共事业部门改革，改进服务方式，最大限度方便群众。推动乡镇政务服务事项一窗式办理、部门信息系统一平台整合、社会服务管理大数据一口径汇集，不断提高乡村治理智能化水平。健全监督体系，规范乡镇管理行为。改革创新考评体系，强化以群众满意度为重点的考核导向。严格控制对乡镇设立不切实际的"一票否决"事项。

第三节　健全农村基层服务体系

制定基层政府在村（农村社区）治理方面的权责清单，推进农村基层服务规范化标准化。整合优化公共服务和行政审批职责，打造"一门式办理"、"一站式服务"的综合服务平台。在村庄普遍建立网上服务站点，逐步形成完善的乡村便民服务体系。大力培育服务性、公益性、互助性农村社会组织，积极发展农村社会工作和志愿服务。开展农村基层减负工作，集中清理对村级组织考核评比多、创建达标多、检查督查多等突出问题。

专栏 11　乡村治理体系构建计划

（一）乡村便民服务体系建设

按照每百户居民拥有综合服务设施面积不低于 30 平方米的标准，加快农村社区综合服务设施覆盖。实施"互联网+农村社区"计划，推进农村社区公共服务综合信息平台建设。培育发展农村社区社

续表

会组织，加强农村社区工作者队伍建设，健全分级培训制度。

（二）"法律进乡村"宣传教育

开展"送法律进农村，维稳定促发展"农村主题法治宣传教育活动。利用农贸会、庙会和农村各种集市，组织法治宣传员、志愿者、人民调解员等进行现场法律咨询，发放宣传资料和普法读物。组织法治文艺演出，以农民群众喜闻乐见的形式把法律送到千家万户。

（三）"民主法治示范村"创建

健全"民主法治示范村"创建标准体系，深入推进农村民主选举、民主协商、民主决策、民主管理、民主监督，推进村务、财务公开，实现农民自我管理、自我教育、自我服务，提高农村社会法治化管理水平。

（四）农村社会治安防控体系建设

健全农村人防、技防、物防有机结合的防控网，增加农村集贸市场、庙会、商业网点、文化娱乐场所、车站码头、旅游景点等重点地区治安室与报警点设置，加强农村综治中心规范化建设，深化拓展农村网格化服务管理，加强农村消防、交通、危险物品、大型群众性活动安全监管，形成具有农村特色的社会治安防控格局。

（五）乡村基层组织运转经费保障

强化村级组织运转经费保障落实工作，开展定期检查督导，建立完善激励约束机制，健全公共财政支持和村级集体经济收益自我补充的保障机制，不断提高村级组织建设和运转的保障能力，为实施乡村振兴战略发挥基层组织的领导作用奠定基础。

第九篇　保障和改善农村民生

坚持人人尽责、人人享有，围绕农民群众最关心最直接最现实的利益问题，加快补齐农村民生短板，提高农村美好生活保障水平，让农民群众有更多实实在在的获得感、幸福感、安全感。

第二十八章　加强农村基础设施建设

继续把基础设施建设重点放在农村，持续加大投入力度，加快补齐农村基础设施短板，促进城乡基础设施互联互通，推动农村基础设施提挡升级。

第一节　改善农村交通物流设施条件

以示范县为载体全面推进"四好农村路"建设，深化农村公路管理养护体制改革，健全管理养护长效机制，完善安全防护设施，保障农村地区基本出行条件。推动城市公共交通线路向城市周边延伸，鼓励发展镇村公交，实现具备条件的建制村全部通客车。加大对革命老区、民族地区、边疆地区、贫困地区铁路公益性运输的支持力度，继续开好"慢火车"。加快构建农村物流基础设施骨干网络，鼓励商贸、邮政、快递、供销、运输等企业加大在农村地区的设施网络布局。加快完善农村物流基础设施末端网络，鼓励有条件的地区建设面向农村地区的共同配送中心。

第二节　加强农村水利基础设施网络建设

构建大中小微结合、骨干和田间衔接、长期发挥效益的农村水利基础设施网络，着力提高节水供水和防洪减灾能力。科学有序推进重大水利工程建设，加强灾后水利薄弱环节建设，统筹推进中小型水源工程和抗旱应急能力建设。巩固提升农村饮水安全保障水平，开展大中型灌区续建配套节水改造与现代化建设，有序新建一批节水型、生态型灌区，实施大中型灌排泵站更新改造。推进小型农田水利设施达标提质，实施水系连通和河塘清淤整治等工程建设。推进智慧水利建设。深化农村水利工程产权制度与管理体制改革，健全基层水利服务体系，促进工程长期良性运行。

第三节　构建农村现代能源体系

优化农村能源供给结构，大力发展太阳能、浅层地热能、生物质能等，因地制宜开发利用水能和风能。完善农村能源基础设施网络，加快新一轮农村电网升级改造，推动供气设施向农村延伸。加快推进生物质热电联产、生物质供热、规模化生物质天然气和规模化大型沼气等燃料清洁化工程。推进农村能源消费升级，大幅提高电能在农村能源消费中的比重，加快实施北方农村地区冬季清洁取暖，积极稳妥推进散煤替代。推广农村绿色节能建筑和农用节能技术、产品。大力发展"互联网+"智慧能源，探索建设农村能源革命示范区。

第四节　夯实乡村信息化基础

深化电信普遍服务，加快农村地区宽带网络和第四代移动通信网络覆盖步伐。实施新一代信息基础设施建设工程。实施数字乡村战略，加快物联网、地理信息、智能设备等现代信息技术与农村生产生活的全面深度融合，深化农业农村大数据创新应用，推广远程教育、远程医疗、金融服务进村等信息服务，建立空间化、智能化的新型农村统计信息系统。在乡村信息化基础设施建设过程中，同步规划、同步建设、同步实施网络安全工作。

专栏12　农村基础设施建设重大工程

（一）农村公路建设

对具备条件的乡镇、建制村全部实现通硬化路，加强窄路基或窄路面路段加宽改建。对存在安全隐患的路段增设安全防护设施，改造农村公路危桥。有序推进较大人口规模的撤并建制村通硬化路。开展国有农场林场林区道路建设。

（二）农村交通物流基础设施网络建设

支持农贸市场、农村"夫妻店"等传统流通网点改进提升现有设施设备，拓展配送等物流服务功能。到2020年，在行政村和具备条件的自然村基本实现物流配送网点全覆盖。完善农村客货运服务网络，支持县级客运站和乡镇客运综合服务站建设和改造。鼓励创新农村客运和物流配送组织模式，推进城乡客运、城乡配送协调发展。

（三）农村水利基础设施网络建设

完成流域面积3000平方公里及以上的244条重要河流治理，加快推进流域面积200—3000平方

续表

公里中小河流治理；实施 1.3 万余座小型病险水库除险加固；开展 543 个县的农村基层防汛预报预警体系建设。完成大型灌区续建配套节水改造任务。新建廖坊二期、大桥二期等一批大型灌区。完成大型灌排泵站更新改造任务。

（四）农村能源基础设施建设

因地制宜建设农村分布式清洁能源网络，开展分布式能源系统示范项目。开展农村可再生能源千村示范。启动农村燃气基础设施建设，扩大清洁气体燃料利用规模。农村电网供电可靠率达到 99.8%，综合电压合格率达到 97.9%，户均配变容量不低于 2 千伏安，天然气基础设施覆盖面和通达度显著提高。

（五）农村新一代信息网络建设

高速宽带城乡全覆盖，2018 年提前实现 98% 行政村通光纤，重点支持边远地区等第四代移动通信基站建设。持续加强光纤到村建设，完善 4G 网络向行政村和有条件的自然村覆盖，到 2020 年，中西部农村家庭宽带普及率达到 40%，在部分地区推进"百兆乡村"示范及配套支撑工程。改造提升乡镇及以下区域光纤宽带渗透率和接入能力，开展有关城域网扩容，实现 90% 以上宽带用户接入能力达到 50Mbps 以上，有条件地区可提供 100Mbps 以上接入服务能力。

第二十九章　提升农村劳动力就业质量

坚持就业优先战略和积极就业政策，健全城乡均等的公共就业服务体系，不断提升农村劳动者素质，拓展农民外出就业和就地就近就业空间，实现更高质量和更充分就业。

第一节　拓宽转移就业渠道

增强经济发展创造就业岗位能力，拓宽农村劳动力转移就业渠道，引导农村劳动力外出就业，更加积极地支持就地就近就业。发展壮大县域经济，加快培育区域特色产业，拓宽农民就业空间。大力发展吸纳就业能力强的产业和企业，结合新型城镇化建设合理引导产业梯度转移，创造更多适合农村劳动力转移就业的机会，推进农村劳动力转移就业示范基地建设。加强劳务协作，积极开展有组织的劳务输出。实施乡村就业促进行动，大力发展乡村特色产业，推进乡村经济多元化，提供更多就业岗位。结合农村基础设施等工程建设，鼓励采取以工代赈方式就近吸纳农村劳动力务工。

第二节　强化乡村就业服务

健全覆盖城乡的公共就业服务体系，提供全方位公共就业服务。加强乡镇、行政村基层平台建设，扩大就业服务覆盖面，提升服务水平。开展农村劳动力资源调查统计，建立农村劳动力资源信息库并实行动态管理。加快公共就业服务信息化建设，打造线上线下一体的服务模式。推动建立覆盖城乡全体劳动者、贯穿劳动者学习工作终身、适应就业和人才成长需要的职业技能培训制度，增强职业培训的针对性和有效性。在整合资源基础上，合理布局建设一批公共实训基地。

第三节 完善制度保障体系

推动形成平等竞争、规范有序、城乡统一的人力资源市场，建立健全城乡劳动者平等就业、同工同酬制度，提高就业稳定性和收入水平。健全人力资源市场法律法规体系，依法保障农村劳动者和用人单位合法权益。完善政府、工会、企业共同参与的协调协商机制，构建和谐劳动关系。落实就业服务、人才激励、教育培训、资金奖补、金融支持、社会保险等就业扶持相关政策。加强就业援助，对就业困难农民实行分类帮扶。

专栏 13　乡村就业促进行动

（一）农村就业岗位开发

发展壮大县域经济，优化农村产业结构，加快推进农村一二三产业融合发展。鼓励在乡村地区新办环境友好型和劳动密集型企业。发展乡村特色产业，振兴传统工艺，培育一批家庭工场、手工作坊、乡村车间。

（二）农村劳动力职业技能培训

通过订单、定向和定岗式培训，对农村未升学初高中毕业生等新生代农民工开展就业技能培训，累计开展农民工培训 4000 万人次。继续实施春潮行动，到 2020 年，使各类农村转移就业劳动者都有机会接受 1 次相应的职业培训。

（三）城乡职业技能公共实训基地建设

充分利用现有设施设备，结合地区实际，建设一批区域性大型公共实训基地、市级综合型公共实训基地和县级地方产业特色型公共实训基地，构筑布局合理、定位明确、功能突出、信息互通、协调发展的职业技能实训基地网络。

（四）乡村公共就业服务体系建设

加强县级公共就业和社会保障服务机构及乡镇、行政村基层服务平台建设，合理配备经办管理服务人员，改善服务设施设备，推进基层公共就业和社会保障服务全覆盖。推进乡村公共就业服务全程信息化，开展网上服务，进行劳动力资源动态监测。开展基层服务人员能力提升计划。

第三十章　增加农村公共服务供给

继续把国家社会事业发展的重点放在农村，促进公共教育、医疗卫生、社会保障等资源向农村倾斜，逐步建立健全全民覆盖、普惠共享、城乡一体的基本公共服务体系，推进城乡基本公共服务均等化。

第一节 优先发展农村教育事业

统筹规划布局农村基础教育学校，保障学生就近享有有质量的教育。科学推进义务教育公办学校标准化建设，全面改善贫困地区义务教育薄弱学校基本办学条件，加强寄宿制学校建设，提升乡村教育质量，实现县域校际资源均衡配置。发展农村学前教育，每个乡镇至少办好 1 所公办中心幼儿园，完善县乡村学前教育公共服务网络。继续实施特殊教育提升计划。科学稳妥推行民族地区乡村中小学双语教育，坚定不移推行国家通用语言文字教育。实施高中阶段教育普及攻坚计划,提高高中阶段教育普及水平。大力发展面向农村的职业教育,加快推进职业院校布局结构调整,加强县级职业教育中心建设,有针对性地设置专业和课程,满足乡村产业发展和振兴需要。推动优质学校辐射农村薄弱学校常态化,加强城乡教师交流轮岗。积极发展"互联网+教育",推进乡村学校信息化基础设施建设,优化数字教育资源公共服务体系。落实好乡村教师支持计划,继续实施农村义务教育学校教师特设岗位计划,加强乡村学校紧缺学科教师和民族地区双语教师培训,落实乡村教师生活补助政策,建好建强乡村教师队伍。

第二节　推进健康乡村建设

深入实施国家基本公共卫生服务项目,完善基本公共卫生服务项目补助政策,提供基础性全方位全周期的健康管理服务。加强慢性病、地方病综合防控,大力推进农村地区精神卫生、职业病和重大传染病防治。深化农村计划生育管理服务改革,落实全面两孩政策。增强妇幼健康服务能力,倡导优生优育。加强基层医疗卫生服务体系建设,基本实现每个乡镇都有 1 所政府举办的乡镇卫生院,每个行政村都有 1 所卫生室,每个乡镇卫生院都有全科医生,支持中西部地区基层医疗卫生机构标准化建设和设备提挡升级。切实加强乡村医生队伍建设,支持并推动乡村医生申请执业(助理)医师资格。全面建立分级诊疗制度,实行差别化的医保支付和价格政策。深入推进基层卫生综合改革,完善基层医疗卫生机构绩效工资制度。开展和规范家庭医生签约服务。树立大卫生大健康理念,广泛开展健康教育活动,倡导科学文明健康的生活方式,养成良好卫生习惯,提升居民文明卫生素质。

第三节　加强农村社会保障体系建设

按照兜底线、织密网、建机制的要求,全面建成覆盖全民、城乡统筹、权责清晰、保障适度、可持续的多层次社会保障体系。进一步完善城乡居民基本养老保险制度,加快建立城乡居民基本养老保险待遇确定和基础养老金标准正常调整机制。完善统一的城乡居民基本医疗保险制度和大病保险制度,做好农民重特大疾病救助工作,健全医疗救助与基本医疗保险、城乡居民大病保险及相关保障制度的衔接机制,巩固城乡居民医保全国异地就医联网直接结算。推进低保制度城乡统筹发展,健全低保标准动态调整机制。全面实施特困人员救助供养制度,提升托底保障能力和服务质量。推动各地通过政府购买服务、设置基层公共管理和社会服务岗位、引入社会工作专业人才和志愿者等方式,为农村留守儿童和妇女、老年人以及困境儿童提供关爱服务。加强和改善农村残疾人服务,将残疾人普遍纳入社会保障体系予以保障和扶持。

第四节　提升农村养老服务能力

适应农村人口老龄化加剧形势,加快建立以居家为基础、社区为依托、机构为补充的多层次农村养老服务体系。以乡镇为中心,建立具有综合服务功能、医养相结合的养老机构,与农村基本公共服务、农村特困供养服务、农村互助养老服务相互配合,形成农村基本养老服务网络。提高乡村卫生服务机构为老年人提供医疗保健服务的能力。支持主要面向失能、半失能老年人的农村养老服务设施建设，推进农村幸福院等互助型养老服务发展，建立健全农村留守老年人关爱服务体系。开发农村康养产业项目。鼓励村集体建设用地优先用于发展养老服务。

第五节 加强农村防灾减灾救灾能力建设

坚持以防为主、防抗救相结合，坚持常态减灾与非常态救灾相统一，全面提高抵御各类灾害综合防范能力。加强农村自然灾害监测预报预警，解决农村预警信息发布"最后一公里"问题。加强防灾减灾工程建设，推进实施自然灾害高风险区农村困难群众危房改造。全面深化森林、草原火灾防控治理。大力推进农村公共消防设施、消防力量和消防安全管理组织建设，改善农村消防安全条件。推进自然灾害救助物资储备体系建设。开展灾害救助应急预案编制和演练，完善应对灾害的政策支持体系和灾后重建工作机制。在农村广泛开展防灾减灾宣传教育。

专栏14 农村公共服务提升计划

（一）乡村教育质量提升

合理布局农村地区义务教育学校，保留并办好必要的小规模学校，乡村小规模学校和乡镇寄宿制学校全部达到基本办学标准。实施加快中西部教育发展行动计划，逐步实现乡村义务教育公办学校的师资标准化配置和校舍、场地标准化。加大对教育薄弱地区高中阶段教育发展支持力度，努力办好乡镇普通高中。加强乡村普惠性幼儿园建设。推进师范生实训中心和乡村教师发展机构建设，加大对乡村学校校长教师的培训力度。继续实施并扩大特岗计划规模，逐步达到每年招聘10万人，落实好特岗教师待遇。加快实施"三通两平台"建设工程，继续支持农村中小学信息化基础设施建设。

（二）健康乡村计划

加强乡镇卫生院、社区卫生服务机构和村卫生室标准化建设，基层医疗卫生机构标准化达标率达到95%以上，公有产权村卫生室比例达到80%以上，部分医疗服务能力强的中心乡镇卫生院医疗服务能力达到或接近二级综合医院水平，乡村两级医疗机构的门急诊人次占总诊疗人次65%左右。深入实施国家基本公共卫生服务项目。开展健康乡村建设，建成一批整洁有序、健康宜居的示范村镇。

（三）全民参保计划

实施全民参保计划，基本实现法定人员全覆盖。开展全民参保登记，建立全面、完整、准确、动态更新的社会保险基础数据库。以在城乡之间流动就业和居住农民为重点，鼓励持续参保，积极引导在城镇稳定就业的农民工参加职工社会保险。实施社会保障卡工程，不断提高乡村持卡人口覆盖率。

（四）农村养老计划

通过邻里互助、亲友相助、志愿服务等模式，大力发展农村互助养老服务。依托农村社区综合服务中心（站）、综合性文化服务中心、村卫生室、农家书屋、全民健身设施等，为老年人提供关爱服务。统筹规划建设公益性养老服务设施，50%的乡镇建有1所农村养老机构。

第十篇 完善城乡融合发展政策体系

顺应城乡融合发展趋势，重塑城乡关系，更好激发农村内部发展活力、优化农村外部发展环境，推动人才、土地、资本等要素双向流动，为乡村振兴注入新动能。

第三十一章　加快农业转移人口市民化

加快推进户籍制度改革，全面实行居住证制度，促进有能力在城镇稳定就业和生活的农业转移人口有序实现市民化。

第一节　健全落户制度

鼓励各地进一步放宽落户条件，除极少数超大城市外，允许农业转移人口在就业地落户，优先解决农村学生升学和参军进入城镇的人口、在城镇就业居住5年以上和举家迁徙的农业转移人口以及新生代农民工落户问题。区分超大城市和特大城市主城区、郊区、新区等区域，分类制定落户政策，重点解决符合条件的普通劳动者落户问题。全面实行居住证制度，确保各地居住证申领门槛不高于国家标准、享受的各项基本公共服务和办事便利不低于国家标准，推进居住证制度覆盖全部未落户城镇常住人口。

第二节　保障享有权益

不断扩大城镇基本公共服务覆盖面，保障符合条件的未落户农民工在流入地平等享受城镇基本公共服务。通过多种方式增加学位供给，保障农民工随迁子女以流入地公办学校为主接受义务教育，以普惠性幼儿园为主接受学前教育。完善就业失业登记管理制度，面向农业转移人口全面提供政府补贴职业技能培训服务。将农业转移人口纳入社区卫生和计划生育服务体系，提供基本医疗卫生服务。把进城落户农民完全纳入城镇社会保障体系，在农村参加的养老保险和医疗保险规范接入城镇社会保障体系，做好基本医疗保险关系转移接续和异地就医结算工作。把进城落户农民完全纳入城镇住房保障体系，对符合条件的采取多种方式满足基本住房需求。

第三节　完善激励机制

维护进城落户农民土地承包权、宅基地使用权、集体收益分配权，引导进城落户农民依法自愿有偿转让上述权益。加快户籍变动与农村"三权"脱钩，不得以退出"三权"作为农民进城落户的条件，促使有条件的农业转移人口放心落户城镇。落实支持农业转移人口市民化财政政策，以及城镇建设用地增加规模与吸纳农业转移人口落户数量挂钩政策，健全由政府、企业、个人共同参与的市民化成本分担机制。

第三十二章　强化乡村振兴人才支撑

实行更加积极、更加开放、更加有效的人才政策，推动乡村人才振兴，让各类人才在乡村大施所能、大展才华、大显身手。

第一节　培育新型职业农民

全面建立职业农民制度，培养新一代爱农业、懂技术、善经营的新型职业农民，优化农业从业者结构。实施新型职业农民培育工程，支持新型职业农民通过弹性学制参加中高等农业职业教育。创新培训组织形式，探索田间课堂、网络教室等培训方式，支持农民专业合作社、专业技术协会、龙头企业等主体承担培训。鼓励各地开展职业农民职称评定试点。引导符合条件的新型职业农民参加城镇职工养老、医疗等社会保障制度。

第二节 加强农村专业人才队伍建设

加大"三农"领域实用专业人才培育力度，提高农村专业人才服务保障能力。加强农技推广人才队伍建设，探索公益性和经营性农技推广融合发展机制，允许农技人员通过提供增值服务合理取酬，全面实施农技推广服务特聘计划。加强涉农院校和学科专业建设，大力培育农业科技、科普人才，深入实施农业科研杰出人才计划和杰出青年农业科学家项目，深化农业系列职称制度改革。

第三节 鼓励社会人才投身乡村建设

建立健全激励机制，研究制定完善相关政策措施和管理办法，鼓励社会人才投身乡村建设。以乡情乡愁为纽带，引导和支持企业家、党政干部、专家学者、医生教师、规划师、建筑师、律师、技能人才等，通过下乡担任志愿者、投资兴业、行医办学、捐资捐物、法律服务等方式服务乡村振兴事业，允许符合要求的公职人员回乡任职。落实和完善融资贷款、配套设施建设补助、税费减免等扶持政策，引导工商资本积极投入乡村振兴事业。继续实施"三区"（边远贫困地区、边疆民族地区和革命老区）人才支持计划，深入推进大学生村官工作，因地制宜实施"三支一扶"、高校毕业生基层成长等计划，开展乡村振兴"巾帼行动"、青春建功行动。建立城乡、区域、校地之间人才培养合作与交流机制。全面建立城市医生教师、科技文化人员等定期服务乡村机制。

专栏25 乡村振兴人才支撑计划

（一）农业科研杰出人才计划和杰出青年农业科学家项目

加快培养农业科技领军人才和创新团队。面向生物基因组学、土壤污染防控与治理、现代农业机械与装备等新兴领域和交叉学科，每年选拔支持100名左右杰出青年农业科学家开展重大科技创新。

（二）乡土人才培育计划

开展乡土人才示范培训，实施农村实用人才"职业素质和能力提升计划"，培育一批"土专家"、"田秀才"、产业发展带头人和农村电商人才，扶持一批农业职业经理人、经纪人，培养一批乡村工匠、文化能人和非物质文化遗产传承人。

（三）乡村财会管理"双基"提升计划

以乡村基础财务会计制度建设、基本财会人员选配和专业技术培训为重点，提升农村集体经济组织、农民合作组织、自治组织的财务会计管理水平和开展各类基本经济活动的规范管理能力。

（四）"三区"人才支持计划

每年引导10万名左右优秀教师、医生、科技人员、社会工作者、文化工作者到边远贫困地区、边疆民族地区和革命老区工作或提供服务。每年重点扶持培养1万名左右边远贫困地区、边疆民族地区和革命老区急需紧缺人才。

第三十三章　加强乡村振兴用地保障

完善农村土地利用管理政策体系，盘活存量，用好流量，辅以增量，激活农村土地资源资产，保障乡村振兴用地需求。

第一节　健全农村土地管理制度

总结农村土地征收、集体经营性建设用地入市、宅基地制度改革试点经验，逐步扩大试点，加快土地管理法修改。探索具体用地项目公共利益认定机制，完善征地补偿标准，建立被征地农民长远生计的多元保障机制。建立健全依法公平取得、节约集约使用、自愿有偿退出的宅基地管理制度。在符合规划和用途管制前提下，赋予农村集体经营性建设用地出让、租赁、入股权能，明确入市范围和途径。建立集体经营性建设用地增值收益分配机制。

第二节　完善农村新增用地保障机制

统筹农业农村各项土地利用活动，乡镇土地利用总体规划可以预留一定比例的规划建设用地指标，用于农业农村发展。根据规划确定的用地结构和布局，年度土地利用计划分配中可安排一定比例新增建设用地指标专项支持农业农村发展。对于农业生产过程中所需各类生产设施和附属设施用地，以及由于农业规模经营必须兴建的配套设施，在不占用永久基本农田的前提下，纳入设施农用地管理，实行县级备案。鼓励农业生产与村庄建设用地复合利用，发展农村新产业新业态，拓展土地使用功能。

第三节　盘活农村存量建设用地

完善农民闲置宅基地和闲置农房政策，探索宅基地所有权、资格权、使用权"三权分置"，落实宅基地集体所有权，保障宅基地农户资格权和农民房屋财产权，适度放活宅基地和农民房屋使用权，不得违规违法买卖宅基地，严格实行土地用途管制，严格禁止下乡利用农村宅基地建设别墅大院和私人会馆。在符合土地利用总体规划前提下，允许县级政府通过村土地利用规划调整优化村庄用地布局，有效利用农村零星分散的存量建设用地。对利用收储农村闲置建设用地发展农村新产业新业态的，给予新增建设用地指标奖励。

第三十四章　健全多元投入保障机制

健全投入保障制度，完善政府投资体制，充分激发社会投资的动力和活力，加快形成财政优先保障、社会积极参与的多元投入格局。

第一节　继续坚持财政优先保障

建立健全实施乡村振兴战略财政投入保障制度，明确和强化各级政府"三农"投入责任，公共财政更大力度向"三农"倾斜，确保财政投入与乡村振兴目标任务相适应。规范地方政府举债融资行为，支持地方政府发行一般债券用于支持乡村振兴领域公益性项目，鼓励地方政府试点发行项目融资和收益自平衡的专项债券，支持符合条件、有一定收益的乡村公益性建设项目。加大政府投资对农业绿色生产、可持续发展、农村人居环境、基本公共服务等重点领域和薄弱环节支持力度，充分发挥投资对优化供给结构的关键性作用。充分发挥规划的引领作用，推进行业内资金整合与行业间资金统筹相互衔接配合，加快建立涉农资金统筹整合长效机制。强化支农资金监督管理，提高财政支农资金使用效益。

第二节 提高土地出让收益用于农业农村比例

开拓投融资渠道，健全乡村振兴投入保障制度，为实施乡村振兴战略提供稳定可靠资金来源。坚持取之于地，主要用之于农的原则，制定调整完善土地出让收入使用范围、提高农业农村投入比例的政策性意见，所筹集资金用于支持实施乡村振兴战略。改进耕地占补平衡管理办法，建立高标准农田建设等新增耕地指标和城乡建设用地增减挂钩节余指标跨省域调剂机制，将所得收益通过支出预算全部用于巩固脱贫攻坚成果和支持实施乡村振兴战略。

第三节 引导和撬动社会资本投向农村

优化乡村营商环境，加大农村基础设施和公用事业领域开放力度，吸引社会资本参与乡村振兴。规范有序盘活农业农村基础设施存量资产，回收资金主要用于补短板项目建设。继续深化"放管服"改革，鼓励工商资本投入农业农村，为乡村振兴提供综合性解决方案。鼓励利用外资开展现代农业、产业融合、生态修复、人居环境整治和农村基础设施等建设。推广一事一议、以奖代补等方式，鼓励农民对直接受益的乡村基础设施建设投工投劳，让农民更多参与建设管护。

第三十五章 加大金融支农力度

健全适合农业农村特点的农村金融体系，把更多金融资源配置到农村经济社会发展的重点领域和薄弱环节，更好满足乡村振兴多样化金融需求。

第一节 健全金融支农组织体系

发展乡村普惠金融。深入推进银行业金融机构专业化体制机制建设，形成多样化农村金融服务主体。指导大型商业银行立足普惠金融事业部等专营机制建设，完善专业化的"三农"金融服务供给机制。完善中国农业银行、中国邮政储蓄银行"三农"金融事业部运营体系，明确国家开发银行、中国农业发展银行在乡村振兴中的职责定位，加大对乡村振兴信贷支持。支持中小型银行优化网点渠道建设，下沉服务重心。推动农村信用社省联社改革，保持农村信用社县域法人地位和数量总体稳定，完善村镇银行准入条件。引导农民合作金融健康有序发展。鼓励证券、保险、担保、基金、期货、租赁、信托等金融资源聚焦服务乡村振兴。

第二节 创新金融支农产品和服务

加快农村金融产品和服务方式创新，持续深入推进农村支付环境建设，全面激活农村金融服务链条。稳妥有序推进农村承包土地经营权、农民住房财产权、集体经营性建设用地使用权抵押贷款试点。探索县级土地储备公司参与农村承包土地经营权和农民住房财产权"两权"抵押试点工作。充分发挥全国信用信息共享平台和金融信用信息基础数据库的作用,探索开发新型信用类金融支农产品和服务。结合农村集体产权制度改革,探索利用量化的农村集体资产股权的融资方式。提高直接融资比重,支持农业企业依托多层次资本市场发展壮大。创新服务模式,引导持牌金融机构通过互联网和移动终端提供普惠金融服务,促进金融科技与农村金融规范发展。

第三节　完善金融支农激励政策

继续通过奖励、补贴、税收优惠等政策工具支持"三农"金融服务。抓紧出台金融服务乡村振兴的指导意见。发挥再贷款、再贴现等货币政策工具的引导作用,将乡村振兴作为信贷政策结构性调整的重要方向。落实县域金融机构涉农贷款增量奖励政策,完善涉农贴息贷款政策,降低农户和新型农业经营主体的融资成本。健全农村金融风险缓释机制,加快完善"三农"融资担保体系。充分发挥好国家融资担保基金的作用,强化担保融资增信功能,引导更多金融资源支持乡村振兴。制定金融机构服务乡村振兴考核评估办法。改进农村金融差异化监管体系,合理确定金融机构发起设立和业务拓展的准入门槛。守住不发生系统性金融风险底线,强化地方政府金融风险防范处置责任。

专栏16　乡村振兴金融支撑重大工程

(一)金融服务机构覆盖面提升

稳步推进村镇银行县市设立工作,扩大县域银行业金融机构服务覆盖面。在严格保持县域网点稳定的基础上,推动银行业金融机构在风险可控、有利于机构可持续发展的前提下,到空白乡镇设立标准化固定营业网点。

(二)农村金融服务"村村通"

在具备条件的行政村,依托农村社区超市、供销社经营网点,广泛布设金融电子机具、自助服务终端和网络支付端口等,推动金融服务向行政村延伸。

(三)农村金融产品创新

深化"银保合作",开发设计以贷款保证保险为风险缓释手段的小额贷款产品。探索开展适合新型农业经营主体的订单融资和应收账款融资,以及农业生产设备、设施抵押贷款等业务。

(四)农村信用体系建设

搭建以"数据库+网络"为核心的信用信息服务平台,提高信用体系覆盖面和应用成效。积极推进"信用户""信用村""信用乡镇"创建,提升农户融资可获得性,降低融资成本。

第十一篇　规划实施

实行中央统筹、省负总责、市县抓落实的乡村振兴工作机制,坚持党的领导,更好履行各级政府职责,凝聚全社会力量,扎实有序推进乡村振兴。

第三十六章　加强组织领导

坚持党总揽全局、协调各方,强化党组织的领导核心作用,提高领导能力和水平,为实现乡村振兴提供坚强保证。

第一节 落实各方责任

强化地方各级党委和政府在实施乡村振兴战略中的主体责任，推动各级干部主动担当作为。坚持工业农业一起抓、城市农村一起抓，把农业农村优先发展原则体现到各个方面。坚持乡村振兴重大事项、重要问题、重要工作由党组织讨论决定的机制，落实党政一把手是第一责任人、五级书记抓乡村振兴的工作要求。县委书记要当好乡村振兴"一线总指挥"，下大力气抓好"三农"工作。各地区要依照国家规划科学编制乡村振兴地方规划或方案，科学制定配套政策和配置公共资源，明确目标任务，细化实化政策措施，增强可操作性。各部门要各司其职、密切配合，抓紧制定专项规划或指导意见，细化落实并指导地方完成国家规划提出的主要目标任务。建立健全规划实施和工作推进机制，加强政策衔接和工作协调。培养造就一支懂农业、爱农村、爱农民的"三农"工作队伍，带领群众投身乡村振兴伟大事业。

第二节 强化法治保障

各级党委和政府要善于运用法治思维和法治方式推进乡村振兴工作，严格执行现行涉农法律法规，在规划编制、项目安排、资金使用、监督管理等方面，提高规范化、制度化、法治化水平。完善乡村振兴法律法规和标准体系，充分发挥立法在乡村振兴中的保障和推动作用。推动各类组织和个人依法依规实施和参与乡村振兴。加强基层执法队伍建设，强化市场监管，规范乡村市场秩序，有效促进社会公平正义，维护人民群众合法权益。

第三节 动员社会参与

搭建社会参与平台，加强组织动员，构建政府、市场、社会协同推进的乡村振兴参与机制。创新宣传形式，广泛宣传乡村振兴相关政策和生动实践，营造良好社会氛围。发挥工会、共青团、妇联、科协、残联等群团组织的优势和力量，发挥各民主党派、工商联、无党派人士等积极作用，凝聚乡村振兴强大合力。建立乡村振兴专家决策咨询制度，组织智库加强理论研究。促进乡村振兴国际交流合作，讲好乡村振兴的中国故事，为世界贡献中国智慧和中国方案。

第四节 开展评估考核

加强乡村振兴战略规划实施考核监督和激励约束。将规划实施成效纳入地方各级党委和政府及有关部门的年度绩效考评内容，考核结果作为有关领导干部年度考核、选拔任用的重要依据，确保完成各项目标任务。本规划确定的约束性指标以及重大工程、重大项目、重大政策和重要改革任务，要明确责任主体和进度要求，确保质量和效果。加强乡村统计工作，因地制宜建立客观反映乡村振兴进展的指标和统计体系。建立规划实施督促检查机制，适时开展规划中期评估和总结评估。

第三十七章　有序实现乡村振兴

充分认识乡村振兴任务的长期性、艰巨性，保持历史耐心，避免超越发展阶段，统筹谋划，典型带动，有序推进，不搞齐步走。

第一节　准确聚焦阶段任务

在全面建成小康社会决胜期，重点抓好防范化解重大风险、精准脱贫、污染防治三大攻坚战，加快补齐农业现代化短腿和乡村建设短板。在开启全面建设社会主义现代化国家新征程时期，重点加快城乡融合发展制度设计和政策创新，推动城乡公共资源均衡配置和基本公共服务均等化，推进乡村治理体系和治理能力现代化，全面提升农民精神风貌，为乡村振兴这盘大棋布好局。

第二节　科学把握节奏力度

合理设定阶段性目标任务和工作重点，分步实施，形成统筹推进的工作机制。加强主体、资源、政策和城乡协同发力，避免代替农民选择，引导农民摒弃"等靠要"思想，激发农村各类主体活力，激活乡村振兴内生动力，形成系统高效的运行机制。立足当前发展阶段，科学评估财政承受能力、集体经济实力和社会资本动力，依法合规谋划乡村振兴筹资渠道，避免负债搞建设，防止刮风搞运动，合理确定乡村基础设施、公共产品、制度保障等供给水平，形成可持续发展的长效机制。

第三节　梯次推进乡村振兴

科学把握我国乡村区域差异，尊重并发挥基层首创精神，发掘和总结典型经验，推动不同地区、不同发展阶段的乡村有序实现农业农村现代化。发挥引领区示范作用，东部沿海发达地区、人口净流入城市的郊区、集体经济实力强以及其他具备条件的乡村，到2022年率先基本实现农业农村现代化。推动重点区加速发展，中小城市和小城镇周边以及广大平原、丘陵地区的乡村，涵盖我国大部分村庄，是乡村振兴的主战场，到2035年基本实现农业农村现代化。聚焦攻坚区精准发力，革命老区、民族地区、边疆地区、集中连片特困地区的乡村，到2050年如期实现农业农村现代化。